互联网＋职业技能系列

职业入门 | 基础知识 | 系统进阶 | 专项提高

Python Web
项目开发实战教程
Flask 版 | 微课版

Python Web Project Development

蜗牛学院 邓强 卿淳俊 编著

人民邮电出版社

北京

图书在版编目（CIP）数据

Python Web项目开发实战教程：Flask版：微课版 / 蜗牛学院，邓强，卿淳俊编著. -- 北京：人民邮电出版社，2021.7（2023.7重印）
互联网+职业技能系列
ISBN 978-7-115-55934-0

Ⅰ. ①P… Ⅱ. ①蜗… ②邓… ③卿… Ⅲ. ①软件工具－程序设计－教材 Ⅳ. ①TP311.561

中国版本图书馆CIP数据核字(2021)第019124号

内 容 提 要

本书全面而深入地讲解了Python Web开发的主流框架Flask。全书共9章，第1章主要讲解"蜗牛笔记"博客系统的功能，同时对使用的开发环境和基础知识进行了梳理；第2章讲解如何基于"蜗牛笔记"博客系统的功能需求设计前端页面，并利用HTML5+Bootstrap框架设计能够同时适配移动端和PC端的响应式页面；第3章讲解如何基于业务需求进行数据库和表结构的设计，进而使读者更好地分析和达成项目需求；第4章讲解Flask开发框架的核心知识，为实现项目的功能开发做好技术储备；第5~8章基于MVC模型，结合数据库操作和前端页面开发，讲解实现"蜗牛笔记"博客系统的核心功能；第9章为进阶内容，讲解缓存服务器、首页静态化处理、全文搜索和接口与性能测试等技术。

本书通过案例对核心知识点进行深入剖析，更加快速地帮助读者提升Web系统开发的能力。

本书可作为高校计算机及相关专业的教材，也可作为Web开发工程师和相关从业者的自学参考书。

◆ 编　著　蜗牛学院　邓　强　卿淳俊
　　责任编辑　郭　雯
　　责任印制　王　郁　彭志环

◆ 人民邮电出版社出版发行　北京市丰台区成寿寺路11号
邮编　100164　电子邮件　315@ptpress.com.cn
网址　https://www.ptpress.com.cn
天津翔远印刷有限公司印刷

◆ 开本：787×1092　1/16
印张：15.5　　　　　　　　　　　2021年7月第1版
字数：468千字　　　　　　　　　2023年7月天津第6次印刷

定价：59.80元

读者服务热线：(010)81055256　印装质量热线：(010)81055316
反盗版热线：(010)81055315
广告经营许可证：京东市监广登字20170147号

随着移动互联网的普及，各行各业几乎都在建立自己的 IT 系统，IT 行业的发展势头强劲。每年都有大量的高校毕业生加入 IT 行业，为这个行业带来了足够的新生力量，目前全国 IT 从业人数超过了 1000 万。

传统的 IT 从业者主要使用 C#、Java 和 PHP 等语言进行后端的程序开发。不过近几年，Python 语言的受欢迎程度已经超过了这些传统编程语言。Python 的应用开发场景也越来越广，从自动化运维、数据分析，到机器学习、爬虫开发、自动化测试等。同样，Web 系统开发也可以通过 Python 来实现。

用 Python 进行 Web 系统开发目前在国内还处于起步阶段，市面上的教材相对较少，也不够成熟，但从业者需要一本专业的图书来学习，尤其是在校大学生和 Python 的初中级程序员，更是有强烈的意愿使用 Python 进行 Web 系统后端开发。

基于上述背景，编者结合蜗牛学院在 Python 开发领域的技术积累，以及编者在 IT 系统研发领域的经验，以市面上主流的 Flask 框架为核心，以蜗牛学院已经上线的"蜗牛笔记"博客系统为案例，以项目驱动的方式来详细讲解如何从无到有地开发多功能的博客系统。本书的特点如下。

1. 项目驱动的写作模式

本书采用项目驱动的写作模式，本书并不是以知识点的讲解为主线，而是根据项目研发过程中实现系统功能的工作过程来编写本书的内容。项目驱动的授课模式在蜗牛学院的人才培养过程中已经取得了成功，是被实践证明的行之有效的传授知识的方式。

2. 内容安排合理

本书除了讲解用 Flask 框架搭建"蜗牛笔记"博客系统外，还涉及诸多流行的 Web 开发技术，如 jQuery 框架、Bootstrap 框架、Vue 框架、Redis 缓存服务器、ORM 数据模型、全文搜索、验证码处理、静态化处理和前后端分离等技术，帮助读者从多个维度提升自己的技术水平，以成为一名优秀的 Python Web 开发工程师。

3. 注重理论与实践的结合

本书在实现代码之前，会分析其实现思路，并将理论知识和技术点有机融合到项目的实际场景中，读者在学习知识的同时，会增强实践能力和解决实际问题的能力。建议读者将书中的每一段代码都完整地执行一两遍，真正理解背后的原理和工作机制。

在本书的编写过程中，编者得到了同事及家人的理解和支持，同时，也非常感谢蜗牛学院的学员们，是大家无数个日夜的教与学、师生之间的大量讨论，才完善了本书的案例和讲解思路。

另外，对于本书的配套视频和源代码，读者可以通过蜗牛学院在线课堂进行学习和下载，网址为

http://www.woniuxy.com/。"蜗牛笔记"博客系统也已经上线运行,网址为 http://www.woniunote.com。读者可以随时访问并与书中的内容进行比较,这样可以帮助大家更好地理解系统功能和相关技术。如果需要与编者进行技术交流或商务合作,可添加微信或 QQ(15903523),也可以直接加入 QQ 学习群(934213545),还可发送邮件至 dengqiang@woniuxy.com 与编者取得联系。

由于编者经验及水平有限,书中难免有疏漏和不足之处,欢迎读者批评指正。

编 者

2021 年 3 月

目录 Contents

第 1 章　项目准备　1

- 1.1　项目需求简述　2
  - 1.1.1　项目背景介绍　2
  - 1.1.2　项目功能列表　2
  - 1.1.3　项目技术架构　3
  - 1.1.4　关键页面截图　3
- 1.2　开发环境准备　5
  - 1.2.1　Python 环境安装　5
  - 1.2.2　PyCharm 开发工具　7
  - 1.2.3　MySQL 数据库　8
  - 1.2.4　Redis 缓存服务器　11
  - 1.2.5　Web 前端开发库　11
  - 1.2.6　Fiddler 协议监控工具　12
  - 1.2.7　Postman 接口测试工具　14
- 1.3　必备基础知识　16
  - 1.3.1　HTTP 简介　16
  - 1.3.2　Flask 简介　18
  - 1.3.3　jQuery 简介　19
  - 1.3.4　Bootstrap 基础　19
  - 1.3.5　UEditor 简介　22
  - 1.3.6　MVC 分层模式　22

第 2 章　构建前端页面　24

- 2.1　页面设计思路　25
  - 2.1.1　整体风格　25
  - 2.1.2　响应式布局　26
  - 2.1.3　前后端交互　27
  - 2.1.4　构建调试环境　27
- 2.2　系统首页设计　30
  - 2.2.1　功能列表　30
  - 2.2.2　顶部设计　30
  - 2.2.3　中部设计　35
  - 2.2.4　底部设计　41
- 2.3　文章阅读页面设计　42
  - 2.3.1　功能列表　42
  - 2.3.2　设计思路　42
  - 2.3.3　代码实现　43
- 2.4　其他页面设计　47
  - 2.4.1　登录注册页面　47
  - 2.4.2　文章发布页面　49
  - 2.4.3　系统管理页面　51

第 3 章　数据库设计　54

- 3.1　设计用户表　55
  - 3.1.1　设计思路　55
  - 3.1.2　数据字典　55
  - 3.1.3　创建用户表　56
- 3.2　设计文章表　57
  - 3.2.1　设计思路　57
  - 3.2.2　数据字典　58
- 3.3　其他表的设计　59
  - 3.3.1　用户评论表　59
  - 3.3.2　文章收藏表　60
  - 3.3.3　积分详情表　60

第 4 章　Flask 框架应用　61

- 4.1　Flask 核心功能　62
  - 4.1.1　启动 Flask　62
  - 4.1.2　路由及参数　63
  - 4.1.3　RESTful 接口　65
  - 4.1.4　URL 重定向　66
  - 4.1.5　Session 和 Cookie　67
  - 4.1.6　Blueprint 模块化　69
  - 4.1.7　拦截器　70
  - 4.1.8　定制错误页面　72
- 4.2　Jinja2 模板引擎　73
  - 4.2.1　模板引擎的作用　73

4.2.2 基本用法	74
4.2.3 Jinja2 语法	75
4.2.4 过滤器	77
4.2.5 应用示例	78
4.2.6 模板继承	79
4.2.7 模板导入	80
4.3 SQLAlchemy 数据处理	81
4.3.1 PyMySQL	81
4.3.2 魔术方法	83
4.3.3 自定义 ORM	84
4.3.4 定义模型	87
4.3.5 添加数据	89
4.3.6 修改数据	89
4.3.7 基础查询	90
4.3.8 连接查询	91
4.3.9 复杂查询	92
4.3.10 执行原生 SQL 语句	92
4.3.11 JSON 数据	92

第 5 章   博客首页功能开发   96

5.1 文章列表功能	97
5.1.1 开发思路	97
5.1.2 代码实现	98
5.1.3 代码优化	101
5.2 分页浏览功能	104
5.2.1 开发思路	104
5.2.2 代码实现	104
5.3 文章分类浏览功能	105
5.3.1 开发思路	105
5.3.2 代码实现	106
5.4 文章搜索功能	107
5.4.1 开发思路	107
5.4.2 后端实现	108
5.4.3 前端实现	109
5.4.4 搜索分页	111
5.5 文章推荐功能	112
5.5.1 开发思路	112
5.5.2 代码实现	112
5.5.3 重写 truncate 过滤器	114
5.5.4 前端渲染侧边栏	115
5.5.5 使用 Vue 渲染侧边栏	117
5.5.6 侧边栏始终停靠	119

5.6 登录注册功能	122
5.6.1 图片验证码	122
5.6.2 邮箱验证码	124
5.6.3 用户注册	126
5.6.4 更新选项	129
5.6.5 登录验证	130
5.6.6 自动登录	131
5.6.7 找回密码	134

第 6 章   文章阅读功能开发   135

6.1 文章展示功能	136
6.1.1 开发思路	136
6.1.2 代码实现	136
6.2 积分阅读功能	137
6.2.1 开发思路	137
6.2.2 代码实现	138
6.2.3 重复消耗积分	139
6.3 文章收藏功能	141
6.3.1 开发思路	141
6.3.2 代码实现	141
6.4 关联推荐功能	144
6.4.1 开发思路	144
6.4.2 代码实现	144
6.5 用户评论功能	146
6.5.1 开发思路	146
6.5.2 发表评论	146
6.5.3 显示评论	149
6.5.4 回复评论	151
6.5.5 显示回复	153
6.5.6 评论分页	158
6.5.7 Vue 重构分页	163
6.6 其他评论功能	166
6.6.1 用户点赞	166
6.6.2 隐藏评论	168

第 7 章   文章发布功能开发   170

7.1 权限管理功能	171
7.1.1 开发思路	171
7.1.2 代码实现	172
7.2 文章编辑功能	174
7.2.1 UEditor 插件	174

7.2.2	后端接口对接	176
7.3	文章发布功能	178
7.3.1	开发思路	178
7.3.2	图片压缩	179
7.3.3	缩略图处理	180
7.3.4	代码实现	181
7.4	其他发布功能	184
7.4.1	草稿箱	184
7.4.2	文件上传	187

第 8 章 后端管理系统开发　189

8.1	系统管理	190
8.1.1	后端系统	190
8.1.2	前端入口	190
8.1.3	首页查询	191
8.1.4	文章处理	195
8.1.5	接口权限	197
8.2	用户中心	197
8.2.1	我的收藏	197
8.2.2	发布文章	199
8.2.3	我要投稿	200
8.2.4	编辑文章	202
8.3	短信校验	204
8.3.1	阿里云账号注册	204
8.3.2	测试短信接口	206
8.3.3	验证码使用场景	207

第 9 章 高级功能开发　208

9.1	利用 Redis 缓存数据	209
9.1.1	Redis 数据类型	209
9.1.2	Redis 常用命令	210
9.1.3	Redis 持久化	215
9.1.4	Redis 可视化工具	215
9.1.5	Python 操作 Redis	216
9.1.6	利用 Redis 缓存验证码	218
9.1.7	Redis 处理数据表	219
9.1.8	利用 Redis 重构文章列表	222
9.2	首页静态化处理	226
9.2.1	静态化的价值	226
9.2.2	首页静态化策略	226
9.2.3	静态化代码实现	228
9.2.4	静态化代码优化	230
9.3	全文搜索功能	232
9.3.1	全文搜索	232
9.3.2	中文分词处理	233
9.3.3	倒排索引原理	234
9.3.4	全文搜索代码实现	235
9.4	接口与性能测试	237
9.4.1	requests 接口测试库	237
9.4.2	基于接口的性能测试	238

第1章

项目准备

本章导读

■ 本章主要梳理项目的基本情况,包括功能列表和技术架构等内容,帮助读者全面理解本书要实现的项目全貌。同时,本章对完成项目的开发环境以及前期需要具备的一些基础知识进行了简单梳理,为后续章节中项目的顺利实施打下坚实的基础。

学习目标

(1)理解"蜗牛笔记"博客系统的功能和架构。
(2)完成对关键开发环境和工具的准备。
(3)理解和掌握必备的基础知识。

1.1 项目需求简述

1.1.1 项目背景介绍

Flask 作为目前最流行的 Python Web 应用系统后端开发框架之一，在 Web 系统开发上有着非常全面的功能。其具有轻量级的特点（相对 Django 框架而言），深受企业好评，也非常适合初学者入门，学习周期相对较短。那么，利用 Flask 来开发一套什么样的系统，才能够完整地展示 Flask 的各个功能模块，同时又能够将各个知识点真正运用起来，最后使每位读者都可以顺利完成一套成品呢？编者对此进行了很多研究，最后决定开发一套多功能博客系统来作为贯穿本书的项目。原因包括以下 5 点。

（1）博客系统的功能不会过于复杂，读者会比较容易理解系统业务和需求。

（2）博客系统的交互比较简单，页面较少，便于本书着重介绍后端开发的内容，防止前端开发的内容喧宾夺主。

（3）Flask 非常适合用于开发中小型网站，博客系统的开发能够完全展示 Flask 的核心功能。

（4）通过对博客系统涉及的高级技术的讲解和实战教学，学完本书的内容后，读者完全具备开发大型系统的基础能力。

（5）博客系统非常适合手机端使用，为读者掌握响应式布局进而开发移动应用提供了基础。

博客系统的功能看似简单，但事实上，其中的各种细节的把控和程序的设计优化并不容易。如果读者能够通过自己的学习和实战，在完成一套博客系统的开发的基础上，根据本书所讲解的内容进行功能增强和性能优化，成长为一名优秀的开发工程师将不是难事。

1.1.2 项目功能列表

"蜗牛笔记"博客系统以一个多用户、多作者的博客应用为基础，以增强作者与读者之间的互动为功能设计的宗旨。同时，"蜗牛笔记"博客系统参考了目前各类比较成熟的博客系统，取其精华，去其糟粕，把关注点放在有价值的功能开发和优化上，取消了一些博客系统的无用功能。完整的系统主要包括以下 6 大模块。

（1）首页功能：展现文章标题和内容摘要，使用户能立刻看到关键内容。此模块的功能将在第 5 章中进行详细讲解。

（2）文章阅读：用户可对文章的内容进行阅读，并进行评论和互动。此模块的功能将在第 6 章中进行详细讲解。

（3）文章发布：具备作者权限的用户可以发布新的文章，并对文章进行分类整理。此模块的功能将在第 7 章中进行详细讲解。

（4）用户中心：注册用户的控制面板，用于用户管理自己所关注的内容和发布文章等。此模块的功能将在第 8 章中进行详细讲解。

（5）系统管理：管理员专用控制面板，用于对博客系统各类功能和内容进行管理。此模块的功能将在第 8 章中进行详细讲解。

（6）高级功能：基于 Web 系统开发技术提供的进阶功能。此模块的功能将在第 9 章中进行详细讲解。

"蜗牛笔记"博客系统的整体功能结构如图 1-1 所示。

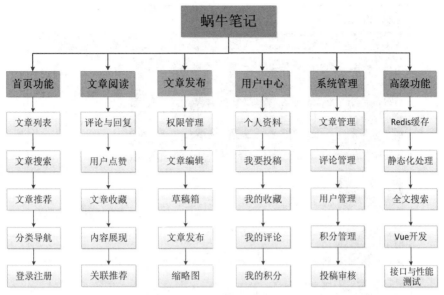

图 1-1 "蜗牛笔记"博客系统的整体功能结构

1.1.3 项目技术架构

"蜗牛笔记"博客系统采用标准的 Web 应用系统架构，以 Flask 框架作为服务器运行环境；用户与服务器基于 HTTP 进行通信，前端基于 Web 浏览器进行访问，并适配移动端访问。后端使用 MySQL 关系型数据库进行永久化数据保存，针对一些访问比较频繁的业务，后端利用 Redis 缓存服务器进行处理。"蜗牛笔记"博客系统整体架构如图 1-2 所示。

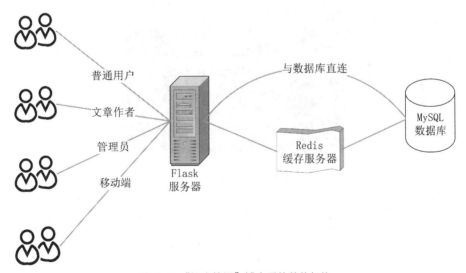

图 1-2 "蜗牛笔记"博客系统整体架构

1.1.4 关键页面截图

"蜗牛笔记"博客系统采用响应式布局，同一页面支持在 PC 端和移动端进行访问，现以首页为例，为读者展示该系统的页面效果。图 1-3 所示为 PC 端首页截图，图 1-4 所示为移动端首页截图。

图 1-3　PC 端首页截图

图 1-4　移动端首页截图

1.2 开发环境准备

1.2.1 Python 环境安装

V1-1 项目开发环境准备

本书所有内容均基于 32 位的 Python 3.7 进行开发,建议读者安装 Python 3.7。同时,编者的操作系统为 64 位的 Windows 10,读者的操作系统不是此版本也没关系,所有技术的讲解不受任何影响,只是部分截图可能略有差异。要获取 Python 请直接访问 Python 官方网站,并按照提示以默认选项进行安装,建议不要安装在带中文或空格的目录下。例如,编者的 Python 安装于 C:\Tools 目录下,安装完成后,其安装目录文件列表如图 1-5 所示。

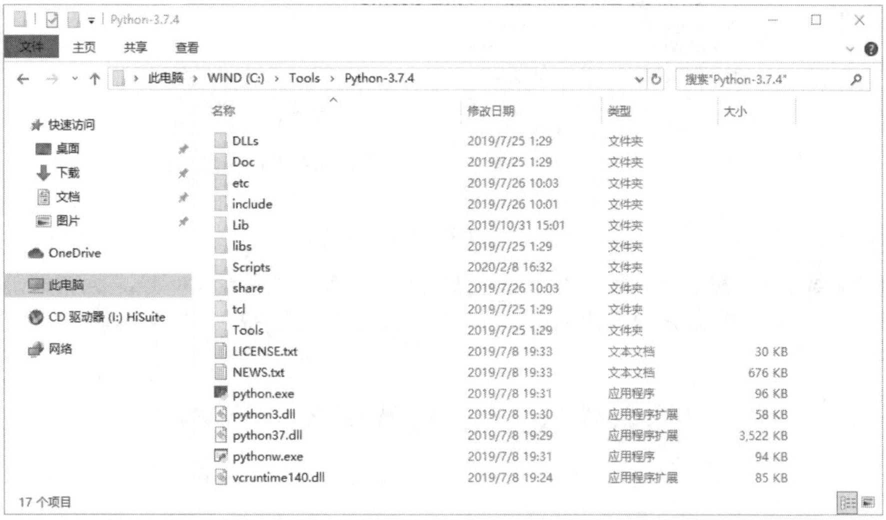

图 1-5 Python 安装目录文件列表

此时,打开命令行窗口,输入 Python 的几条简单命令,如果出现图 1-6 所示的版本信息和程序输出,则说明安装成功。

图 1-6 版本信息和程序输出

如果没有正确配置环境变量,那么系统会提示"Python 不是内部或者外部命令"。如果出现了该异常,无法正确进入 Python 的编译环境,则按照以下步骤配置环境变量。

(1) 右键单击"此电脑"图标,在弹出的快捷菜单中选择"属性"选项,打开"系统"窗口,单击"高级系统设置"超链接,弹出"系统属性"对话框,选择"高级"选项卡,单击"环境变量"按钮,弹出"环境变量"对话框,如图 1-7 所示。

图 1-7 "环境变量"对话框

（2）在"系统变量"选项组中找到"Path"变量并双击，弹出"编辑环境变量"对话框，将 Python 的运行目录"C:\Tools\Python-3.7.4\Scripts\""C:\Tools\Python-3.7.4\"分别添加到环境变量中，如图 1-8 所示。

图 1-8 "编辑环境变量"对话框

另外，在安装 Python 的过程中，可能会因为操作系统环境的原因而提示缺少某些 DLL 文件，如果出现此类情况，则请读者按照错误提示搜索相应解决方案。Python 安装完成后，配置国内镜像并安装本书所必需的 Python 库，具体操作步骤如下。

（1）在当前登录用户的主目录下创建 pip 目录（如编者的目录为"C:\Users\Denny\pip"），并创建 pip.ini 文件，使用豆瓣网的 Python 镜像，编辑文件为以下内容。

```
[global]
index-url = https://pypi.doubanio.com/simple/
[install]
trusted-host=pypi.doubanio.com
```

编辑完成后保存文件，当运行"pip install"命令安装 Python 库时，系统会从豆瓣网的镜像服务器获取 Python 库，下载速度会快很多。

（2）打开命令行窗口，运行"pip install"命令安装 Python 库，请按照以下顺序进行安装。

```
pip install PyMySQL           # 用于连接MySQL数据库并执行SQL语句
pip install Flask-SQLAlchemy  # 用于通过ORM操作MySQL数据库
pip install Jinja2            # Flask的模板引擎
pip install Flask             # Flask框架核心应用
pip install Flask-Cors        # Flask的跨域解决方案
pip install redis             # Redis缓存服务器处理库
pip install pillow            # Python的图像处理库
pip install requests          # Python中用于发送HTTP请求的库
pip install jieba             # Python中文分词库
pip install Whoosh            # Python中用于创建倒排索引的库
pip install blinker           #支持库，用于Flask的对象通信
pip install flask-msearch     #基于Flask和SQLAlchemy的全文搜索库
```

1.2.2 PyCharm 开发工具

PyCharm 是用于开发 Python 程序的一款比较主流的工具，分为社区版和专业版两个版本，为了提高 Web 系统的开发效率，建议读者安装专业版，因为专业版能够更好地支持 JavaScript 和 HTML5 前端开发，而社区版不具备前端页面开发的智能提示功能。

PyCharm 安装完成后，只需要创建一个标准的 Python 项目即可开始开发工作，操作步骤如下。

（1）启动 PyCharm，并在启动界面中选择"Create New Project"选项，如图 1-9 所示。

图 1-9　PyCharm 启动界面

（2）在打开的"New Project"窗口中选择"Flask"选项，输入 WoniuNote 项目所在目录，选中"Existing interpreter"单选按钮，并确保浏览到正确的 Python 安装目录，如图 1-10 所示。

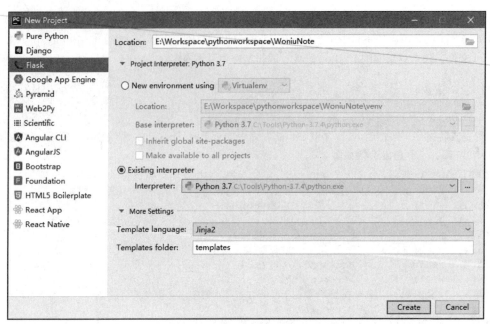

图 1-10 "New Project" 窗口

（3）成功创建 Flask 项目后，进入图 1-11 所示的界面，表示环境配置成功。

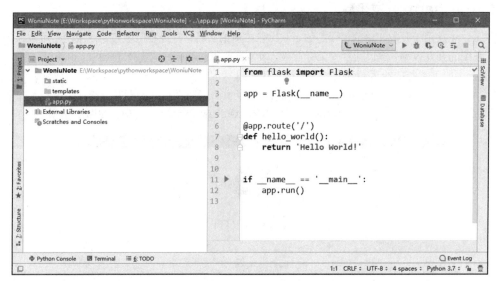

图 1-11 环境配置成功

1.2.3 MySQL 数据库

MySQL 数据库目前最新版本为 8.0，但是考虑到兼容性和稳定性，建议下载安装企业较常使用的 5.6 版本。在 Windows 中安装 MySQL 的方法非常简单，除了以下两个安装过程需要确认之外，其他步骤均保持默认设置即可。安装过程中建议输入一个简单的密码，如 123456，以免安装完成后忘记密码。

（1）安装过程中选择安装 Developer Default 类型（默认选中），并确认安装了图 1-12 所示的默认组件。

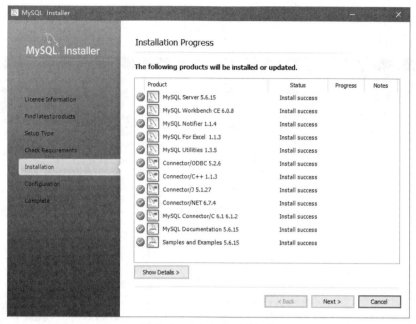

图 1-12　MySQL 默认组件

（2）在配置界面中，选择"Config Type"为"Server Machine"，如图 1-13 所示，使 MySQL 安装程序以服务器模式配置 MySQL，以达到更好的性能。不过，如果机器内存较小，则可以选择默认的"Development Machine"。

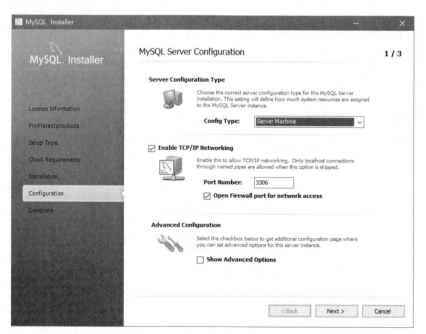

图 1-13　MySQL 配置安装类型

（3）输入 MySQL 的默认用户 root 对应的密码即可完成安装，其他选项建议保持默认设置，无须修改。

安装完成后，进入 Windows 服务控制面板（运行"services.msc"命令打开此面板），在服务列表中选择"MySQL56"选项并右键单击,在弹出的快捷菜单中选择"启动"选项,启动 MySQL,如图 1-14 所示。

图 1-14　启动 MySQL

推荐安装 Navicat 客户端工具连接 MySQL 并进行数据库操作,输入"127.0.0.1"作为服务器的 IP 地址,输入"root"和"123456"作为用户名和密码,连接 MySQL 服务器,如果连接成功即表示完成安装,如图 1-15 所示。

图 1-15　连接 MySQL 服务器

1.2.4 Redis 缓存服务器

Redis 作为当前最流行的缓存服务器，在企业中应用非常广泛。本书在第 9 章中将会讲解如何利用 Python 的 redis 库来完成对 Redis 缓存服务器的操作，并设计相应缓存策略来进行数据缓存从而提高"蜗牛笔记"博客系统的性能，以支撑更多并发访问和保证响应速度。

安装 Redis 非常简单，在 Redis 官网下载与 Windows 对应的最新版本，编者在编写本书时，其最新 Windows 版本为 3.2.100，下载该版本的文件并将其解压到某个特定目录。此处将 Redis 解压到"C:\Tools"目录下，打开命令行窗口，运行"redis-server.exe"命令，启动 Redis 服务器，如图 1-16 所示。

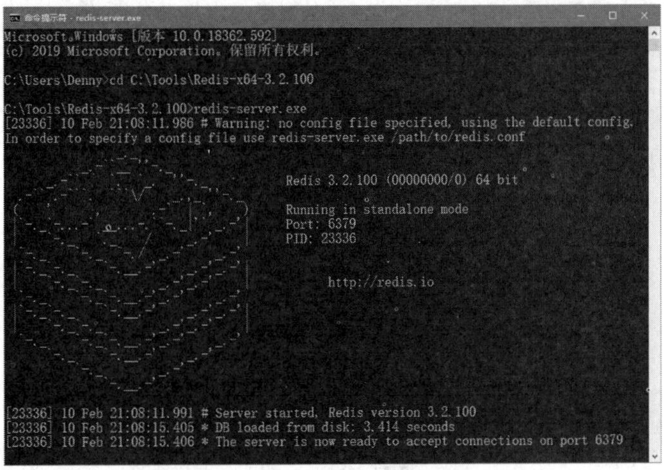

图 1-16 启动 Redis 服务器

如果启动过程中没有出现错误信息，则表示 Redis 服务器安装成功。默认情况下，Redis 服务器的连接端口为 6379，没有发生特殊情况时，可不修改。

打开命令行窗口，启动 Redis 客户端并连接服务器，运行图 1-17 所示的命令，如果访问成功，则表示环境准备就绪。

图 1-17 运行命令

1.2.5 Web 前端开发库

"蜗牛笔记"博客系统是一个标准的 Web 应用系统，在开始开发工作之前，读者需要下载 Web 前端开发库和浏览器，如下所示。

（1）jQuery 前端库，用于操作 HTML 元素和处理 Ajax 请求，请下载最新版本。

（2）Bootstrap 前端库，用于响应式布局和前端页面绘制，请下载最新版本。

（3）bootbox 前端库，用于弹出更加美观的提示信息，代替 window.alert 的弹窗功能。

（4）open-iconic 图标库，用于在页面中显示一些操作图标，可在 GitHub 上下载。

（5）UEditor 在线编辑器，用于编辑和发布博客文章，请下载最新版本。

（6）Vue 前端视图库，用于构建用户页面的渐进式框架，且具备开发单页应用的能力。

（7）Chrome 浏览器，用于调试前端代码，请下载最新版本。

1.2.6 Fiddler 协议监控工具

Fiddler 是一款免费且功能强大的协议监控工具。它通过代理的方式获取程序 HTTP 通信数据，可以用来监控网页和服务器的交互情况，能够记录所有客户端和服务器间的 HTTP 请求，支持监视、设置断点、修改输入输出数据等功能。无论是对开发人员还是测试人员来说，它都是非常有用的工具。

Fiddler 支持 HTTP 和 HTTPS，能够进行录制和回放，同时支持对请求数据进行修改。更为重要的是，它还可以通过设置代理来对移动端设备的协议交互过程进行捕获和分析。

安装 Fiddler 时需要确保 Windows 操作系统已经安装.NET 框架，如果没有安装，则根据 Fiddler 安装程序的提示进行下载及安装。安装完成后运行 Fiddler，就可以监控浏览器的所有请求，并记录这些请求和响应的完整通信过程。由于 Fiddler 是独立的应用程序，所以它比浏览器自带的 F12 开发者工具更加强大，界面也更加友好。

启动 Fiddler 后，确保"Capture Traffic"选项是选中状态，即确保打开 Fiddler 监控开关，如图 1-18 所示。

图 1-18 打开 Fiddler 监控开关

打开浏览器，访问一个网站，如"http://www.woniuxy.com"，Fiddler 捕获到的请求如图 1-19 所示。

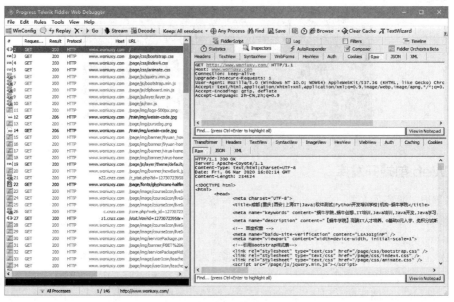

图 1-19 Fiddler 捕获到的请求

Fiddler 的窗口主要分为 4 个部分，最上方是工具栏，左边是请求的列表，右上方是请求相关内容，右下方是响应的相关内容。除了监控通信请求之外，Fiddler 也支持对已有请求进行编辑，非常有利于对接口进行调试。例如，要登录蜗牛学院，需要先注册一个蜗牛学院的账号，并进行登录操作，让 Fiddler 记录下该操作，如图 1-20 所示。

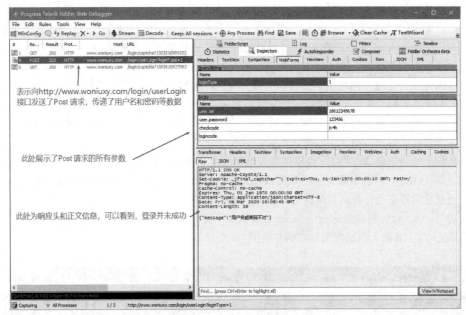

图 1-20　Fiddler 记录操作

监控到 Post 请求后，在窗口右上方选择"Composer"选项卡，进入请求编辑窗口，将左侧的登录请求拖动到该编辑窗口中，即可对该请求进行手工编辑。编辑完成后单击"Execute"按钮便可以将新的请求发送出去，进而达到接口调试的目的，如图 1-21 所示。

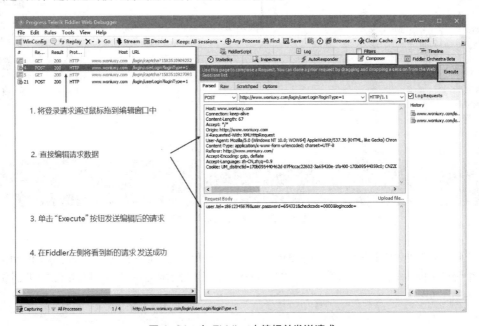

图 1-21　在 Fiddler 中编辑并发送请求

1.2.7 Postman 接口测试工具

Postman 是一款专门针对 HTTP 的接口测试工具，目前在企业中的应用比较广泛，无论是开发人员还是测试人员都会经常使用，其与 Fiddler 有类似的功能，但是两者的应用场景并不完全一致。Fiddler 更多地强调的是协议监控，对监控到的请求进行查看或者编辑，为此 Fiddler 提供了强大的协议查看功能，非常便于进行请求的调试；而 Postman 强调的是有针对性的接口测试，虽然通过代理设置或浏览器插件的方式也可以让 Postman 监控通信请求，但是它并没有强大的协议查看功能。

另外，进行接口测试时，会有针对性地对后端开发的接口进行测试，不需要监控所有请求，而是通过手写请求来完成特定接口的测试。尤其是在只实现了后端接口，还没有实现前端页面操作的情况下，Fiddler 和 Postman 都无法通过浏览器操作来监控协议通信或者进行接口调试，此时，通过 Postman 手工编写接口请求进行测试就会更加方便。将这些编写好的请求保存起来，在每一次接口代码发生修改时，还可以非常方便地进行回归测试，以确认该接口的修改是否生效。

本书在后面的接口调试过程中，会根据需要选择使用 Fiddler 或者 Postman，所以请读者务必熟练使用这两款工具。此外，它们也是企业中开发系统必备的辅助工具，无论是测试人员还是开发人员，是前端程序员还是后端程序员，都必须掌握这两种工具的使用。

在启动 Postman 后，需要创建一个 Collection 测试集用于保存不同的接口测试用例。单击"Collection"图标（见图 1-22）并输入测试集名称"蜗牛笔记"。

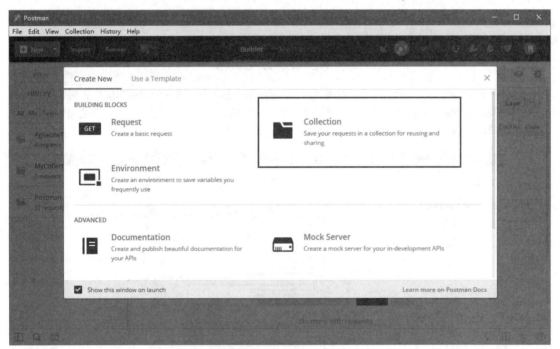

图 1-22 "Collection"图标

在左侧测试集列表中右键单击"蜗牛笔记"测试集，在弹出的快捷菜单中选择"Add Request"选项，添加一个请求并将其命名为"蜗牛学院-首页"，为首页指定正确的请求类型和 URL 地址，即可获取首页的响应信息，如图 1-23 所示。

图 1-23　在 Postman 中发送 Get 请求

同样的,如果要发送 Post 请求,则需要指定 Post 请求类型,图 1-24 所示为登录蜗牛学院的 Post 请求和响应信息。

图 1-24　登录蜗牛学院的 Post 请求和响应信息

由于发送登录的 Post 请求时,无法通过 Postman 获取到登录验证码,所以登录请求会失败,但是这并不影响请求的成功发送和响应内容的获取。在后续的开发过程中,当开发的后端接口还没有前端页面来操作时,可以使用 Postman 来模拟前端页面发送请求,并对后端的接口进行调试,调试通过后再对接前端页面。通常而言,在企业的真实项目开发过程中,前端开发人员和后端开发人员可能属于不同的团队,此时,通过 Postman 等接口测试工具即可很好地完成双方的接口对接工作和调试工作。

1.3 必备基础知识

1.3.1 HTTP 简介

HTTP 协议簇是当今最为主流的一套通信协议，通常用于各类应用系统间的通信，尤其是 Web 或 App 开发过程，用户主要通过 HTTP 与服务器进行通信。HTTP 协议簇主要由三大主流协议（HTTP、HTTPS 和 WebSocket）构成，但也包括一些衍生的协议，如简单对象访问协议（Simple Object Access Protocol，SOAP）、HTTP 实时流（HTTP Live Streaming，HLS）协议等。标准的 HTTP 是一种无状态的单通道非加密协议，有以下 3 个主要特点。

（1）无状态：服务器端无法保存客户端状态，所以需要通过 Session 和 Cookie 来解决。

（2）单通道：只有客户端主动向服务器端发起请求时，服务器端才会被动响应，反之则不行，服务器端不能主动与客户端联系，所以通过 WebSocket 来解决双向长连接的问题。

（3）非加密：整个 HTTP 的传输过程完全明文传输，所以通过 HTTPS 来解决。

HTTP 协议簇是一套标准的应用层协议，在 TCP 传输层之上，所以学习和理解起来并不难，而由于 HTTP 的规范全部是由标准的英文单词组成的，因此理解起来也非常容易。另外，HTTP 发送请求通常使用 Get 和 Post 两种请求类型即可解决几乎所有应用系统的通信问题，但是为了满足目前比较流行的 RESTful 风格的服务器端接口规范要求，通常还会使用 Put 和 Delete 两种请求，其他 HTTP 定义的请求类型则无须关注。本节将对 HTTP 中的几个关键问题进行简单介绍。

1. 请求和响应

HTTP 的请求类型主要有 4 种，其功能和作用说明如下。

（1）Get 请求：通常用于访问一个服务器的资料，如一张图片或一个页面，也可以通过 URL 地址中的查询字符串来向服务器提交参数。例如，经常可以看到某个 URL 地址后面带有的一串数字，或者"？"后面的一段"key=value&key=value"的地址，它们都属于查询字符串参数。

（2）Post 请求：通常用于向服务器端提交一段数据。例如，"蜗牛笔记"博客系统中的登录和发布功能需要用户将填写的内容提交给服务器端，以及当用户提交文件或图片时，均需要使用 Post 请求。

（3）Put 请求：为满足 RESTful 风格的服务器端接口而使用，用于更新服务器端的某资源。

（4）Delete 请求：也是为了满足 RESTful 风格而使用，用于删除服务器端的某资源。

虽然 HTTP 的请求很多，但是并不是每个网站都需要使用所有请求，如对于非 RESTful 风格的站点，通常只需要使用 Get 和 Post 请求即可完成所有通信。打开 Chrome 浏览器，按"F12"快捷键打开开发者工具，选择"Network"选项卡，在浏览器地址栏中输入蜗牛学院官网地址，即可看到所有的首页的通信请求和响应，如图 1-25 所示。

2. 标头和正文

HTTP 的请求和响应均分为两部分：HTTP 请求和响应端的标头，以及 HTTP 请求和响应端的正文。这两部分的主要作用如下。

（1）标头：标头是 HTTP 最为核心的部分，必须满足协议规范，用于浏览器与服务器之间的通信，不可随意更改。请求端的标头主要用于描述向哪个服务器地址发送数

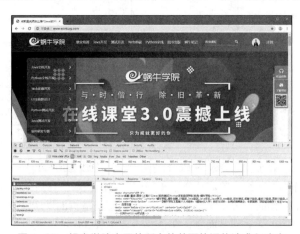

图 1-25 蜗牛学院官网的所有的首页的通信请求和响应

据,以及告知服务器当前浏览器的一些基本信息,如操作系统版本、浏览器版本、是否缓存等。而响应端的标头则是服务器告知浏览器的一些基本信息,如服务器类型、响应时间、正文类型、正文长度、Session 数据、响应类型等。经常应用到的字段主要是 Set-Cookie 和 Content-Type。其中,Set-Cookie 是服务器端响应给浏览器的 Cookie 信息,需要在下一次请求时发送回服务器;而 Content-Type 会告知浏览器当前的响应内容是什么类型,以便于浏览器决定如何渲染该响应,如响应的类型可能是 HTML、JavaScript 对象标记(Java Script Object Notation,JSON)、图片、JavaScript 代码等。

(2)正文:请求端的正文主要是要发送给服务器端的数据,通常只有 Post 请求有正文,其他类型的请求不需要正文;而响应端的正文则是服务器端响应给浏览器的内容,如一段 HTML 代码或一张图片,具体的响应内容由后端开发的程序来决定,与协议无关。

在访问蜗牛学院首页时,通过按 "F12" 快捷键打开开发者工具,可以看到图 1-26 所示的请求和响应端的标头信息。

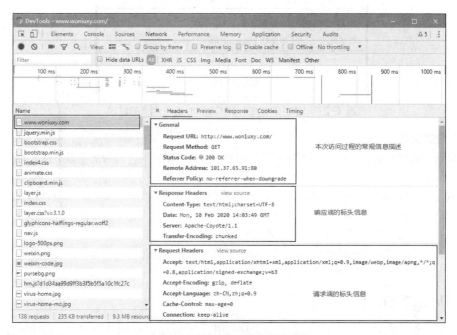

图 1-26　请求和响应的标头信息

3. Session 和 Cookie

由于 HTTP 属于无状态协议,这就意味着服务器无法记住客户端的各种状态。客户端与服务器都是在需要的时候才建立连接的,而一旦不需要或者达到超时时间,连接将自动断开。以系统登录功能为例,HTTP 无法保存客户端状态,则服务器将无法知道某个客户端已经登录,此时出现的情况就是服务器会提醒客户端需要登录后才能执行某个操作,如论坛程序中需要登录后才可以发帖/回帖。无状态时,服务器将会一直提醒客户端登录,当客户端登录成功后试图发帖时,服务器又会继续提醒用户需要先登录,可以想象,如果真是这样,用户只能进行一项操作:输入用户名和密码进行登录。显然,这样的 HTTP 没有任何实用价值,因此,需要使用 Session 和 Cookie 来解决这个问题。

当用户首次访问一个网站时,服务器端会为当前浏览器生成一条身份标识,通常称之为 Session ID,用于标识该用户的状态,并通过响应的标头字段 Set-Cookie 将该标识信息发送给浏览器。同时,服务器端将该 Session ID 保存起来(通过内存或硬盘进行保存),浏览器也会保存该条信息。在用户发起第二个请求时,浏览器将这条 Session ID 以 Cookie 字段附加到请求的标头信息中传给服务器,服务器端接收到这条 Session ID 以后,与自己保存的 Session ID 进行对比,就可以确定用户的身份,保存用户的状态,这一通信过程如图 1-27 所示。

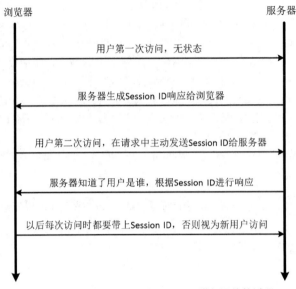

图 1-27 通过 Session 和 Cookie 进行通信的过程

4．前后端交互

在浏览器（或其他基于 HTTP 的客户端）与服务器端进行交互时，通常需要以下技术的支持才能够顺利进行。

（1）满足 HTTP 和 HTML5 标准的浏览器，它可以根据用户的操作正确组装 HTTP 请求，正确地渲染 HTML 页面，执行 JavaScript 代码。目前，所有浏览器都支持此标准，但是由于不同的浏览器厂商对标准的理解并不完全一致，因此会存在少量兼容性的问题。

（2）满足 HTTP 标准的服务器，它可以正确地解析客户端发送过来的请求，并进行正确的响应。目前主流的 Web 服务器都可以处理和识别 HTTP。

1.3.2 Flask 简介

Flask 是一个用 Python 编写的 Web 应用程序框架，由 Armin Ronacher 开发，他领导着一个名为 Pocco 的国际 Python 爱好者团队。Flask 基于 Werkzeug WSGI 工具包和 Jinja2 模板引擎，能够完整地处理基于 Python 开发的 Web 应用程序，主要包括以下功能。

（1）路由规则：用于在开发过程中定义后端接口的地址标准，以便于前端页面的请求能够发送给正确的服务器地址。

（2）参数传递：也属于后端接口的标准，用于接收前端页面发送过来的数据，无论是 Get 请求、Post 请求还是其他类型的请求。

（3）URL 重定向：当后端服务器处理完成需要重定向到一个新的页面时，通过 URL 重定向功能来实现。

（4）Session 和 Cookie：支持通过使用 Session 和 Cookie 来维持客户端与服务器端的状态。

（5）模块化：服务器端的功能通常比较复杂，通常要将不同的功能划分到后端不同的模块中以便于管理和维护代码。Flask 通过 Blueprint 模块实现了网站后端的模块化开发。

（6）拦截器：后端服务器通过对前端发送过来的每一个请求进行拦截和检查，对满足条件的请求进行处理，对不满足条件的请求直接响应一个错误信息。例如，对于用户必须登录成功后才能访问的接口，可以使用拦截器对用户是否登录进行判断，如果没有登录，则直接被拦截，不允许访问对应的接口。

（7）模板引擎：为了更加便捷地向前端 HTML 页面中填充数据，Flask 引入了 Jinja2 模板引擎，通过在 HTML 页面中嵌入一段满足 Jinja2 语法规则的代码，可以快速将数据填充到 HTML 页面中供浏览器渲染。

（8）数据库操作：几乎所有的服务器环境都必须支持数据库的各类操作，Flask 通过引入 SQLAlchemy 框架来操作 MySQL 数据库，其底层基于 PyMySQL 库实现，定义了一套相对标准的对象关系映射（Object Relational Mapping，ORM）操作接口，可以方便地进行数据库的增删改查操作。

Flask 是一个轻量级的 Web 开发框架，相对容易学习，代码简洁，无论是开发效率还是运行效率都很高，非常适合用于开发中小型网站。

1.3.3　jQuery 简介

jQuery 是一个快速、简洁的 JavaScript 框架。其设计的宗旨是"Write Less，Do More"，即倡导编写更少的代码，做更多的事情。它封装了 JavaScript 常用的功能代码，提供了一种简便的 JavaScript 设计模式，优化了 HTML 文档操作、事件处理、动画设计和 Ajax 交互，是很多 Web 系统首选的基础框架。

但是 jQuery 也有自己的弱点，例如，在前后端分离的开发过程中，后端响应的数据（通常是 JSON 格式）要填充到 HTML 页面中，需要通过逐行操作 DOM 元素生成新的页面内容，当填充的数据量较大时，会显得不够方便，代码的可维护性也较差。而目前非常流行的前端模板引擎或 MVVM 前端框架可以很好地解决这一问题，本书在第 6 章末尾将会简单介绍 Art-Template 和 Vue 的前端模板引擎的用法。出于以下 3 个方面的原因，本书不再深入讲解前端模板引擎的用法。

（1）"蜗牛笔记"博客系统并不是一个纯粹的前后端分离的系统，不需要过多地使用 JavaScript 来进行动态数据处理。

（2）本书的重点不是讲解如何使用前端框架，而是讲解 Flask 框架，所以需要尽量减少对前端框架的使用。而"蜗牛笔记"博客系统的功能和页面数量相对较少，jQuery 完全可以胜任。

（3）为了让"蜗牛笔记"博客系统能够适应移动端，同时对页面进行快速开发，本书引入了 Bootstrap 框架，而该框架需要依赖于 jQuery。

本书需要用到的 jQuery 的知识如下，如果读者对其不够熟悉，则建议先补充这些内容。

（1）jQuery 使用$('#id')或$('.class')进行单个或批量元素的选择，以及使用.val()或.text()函数获取或修改元素或表单的内容。

（2）jQuery 的$.ajax()和$.post()函数用于通过 Ajax 方式发送请求并处理服务器的响应结果。

（3）jQuery 的.parent()、.siblings()或.children()函数用于按照元素的层次进行定位。

（4）jQuery 的.css()函数用于修改 HTML 元素的样式。

（5）jQuery 的.append()函数可以将 HTML 内容动态地添加到另外一个元素中。

1.3.4　Bootstrap 基础

Bootstrap 是受企业开发人员青睐的 HTML、CSS 和 JavaScript 框架，用于开发响应式布局、移动设备优先的 Web 项目。Bootstrap 使前端开发更快速、简单，能快速上手、适配所有设备并适用于多种项目类型。

Bootstrap 通过预先定义好的 CSS 样式来完成对页面的快速布局，通过流式栅格系统，随着屏幕或视区尺寸的增加，系统会自动分为最多 12 列，根据这 12 列来进行排版布局，进而可以让 DIV 元素完全自适应窗口大小。

另外，Bootstrap 还支持各类图标库，可以为元素或者按钮快速添加一些小图标，增强页面的美观度。通过 Bootstrap 内置的 JavaScript 库（基于 jQuery），可以快速开发一些常用的功能，如模态窗口、弹窗提示、选项卡或者轮播图等。

本节将通过一个简单的实例为读者讲解 Bootstrap 的核心功能——栅格系统，请根据下述 HTML 代码注释理解栅格系统的布局和响应式布局的基本原理。

```html
<!DOCTYPE html>
<html lang="en">
<head>
    <meta charset="UTF-8">
    <title>Bootstrap栅格系统</title>
    <!-- 为了更好地兼容移动设备，使用CSS的媒体查询功能 -->
    <meta name="viewport" content="width=device-width, initial-scale=1"/>
    <!-- 引入Bootstrap的CSS核心库 -->
    <link rel="stylesheet" type="text/css" href="https://stackpath.bootstrapcdn.com/bootstrap/4.4.1/css/bootstrap.min.css" />
    <style>
        /* 为底层的DIV（即栅格系统中的列）添加基础样式，显示其轮廓 */
        .row div {
            padding: 20px;
            border: solid 2px red;
            text-align: center;
        }
    </style>
</head>
<body>
    <!-- 栅格系统从container类开始，这是根节点，container类是Bootstrap内置的 -->
    <!-- 栅格系统的container样式默认宽度是1140px，这也是比较主流的布局宽度 -->
    <!-- 如果将container当作一个表格，则row代表表格的一行，再下一层表示列 -->
    <div class="container" style="margin: 0px auto; border: solid 5px blue;">
        <!-- 独立的一行，必须指定class为row，也可以单独设置自己的样式 -->
        <div class="row">
            <!-- 行中的一列，栅格系统最多可以把一个container划分为12列 -->
            <!-- 按等比例切分列的宽度，每列的宽度为8.3333% -->
            <!-- col-xl-3：表示在超大型屏幕（大于1200px）的浏览器窗口中显示
                 为3列（即3/12列，也就是 container总宽度的25%）-->
            <!-- col-lg-3：在大型屏幕（大于992px）上显示为3列-->
            <!-- col-md-6：在中等屏幕（大于768px）上显示为6列-->
            <!-- col-sm-6：在小型屏幕（大于576px）上显示为6列-->
            <!-- col-12：在超小屏幕（小于576px）上显示为12列-->
            <div class="col-xl-3 col-lg-3 col-md-6 col-sm-6 col-12">
                这是第一行第一列的内容
            </div>
            <div class="col-xl-3 col-lg-3 col-md-6 col-sm-6 col-12">
                这是第一行第二列的内容
            </div>
            <div class="col-xl-3 col-lg-3 col-md-6 col-sm-6 col-12">
                这是第一行第三列的内容
            </div>
            <div class="col-xl-3 col-lg-3 col-md-6 col-sm-6 col-12">
                这是第一行第四列的内容
            </div>
        </div>
        <div class="row">
            <div class="col-xl-3 col-lg-3 col-md-6 col-sm-6 col-12">
                这是第二行第一列的内容
            </div>
            <div class="col-xl-3 col-lg-3 col-md-6 col-sm-6 col-12">
                这是第二行第二列的内容
            </div>
```

```html
            <!-- 类d-none d-md-block表示在中等屏幕以下浏览器窗口中隐藏该元素 -->
            <div class="col-xl-3 col-lg-3 col-md-6 col-sm-6 col-12 d-none d-md-block">
                这是第二行第三列的内容
            </div>
            <div class="col-xl-3 col-lg-3 col-md-6 col-sm-6 col-12 d-none d-md-block">
                这是第二行第四列的内容
            </div>
        </div>
    </div>
</body>
</html>
```

在浏览器中运行上述代码，分别通过拖动浏览器窗口的大小可以看到这 2 行 4 列共 8 个单元格的变化情况，这就是响应式布局的核心所在。

图 1-28 所示为大型或超大型屏幕上的列宽样式。

这是第一行第一列的内容	这是第一行第二列的内容	这是第一行第三列的内容	这是第一行第四列的内容
这是第二行第一列的内容	这是第二行第二列的内容	这是第二行第三列的内容	这是第二行第四列的内容

图 1-28　大型或超大型屏幕上的列宽样式

图 1-29 所示为中等屏幕上 col-md-6 的列宽样式。

这是第一行第一列的内容	这是第一行第二列的内容
这是第一行第三列的内容	这是第一行第四列的内容
这是第二行第一列的内容	这是第二行第二列的内容
这是第二行第三列的内容	这是第二行第四列的内容

图 1-29　中等屏幕上 col-md-6 的列宽样式

图 1-30 所示为小型屏幕上 col-sm-6 的列宽样式。注意，第二行第三列和第二行第四列的内容已经被 d-none 和 d-md-block 属性隐藏起来了。

这是第一行第一列的内容	这是第一行第二列的内容
这是第一行第三列的内容	这是第一行第四列的内容
这是第二行第一列的内容	这是第二行第二列的内容

图 1-30　小型屏幕上 col-sm-6 的列宽样式

图 1-31 所示为超小屏幕和手机上 col-12 的列宽样式，由于设置了 col-12 属性，所以在手机端看到的效果是每一列独占一行。

```
                    ┌─────────────────────────────┐
                    │      这是第一行第一列的内容     │
                    ├─────────────────────────────┤
                    │      这是第一行第二列的内容     │
                    ├─────────────────────────────┤
                    │      这是第一行第三列的内容     │
                    ├─────────────────────────────┤
                    │      这是第一行第四列的内容     │
                    ├─────────────────────────────┤
                    │      这是第二行第一列的内容     │
                    ├─────────────────────────────┤
                    │      这是第二行第二列的内容     │
                    └─────────────────────────────┘
```

图 1-31　超小屏幕和手机上 col-12 的列宽样式

读者通过手机和计算机访问蜗牛笔记或蜗牛学院的官网，也可以看到不一样的布局格式，目前很多网站都进行了响应式布局设计。

在上述代码的演示中存在一个问题，即 container 类的宽度是固定的，无法修改，并且默认设置为 1140px（在 Bootstrap 3.X 版本上是 1170px）。而目前的计算机分辨率至少为 1364px×768px，主流分辨率基本上都是 1920px×1080px。而对于"蜗牛笔记"博客系统来说，如果阅读内容的窗口太窄，则必然会影响阅读体验，所以可以将页面宽度调整为 1200～1300px。这里选择将宽度设置为 1300px，只需在页面的 CSS 样式中添加如下样式即可。

```
@media (min-width: 1200px) {
    .container {
        max-width: 1300px;
    }
}
```

上述代码的作用是利用媒体查询在大型屏幕上将 container 类的最大宽度设置为 1300px，以覆盖 Bootstrap 内置样式，其他属性仍然来源于 Bootstrap 内置样式，不受影响。

1.3.5　UEditor 简介

UEditor 是由百度 Web 前端研发部开发的所见即所得的富文本在线 HTML 编辑器，其功能强大，支持各类 HTML 样式的设定，且最终生成标准的 HTML 格式的文本。其对于"蜗牛笔记"博客系统的文章编辑功能非常有用，可以让作者编辑出非常美观的文章。同时，其可以通过标准的接口来支持与后端程序的对接，实现上传图片、浏览后端图片、上传附件或者视频等功能，更好地提升文章内容的多样性。

UEditor 提供了丰富的前端接口，可以方便地整合在代码中，利用 JavaScript 代码进行接口的调用，可以非常容易地实现操作，并与前端代码进行整合。在第 7 章中，本书将讲解几个 UEditor 最实用的功能，并配合前端调用和后端接口对接来演示其用法。

1.3.6　MVC 分层模式

模型 - 视图 - 控制器（Model View Controller，MVC）是一种软件设计模式，通过代码组织和分层，将业务逻辑、数据处理、页面显示进行分离，以实现更高的重用性、更明确的代码功能，并能提高代码的维护性。MVC 通过将业务逻辑封装到一个部件中，在改进和个性化定制前端页面及用户交互的同时，不需要重新编写业务逻辑层代码。MVC 的主要功能如下。

（1）模型层：主要负责处理应用程序中数据逻辑的部分，如数据库操作。

（2）视图层：主要用于在程序中处理数据显示的部分，简单来说就是前端页面。

（3）控制器层：负责从视图中读取数据，控制用户输入，并向模型发送数据，同时对应有一个服务器端的接口暴露给前端。

图 1-32 所示为 MVC 分层处理的工作流程。

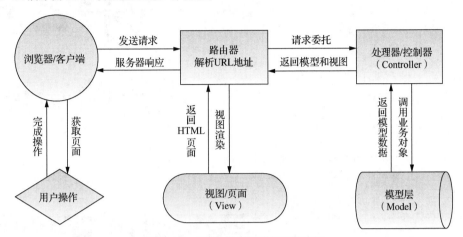

图 1-32　MVC 分层处理的工作流程

第2章 构建前端页面

学习目标

（1）理解"蜗牛笔记"博客系统的功能和需求。
（2）完成对"蜗牛笔记"博客系统的前端页面设计和优化。
（3）熟练运用Bootstrap和CSS构建页面。

本章导读

■本章主要通过 Bootstrap、HTML 和 CSS 来构建"蜗牛笔记"博客系统的前端页面，将详细讲解"蜗牛笔记"博客系统的页面原型设计和 HTML 代码实现，并通过对前端页面的实现，使读者进一步理解"蜗牛笔记"博客系统的各个功能的具体需求。

2.1 页面设计思路

2.1.1 整体风格

一套博客系统的页面设计重点是让用户快速地找到自己感兴趣的文章，所以在风格设计上不宜过于复杂，也不宜设计过多的功能。本书将整体页面设计为 4 个部分：顶部导航栏、中部左侧内容栏、中部右侧推荐栏和底部网站附加栏。读者可以使用 Windows 自带的画图软件绘制图 2-1 所示的"蜗牛笔记"博客系统首页布局。

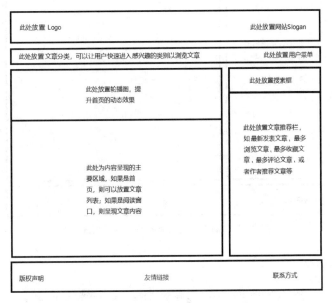

图 2-1 "蜗牛笔记"博客系统首页布局

为了更好地适配移动端，可以将放置 Logo 的一行收缩，将用户菜单和分类导航按钮折叠，接下来是主内容区域，占满手机端屏幕，将搜索框和推荐栏放置于主内容区的下面，底部的网站附加栏可以隐藏，也可以直接收缩。所以，"蜗牛笔记"博客系统移动端页面布局如图 2-2 所示。

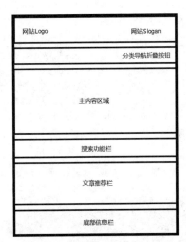

图 2-2 "蜗牛笔记"博客系统移动端页面布局

对于一套博客系统来说，文章列表和文章阅读是最重要的两个页面，其次是用户中心，再次是后端管理。文章列表和文章阅读页面设计完成后，用户中心和后端管理页面的设计便相当容易，且用户中心和后端管理都属于管理类页面，可以采用相同的布局，与文章列表和文章阅读页面略有差异即可。图2-3所示为"蜗牛笔记"博客系统后端页面布局，与文章页面大同小异，本书将不再赘述其页面设计，也不再展示HTML代码，读者可以进入蜗牛笔记官网直接查看HTML页面的源代码。

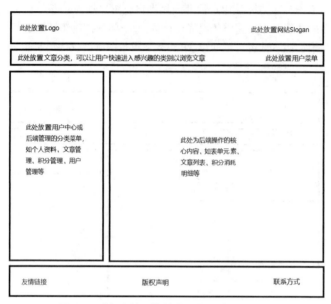

图 2-3 "蜗牛笔记"博客系统后端页面布局

2.1.2 响应式布局

响应式布局需要有一套完整的布局方案，以避免页面元素越来越多时变得杂乱无章。经验表明，不要为一个网站设计太多适配方案，建议只设计两套适配方案，一套是PC端，另一套是移动端。而平板电脑端可以使用与PC端或移动端相同的布局方案，不用单独设计。

所以，在使用Bootstrap设计页面时，对一个列级DIV只需要设定两套样式，一套是针对PC端的，另一套是针对移动端的。例如，可以将如下DIV指定xl、lg、md和sm为相同的PC端布局，而xs为移动端布局，具体代码如下。

```
<div class="container">
    <div class="row">
        <div class="col-xl-6 col-lg-6 col-md-6 col-sm-6 col-12"></div>
        <div class="col-xl-6 col-lg-6 col-md-6 col-sm-6 col-12"></div>
    </div>
</div>
```

通过上述代码可以看到，每个DIV元素的class属性设置太多，会导致代码的可维护性变差，尤其是当页面中的元素比较多的时候。所以，既然已经确定只设计两套布局方案，那么可以进行简写，对于sm及以上大小的设备，只需要设定sm的列宽，代码修改如下。

```
<div class="container">
    <div class="row">
        <div class="col-sm-6 col-12"></div>
        <div class="col-sm-6 col-12"></div>
    </div>
</div>
```

另外，以首页的中部内容来说，PC 端的文章列表栏可以设置宽度为 9 列，文章推荐栏可以设置宽度为 3 列；而在移动端上，可以通过设定文章列表为 12 列、文章推荐为 12 列的方式使其独占一行，进而实现竖状浏览的效果。下面的代码演示了这样的设计方式。

```
<div class="container">
    <div class="row">
        <div class="col-sm-9 col-12" id="left"></div>
        <div class="col-sm-3 col-12" id="right"></div>
    </div>
</div>
```

此处需要注意的是，在栅格系统中，所谓的多少列的宽度并不是一个绝对的列宽，也不是基于 container 的列宽，而是基于父容器的相对宽度。例如，将一个子 DIV 设置为 5 列（即 5/12=41.667%），而其父容器的宽度是 8 列（8/12=66.667%），则该子 DIV 的实际宽度应为其外层容器宽度的 0.41667×0.66667=0.27778 倍，即如果外层容器的宽度是 1140px 的 container，那么该 DIV 的实际宽度应为 1140×0.2778=317px。

2.1.3 前后端交互

前后端交互主要使用 HTTP，但本节内容不是探讨协议的问题。在进行页面设计时，必须要认真考虑到前后端的交互方式，否则可能出现前后端无法合理匹配而导致的用户体验变差的问题。通常情况下，Web 页面与后端的交互方式主要有以下 3 种。

（1）直接提交 HTML 表单内容或直接通过超链接跳转。这是一种非常传统的交互方式，需要为网站设计很多小页面，且用户在访问时能够感受到这个频繁跳转的过程。目前，各类网站已经基本抛弃了这一交互方式。

（2）通过模板引擎来渲染页面内容。页面内容的生成不是完整的 HTML 源代码，而是 HTML 标签夹杂着模板引擎标记，由后端服务器生成完整的 HTML 页面再响应给前端浏览器。这是目前很多网站所使用的交互方式，因其可以更好地体现网站所展示的内容，所以搜索引擎也能够更好地收录网站。

（3）通过 Ajax 实现完全前后端分离。这种情况下，后端服务器只接收请求并返回 JSON 数据，不负责前端页面的构建；前端获取到后端的 JSON 数据后，再通过 JavaScript 代码或框架进行内容的填充。这种交互方式通常在 App 中应用比较广泛，Web 页面中也会针对一些特殊功能进行使用。由于搜索引擎爬取网站内容时只爬取 HTML 源代码，如果使用 Ajax 来填充数据，则搜索引擎可能因无法爬取（前后端分离开发时，前端主要由 JavaScript 代码构成）而导致收录和搜索时无法找到网站的真实内容。

"蜗牛笔记"博客系统是一个标准的 Web 网站，作者发布的文章当然也需要被搜索引擎收录，以让更多的人能够搜索到进而实现访问。所以，在设计前端的交互功能时，本书会采用模板引擎和 Ajax 两种方式进行。例如，文章列表、文章内容等关键数据由模板引擎填充，而评论、点赞、登录等与搜索引擎无关的功能使用 Ajax 来处理。这种设计方案可以在兼顾用户体验的同时不影响收录，只对页面进行跳转，而页面内部的交互功能直接通过 Ajax 异步处理，无须进行页面跳转。

2.1.4 构建调试环境

在正式开始页面布局之前，为了后续更好地与 Flask 进行整合，建议读者直接在 Flask 运行环境下进行静态页面布局，确保各个静态资源的路径都按照 Flask 的规范进行设置，以便后期在与 Flask 进行整合时无须修改 HTML 代码，配置步骤如下。

（1）在 PyCharm 中创建好 Flask 项目后，将 jQuery、Bootstrap、Logo 图片等导入项目的对应目录下，图 2-4 所示为蜗牛笔记项目结构图。

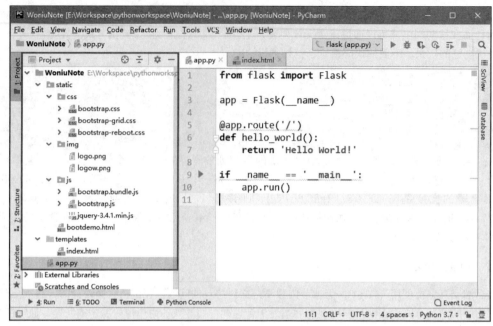

图 2-4　蜗牛笔记项目结构图

（2）根据图 2-4 中窗口左侧所示的目录结构将所需资源保存起来。根据目录结构可以看到，项目根目录下默认创建了两个目录和一个名为 app.py 的文件。其中，static 目录用于保存静态资源，如 JavaScript 代码、CSS 样式或图片资源等；而 templates 目录则主要用于保存前端 HTML 模板页面；app.py 是 Flask 的入口程序，用于实例化 Flask、配置 Flask 参数和启动 Flask 项目。

（3）修改 app.py 源代码，进行基础配置，具体配置及功能说明参考如下代码和注释。

```
from flask import Flask, render_template
# static_url_path参数用于配置静态资源的基础路径，即所有页面访问静态资源以"/"开始
app = Flask(__name__, static_url_path='/')

# @app.router('/') 用于配置网站的首页路径
@app.route('/')
def index():
    # index.html作为模板页面被Flask渲染后响应给浏览器
    return render_template('index.html')

if __name__ == '__main__':
    app.run()
```

（4）在 templates 目录下创建 index.html，并编写简单的 HTML 代码。

```
<!DOCTYPE html>
<html lang="en">
<head>
    <meta charset="UTF-8">
    <title>蜗牛笔记-全功能博客系统</title>
</head>
<body>
    <div style="width: 1300px; height: 80px; margin: auto; border: solid 2px red;">
        <div style="width: 400px; text-align: left; float: left; padding-top: 10px;">
            <img src="/img/logo.png" style="width: 230px"/>
        </div>
```

```
            <div style="width: 400px; text-align: right; float: right;
                        line-height: 80px; font-size: 28px; padding-right: 10px">
                以蜗牛之名,行学习之实
            </div>
        </div>
    </div>
    </body>
</html>
```

(5)启动并运行 app.py,使用浏览器访问"http://127.0.0.1:5000/",如果成功展示 index.html 页面的内容,如图 2-5 所示,则说明 Flask 环境配置成功,后续章节的前后端开发均基于该环境进行。

图 2-5　index.html 页面的内容

(6)在开发过程中,难免会经常修改源代码,而在 Flask 的默认配置下,修改源代码后必须重启 Flask 服务才能看到运行效果,非常麻烦。所以需要在 PyCharm 中配置 Flask 的调试模式,使代码修改后 Flask 自动重启并生效。在 PyCharm 中,选择"Run"→"Edit Configuration"选项,弹出"Run/Debug Configurations"对话框,选中"FLASK_DEBUG"复选框,如图 2-6 所示,保存设置并重启 Flask 服务。

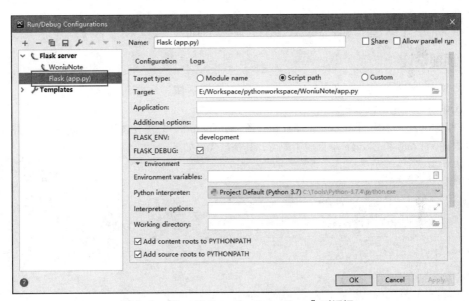

图 2-6　"Run/Debug Configurations"对话框

如果上述调试模式配置生效,那么重启 Flask 服务时,PyCharm 终端会输出以下内容。

```
FLASK_APP = app.py
FLASK_ENV = development
FLASK_DEBUG = 1            # 此处表明调试模式启用,说明配置成功
In folder E:/Workspace/pythonworkspace/WoniuNote
C:\Tools\Python-3.7.4\python.exe -m flask run
 * Serving Flask app "app.py" (lazy loading)
 * Environment: development
 * Debug mode: on          # 此处也可表明调试模式启用,说明配置成功
 * Restarting with stat
 * Debugger is active!
```

```
* Debugger PIN: 236-719-755
* Running on http://127.0.0.1:5000/ (Press CTRL+C to quit)
```

2.2 系统首页设计

V2-1 实现蜗牛
笔记首页布局

2.2.1 功能列表

首页的设计风格决定了整个网站的设计思路，如果能完整地设计出首页模板，那么其他页面就可以如法炮制，能够快速提升前端页面的开发效率。首页的详细功能模板构成如下。

（1）顶部的 Logo 和 Slogan 区域可采用纯静态内容展示，简单进行处理即可。

（2）顶部的分类导航区域用于文章分类，同时右侧放置用户菜单，如登录、注销、用户中心等。

（3）中部左侧用于显示轮播图和文章列表。文章列表可以分为 4 个部分，即文章缩略图、文章标题、内容摘要和基本信息，呈现诸如作者、分类、发布时间、浏览量、评论量和消耗积分等数据。

（4）中部右侧用于显示搜索工具栏和文章推荐栏，可以从多个维度进行推荐，本书选择从 3 个维度进行推荐，即最新文章、最多访问和特别推荐。

（5）由于一个博客系统的文章数量通常比较多，所以需要进行分页，可以在文章列表的下方显示分页导航按钮。

（6）底部用于显示一些常规静态信息，进行常规布局即可。

2.2.2 顶部设计

顶部导航栏的设计主要分为两个区域：Logo 和 Slogan 区域、分类导航区域。

1. Logo 和 Slogan 区域

Logo 和 Slogan 区域用于显示一张图片和一条文字 Slogan，只需要设计 1300px 的宽度并实现水平居中，同时确保 Logo 和 Slogan 垂直居中即可，其基础代码如下。

```
<!DOCTYPE html>
<html lang="en">
<head>
    <meta charset="UTF-8">
    <title>蜗牛笔记-全功能博客系统</title>
    <meta name="viewport" content="width=device-width, initial-scale=1"/>
    <link rel="stylesheet" href="/css/bootstrap.css" type="text/css"/>
    <style>
        body {
            margin: 0px;         /* 使浏览器窗口与元素之间无间隙 */
            background-color: #eeeeee;  /* 浏览器整体为浅灰色背景 */
            font-size: 16px;     /* 字体大小 */
            font-family: 微软雅黑,幼圆,宋体,Verdana;  /* 字体名称 */
        }
        @media (min-width: 1200px) {
            .container {
                max-width: 1300px;
            }
        }
        .header {
            border-top: solid 3px black;
            border-radius: 0px
```

```html
        </style>
    </head>
    <body>
        <div class="header">
            <div class="container" style="padding: 0px 10px 0px 0px;">
                <div class="row">
                    <div class="col-sm-4 col-4" style="margin: 10px 0px;">
                        <a href="/">
                            <img src="/img/logo.png" style="width: 230px;">
                        </a>
                    </div>
                    <!-- 仅在sm及以上设备中显示 -->
                    <div class="col-sm-8 col-8 d-none d-sm-block"
                        style="text-align: right; padding-top: 20px;">
                        <h2 style="color: midnightblue">以蜗牛之名，行学习之实</h2>
                    </div>
                    <!-- 仅在移动端显示 -->
                    <div class="col-sm-8 col-8 d-sm-none"
                        style="text-align: right; padding-top: 20px;">
                        <h3 style="color: midnightblue ">技术博客</h3>
                    </div>
                </div>
            </div>
        </div>
        <div style="margin-bottom: 10px; border-top: solid 2px orangered">
            <div class="container"></div>
        </div>
    </body>
</html>
```

PC 端的顶部显示效果如图 2-7 所示。

图 2-7　PC 端的顶部显示效果 1

2．分类导航区域

分类导航区域的设计本身比较简单，但是考虑到需要适配移动端，所以仍然需要采用 Bootstrap 的响应式设计。同时，由于移动端宽度不够，无法正常显示所有菜单，因此必须通过折叠的方式进行隐藏，并将横向菜单变成竖向菜单。Bootstrap 对此设计提供了完整的支持。分类导航区域的代码及注释如下所示。

```html
<!DOCTYPE html>
<html lang="en">
<head>
    <meta charset="UTF-8">
    <title>蜗牛笔记-全功能博客系统</title>
    <meta name="viewport" content="width=device-width, initial-scale=1"/>
    <link rel="stylesheet" href="/css/bootstrap.css" type="text/css"/>
    <!-- 要使用折叠菜单功能，必须引入jQuery库和Bootstrap库 -->
    <script type="text/javascript" src="/js/jquery-3.4.1.min.js"></script>
    <script type="text/javascript" src="/js/bootstrap.min.js"></script>
    <style>
        body {
            margin: 0px;  /* 使浏览器窗口与元素之间无间隙 */
            background-color: #eeeeee; /* 浏览器整体为浅灰色背景 */
```

```css
            font-size: 16px;   /* 字体大小 */
            font-family: 微软雅黑, 幼圆, 宋体, Verdana;  /* 字体名称 */
        }

        @media (min-width: 1200px) {
            .container {
                max-width: 1300px;
            }
        }
        .header {
            border-top: solid 3px black;
            border-radius: 0px
        }
        /* 为所有DIV元素设置圆角边框 */
        div {
            border-radius: 5px;
        }
        /* 为所有label设置加粗显示 */
        label {
            font-weight: bold;
        }
        /* 为全站所有超链接设置基本样式 */
        a:link, a:visited {
            text-decoration: none;
            color: #337ab7;
        }
        a:hover, a:active {
            text-decoration: none;
            color: #e56244;
        }
        /* 为分类导航区域设置样式 */
        .menu {
            width: 100%;
            margin-bottom: 10px;
            border-top: solid 2px orangered;
            background-color: #563d7c;
        }
        .menu .menu-bar a:link {
            color: whitesmoke;
        }
    </style>
</head>
<body>
<div class="header">
    <div class="container" style="padding: 0px 10px 0px 0px;">
        <div class="row">
            <div class="col-sm-4 col-4" style="margin: 10px 0px;">
                <a href="/">
                    <img src="/img/logo.png" style="width: 230px;" >
                </a>
            </div>
            <!-- 仅在sm及以上设备中显示 -->
            <div class="col-sm-8 col-8 d-none d-sm-block"
                 style="text-align: right; padding-top: 20px;">
                <h2 style="color: midnightblue ">以蜗牛之名，行学习之实</h2>
```

```html
                </div>
                <!-- 仅在移动端显示 -->
                <div class="col-sm-8 col-8 d-sm-none"
                     style="text-align: right; padding-top: 20px;">
                    <h3 style="color: midnightblue ">技术博客</h3>
                </div>
            </div>
        </div>
</div>

<!-- 设置一个最外层DIV，保持100%的宽度-->
<div class="menu">
    <div class="container" style="padding: 0px;">
        <!-- 基于Bootstrap定制分类导航区域，可以参考bootcss.com中文网站的教程 -->
        <nav class="navbar navbar-expand-lg navbar-dark menu-bar"
             style="background-color: #563d7c;">
            <a class="navbar-brand" href="#">快捷导航</a>
                 
            <!-- 在移动端单击折叠按钮即可显示导航菜单，类和ID属性请勿修改 -->
            <button class="navbar-toggler" type="button" data-toggle="collapse"
                    data-target="#navbarNavAltMarkup"
                    aria-controls="navbarNavAltMarkup" aria-expanded="false"
                    aria-label="Toggle navigation">
                <span class="navbar-toggler-icon"></span>
            </button>
            <!-- 配置导航菜单项列表 -->
            <div class="collapse navbar-collapse" id="navbarNavAltMarkup">
                <div class="navbar-nav">
                    <a class="nav-item nav-link" href="/type/1">PHP开发</a>
                    <a class="nav-item nav-link" href="/type/2">Java开发</a>
                    <a class="nav-item nav-link" href="/type/3">Python开发</a>
                    <a class="nav-item nav-link" href="/type/4">Web前端</a>
                    <a class="nav-item nav-link" href="/type/5">测试开发</a>
                    <a class="nav-item nav-link" href="/type/6">数据科学</a>
                    <a class="nav-item nav-link" href="/type/7">网络安全</a>
                    <a class="nav-item nav-link" href="/type/8">蜗牛杂谈</a>
                </div>
                <!-- ml-auto类属性用于设置菜单项靠右对齐 -->
                <div class="navbar-nav ml-auto">
                    <a class="nav-item nav-link" href="#">登录</a>
                    <a class="nav-item nav-link" href="#">注销</a>
                    <a class="nav-item nav-link" href="#">用户中心</a>
                </div>
            </div>
        </nav>
    </div>
</div>
</body>
</html>
```

图 2-8 和图 2-9 所示分别为 PC 端和移动端的顶部显示效果。

图 2-8　PC 端的顶部显示效果 2

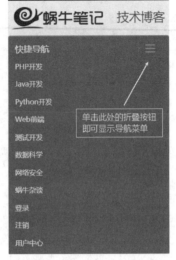

图 2-9　移动端的顶部显示效果

在调试页面布局的过程中，虽然可以通过手机与计算机连接同一个局域网来访问 Flask 渲染的页面，但是操作比较麻烦。Chrome 浏览器自带移动端显示效果的预览功能，打开调试工具，单击"Toggle device toolbar"按钮即可预览移动端效果，如图 2-10 所示。

图 2-10　预览移动端效果

2.2.3 中部设计

"蜗牛笔记"博客系统首页的中部分为左右两栏,PC 端设计为左边 9 列、右边 3 列,移动端设计为 12 列宽度以迫使元素进行竖状布局。在设计静态页面时,由于静态页面并没有从数据库中获取数据进行填充的能力,所以可以直接使用一些固定在 HTML 页面中的图片和文字进行代替,待最后进行前后端整合的时候再进行替换,通过这样的方式才能够看到完整的页面设计效果。

V2-2 完善蜗牛笔记首页布局

中部整体框架的 HTML 代码如下,显示效果如图 2-11 所示。

```
<div class="container">
    <div class="row">
        <div class="col-sm-9 col-12" style="padding: 0 10px;" id="left">
            <div class="col-12" style="height: 250px; border: solid 2px red;">
                这里放置轮播图
            </div>
            <div class="col-12" style="height: 120px; border: solid 2px red;
                margin: 10px 0;">
                这里放置文章摘要
            </div>
            <div class="col-12" style="height: 120px; border: solid 2px red;
                margin: 10px 0;">
                这里放置文章摘要
            </div>
            <div class="col-12" style="height: 120px; border: solid 2px red;
                margin: 10px 0;">
                这里放置文章摘要
            </div>
            <div class="col-12" style="height: 120px; border: solid 2px red;
                margin: 10px 0;">
                这里放置文章摘要
            </div>
        </div>
        <div class="col-sm-3 col-12" style="padding: 0px 10px;" id="side">
            <div class="col-12" style="height: 60px; border: solid 2px red;">
                文章搜索栏</div>
            <div class="col-12" style="height: 340px; border: solid 2px red;
                margin: 10px 0;">文章推荐栏</div>
            <div class="col-12" style="height: 350px; border: solid 2px red;
                margin: 10px 0;">文章推荐栏</div>
        </div>
    </div>
</div>
```

中部整体框架设计完成后,可以开始填充静态内容,便于看到最终的页面效果,步骤如下。

(1)在轮播图的位置准备 3 张图片(读者可参考随书提供的项目源代码和素材),并使用 Bootstrap 的轮播组件实现轮播效果。

(2)在文章摘要部分准备一张图片,用于显示文章缩略图,图片放置于最左侧,并设置为在移动端环境下隐藏,以让出位置给文章标题和正文摘要,为了使首页能够显示相同大小的缩略图,建议通过 CSS 属性强制设计该图片的宽度和高度。

(3)文章摘要部分的正文部分可以使用 3 行显示内容,第 1 行用于显示文章标题,第 2 行用于显示文章信息,第 3 行用于显示正文摘要。

(4)文章搜索栏只需要显示一个文本框(用于输入关键字)以及一个搜索按钮即可。

（5）文章推荐栏设置为 2 行，第 1 行用于显示推荐类型，第二行用于显示文章列表，并使用<ul>列表元素进行显示。

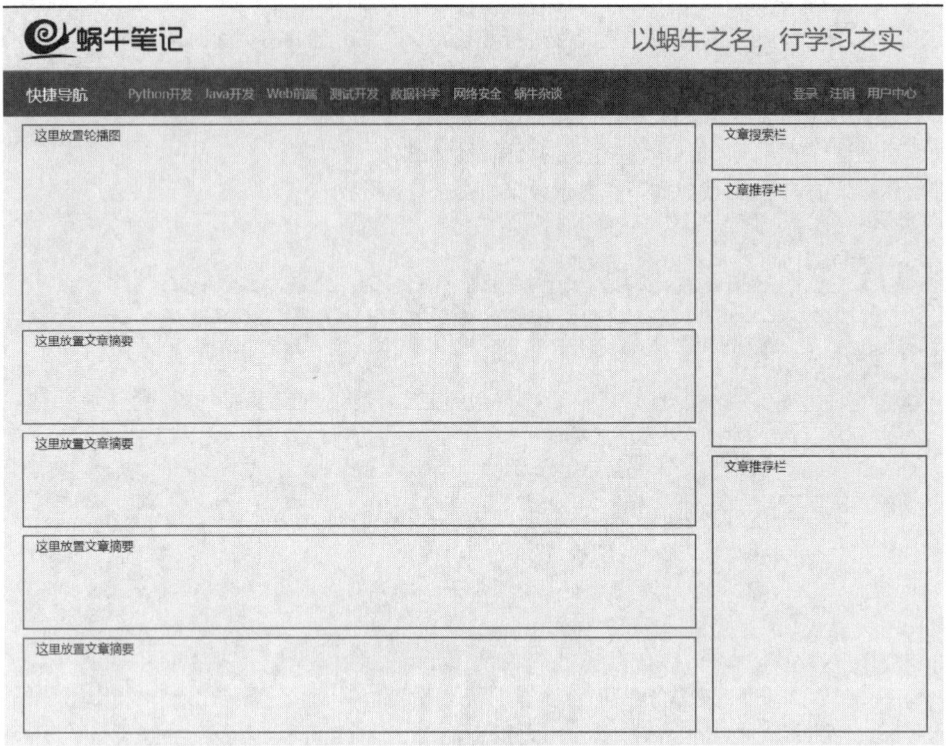

图 2-11 中部整体框架显示效果

下述代码显示了完整的中部区域的 HTML 代码，请根据以下代码和注释理解中部区域的布局设计。

```html
<!-- 将CSS样式表写入到专门的文件中，并在此处引入 -->
<link rel="stylesheet" href="/css/woniunote.css" type="text/css"/>

<!-- 中部区域布局 -->
<div class="container" style="margin-top: 20px;">
    <div class="row">
        <div class="col-sm-9 col-12" style="padding: 0 10px;" id="left">
            <!-- 应用轮播图组件，除了修改图片路径外，其他保持不变 -->
            <div id="carouselExampleIndicators" class="col-12 carousel slide"
                data-ride="carousel" style="padding: 0px">
                <ol class="carousel-indicators">
                    <li data-target="#carouselExampleIndicators" data-slide-to="0"
                        class="active"></li>
                    <li data-target="#carouselExampleIndicators"
                        data-slide-to="1"></li>
                    <li data-target="#carouselExampleIndicators"
                        data-slide-to="2"></li>
                </ol>
                <div class="carousel-inner">
                    <div class="carousel-item active">
                        <img src="/img/banner-1.jpg" class="d-block w-100">
                    </div>
```

```html
            <div class="carousel-item">
                <img src="/img/banner-2.jpg" class="d-block w-100">
            </div>
            <div class="carousel-item">
                <img src="/img/banner-3.jpg" class="d-block w-100">
            </div>
        </div>
        <a class="carousel-control-prev" href="#carouselExampleIndicators"
            role="button" data-slide="prev">
            <span class="carousel-control-prev-icon"
                aria-hidden="true"> </span>
            <span class="sr-only">Previous</span>
        </a>
        <a class="carousel-control-next" href="#carouselExampleIndicators"
            role="button" data-slide="next">
            <span class="carousel-control-next-icon" aria-hidden="true">
                </span>
            <span class="sr-only">Next</span>
        </a>
    </div>

    <div class="col-12 row article-list">
        <div class="col-sm-3 col-3 thumb d-none d-sm-block">
            <img src="/img/thumb.png" class="img-fluid"
                style="width: 210px; height: 125px; border-radius: 5px"/>
        </div>
        <div class="col-sm-9 col-xs-12 detail">
            <div class="title">
                <a href="#">利用Python Flask框架开发Web应用系统</a>
            </div>
            <div class="info">作者:邓强   
                类别:Python开发   
                日期:2020-02-12 15:25:38   
                阅读: 100 次   消耗积分: 5 分</div>
            <div class="intro">
Flask作为目前最流行的Python Web应用系统后端开发框架之一,在Web系统开发上有着非常全面的功能。由于其
具有轻量级的特点,非常适合初学者入门,学习周期相对较短 ...
            </div>
        </div>
    </div>
    <!-- 重复上述这段代码多次即可显示多篇文章的效果 -->

    <div class="col-12 paginate">
        <a href="#">上一页</a>  
        <a href="#">1</a>  
        <a href="#">2</a>  
        <a href="#">3</a>  
        <a href="#">4</a>  
        <a href="#">5</a>  
        <a href="#">下一页</a>
    </div>
</div>

<div class="col-sm-3 col-12" style="padding: 0px 10px;">
```

```html
            <div class="col-12 search-bar form-group row">
                <div class="col-8">
                    <input type="text" class="form-control" id="keyword"
                        placeholder="请输入关键字" />
                </div>
                <div class="col-4" style="text-align:right;">
                    <button type="button" class="btn btn-primary">搜索</button>
                </div>
            </div>

            <div class="col-12 side">
                <div class="tip">最新文章</div>
                <ul>
                    <li><a href="#">1.Web系统开发框架特性对比分析...</a></li>
                    <li><a href="#">2.Web系统开发框架特性对比分析...</a></li>
                    <li><a href="#">3.Web系统开发框架特性对比分析...</a></li>
                    <li><a href="#">4.Web系统开发框架特性对比分析...</a></li>
                    <li><a href="#">5.Web系统开发框架特性对比分析...</a></li>
                    <li><a href="#">6.Web系统开发框架特性对比分析...</a></li>
                    <li><a href="#">7.Web系统开发框架特性对比分析...</a></li>
                    <li><a href="#">8.Web系统开发框架特性对比分析...</a></li>
                    <li><a href="#">9.Web系统开发框架特性对比分析...</a></li>
                </ul>
            </div>

            <div class="col-12 side">
                <div class="tip">特别推荐</div>
                <ul>
                    <li><a href="#">1.Web系统开发框架特性对比分析...</a></li>
                    <li><a href="#">2.Web系统开发框架特性对比分析...</a></li>
                    <li><a href="#">3.Web系统开发框架特性对比分析...</a></li>
                    <li><a href="#">4.Web系统开发框架特性对比分析...</a></li>
                    <li><a href="#">5.Web系统开发框架特性对比分析...</a></li>
                    <li><a href="#">6.Web系统开发框架特性对比分析...</a></li>
                    <li><a href="#">7.Web系统开发框架特性对比分析...</a></li>
                    <li><a href="#">8.Web系统开发框架特性对比分析...</a></li>
                    <li><a href="#">9.Web系统开发框架特性对比分析...</a></li>
                </ul>
            </div>
        </div>
    </div>
</div>
```

与上述 HTML 代码对应的 CSS 样式代码如下。

```css
body {
    margin: 0px; /* 使浏览器窗口与元素之间无间隙 */
    background-color: #eeeeee; /* 浏览器整体为浅灰色背景 */
    font-size: 16px; /* 字体大小 */
    font-family: 微软雅黑, 幼圆, 宋体, Verdana; /* 字体名称 */
}
/* 为container设置宽度 */
@media (min-width: 1200px) {
    .container {
        max-width: 1300px;
    }
}
```

```css
}
.header {
    border-top: solid 3px black;
    border-radius: 0px
}
/* 为所有DIV元素设置圆角边框 */
div {
    border-radius: 5px;
}
/* 为所有label设置加粗显示 */
label {
    font-weight: bold;
}
/* 为全站所有超链接设置基本样式 */
a:link, a:visited {
    text-decoration: none;
    color: #337ab7;
}
a:hover, a:active {
    text-decoration: none;
    color: #e56244;
}
/* 为分类导航区域设置样式 */
.menu {
    width: 100%;
    margin-bottom: 10px;
    border-top: solid 2px orangered;
    background-color: #563d7c
}
.menu .menu-bar a:link {
    color: whitesmoke;
}
/* 首页文章列表栏样式 */
.article-list {
    border: solid 1px #cccccc;
    margin: 10px 0px;
    background-color: whitesmoke;
    padding: 15px 0px;
}
.article-list .thumb {
    margin: 0px;
    padding: 2px 10px 0 0;
}
.article-list .detail {
    padding: 0px 10px;
}
.article-list .detail .title {
    font-size: 22px;
    color: #e56244;
    margin-bottom: 10px;
}
.article-list .detail .info {
    font-size: 14px;
    color: #666666;
    margin-bottom: 10px;
}
```

```css
.article-list .detail .intro {
    font-size: 16px;
    word-break: break-all;
    word-wrap: break-word;
    line-height: 25px;
}
/* 分页栏样式 */
.paginate {
    border: solid 1px #cccccc;
    margin: 5px 0px;
    background-color: whitesmoke;
    padding: 20px 0px;
    text-align: center;
}
/* 文章搜索栏样式 */
.search-bar {
    margin: 0px;
    border: solid 1px #cccccc;
    padding: 10px 0px;
    background-color: #563d7c;
}
/* 页面中部右侧边栏样式 */
.side {
    margin-top: 20px;
    border: solid 1px #cccccc;
    padding: 0px 0px;
    background-color: whitesmoke;
}
.side .tip {
    background-color: #333333;
    height: 42px;
    color: white;
    line-height: 42px;
    padding-left: 10px;
    border-radius: 0px;
    font-size: 18px;
    border-bottom: solid 2px orangered;
}
.side ul {
    list-style: none;
    padding-left: 0px;
}
.side ul li {
    line-height: 35px;
    padding-left: 10px;
}
```

最后，将中部区域的代码与整个首页顶部区域的代码整合到 index.html 文件中，其在 PC 端的显示效果如图 2-12 所示。其在移动端也能够很好地适配，这里不再给出显示效果图。

通常，在开发一个 Web 系统时，一旦需求基本明确，UI 和前端页面布局就是需要优先完成的工作。通过绘制页面原型，可以对需求进行可视化，前期需求中不明确的地方也可以通过页面原型进行确认。但是由于此时并没有后端和数据库的支撑，所以前端页面中只需要手工硬编码部分数据用于展示效果即可。在后期填充真实数据时，只需要根据当前页面的逻辑将对应数据库中的数据填充到对应位置即可。通过这种流程上的优化，可以更好地帮助前后端程序员进行分工协作。

图 2-12 中部区域在 PC 端的显示效果

2.2.4 底部设计

基于前面的前端设计方式继续设计底部区域，具体代码如下。

```html
<div class="container-fluid footer">
    <div class="container">
        <div class="row">
            <div class="col-4 left">
                <p>版权所有 &copy; 蜗牛笔记 (V-1.0)</p>
                <p>备案号：蜀ICP备15014130号</p>
            </div>
            <div class="col-4 center">
                <p>友情链接</p>
                <p><a href="http://www.woniuxy.com/" target="_blank">
                    在线课堂</a>   
                    <a href="http://www.woniuxy.com/live" target="_blank">
                    直播课堂</a>   
                    <a href="http://www.woniuxy.com/train/index.html"
                    target="_blank">培训中心</a>   
                    <a href="http://www.aduobi.com" target="_blank">UI设计学院</a>
                </p>
            </div>
            <div class="col-4 right">
                <p>联系我们</p>
                <p>成都★孵化园   QQ/微信：15903523</p>
            </div>
        </div>
    </div>
</div>
```

```
        </div>
    </div>
```
底部元素对应的 CSS 样式表具体代码如下。
```
.footer {
    background-color: #333333;
    margin-top: 20px;
    margin-bottom: 0px;
    padding: 0px;
    border-radius: 0px;
    color: white;
}
.footer .left {
    font-size: 16px;
    margin: 20px 0px;
}
.footer .center {
    font-size: 16px;
    margin: 20px 0px;
    text-align: center;
}
.footer .right {
    font-size: 16px;
    margin: 20px 0px;
    text-align: right;
}
```

2.3 文章阅读页面设计

2.3.1 功能列表

文章阅读页面的功能如下。
（1）需要将文章的标题、基本信息和正文内容全部展示出来。
（2）需要设置关联文章，如基于本篇文章的上一篇或下一篇。
（3）设置用户评论版块，主要包括发送评论、显示评论、对评论进行赞同或反对，以及回复对应的评论。
（4）提供收藏文章或编辑文章的附加功能，可以显示在标题栏或正文结尾处。

V2-3 完成文章
阅读页面布局

2.3.2 设计思路

从框架上来说，文章阅读页面与首页应该保持完全一致，因为这两个页面是直接针对用户的页面，所以在设计页面时完全可以采用首页的模板，顶部、中部右侧及底部均可以复制首页内容，只需要关注文章阅读的关键部分的设计思路即可。
（1）文章标题的显示，此处不仅可以显示文章标题，还可以显示文章基本信息，也可以将"编辑本文""收藏本文"功能添加在标题栏中，使标题栏显得比较平衡。
（2）正文内容的显示，此处只需要提供一个 DIV 元素，不做过多样式设置，文章内容的排版交由作者在 UEditor 中实现。
（3）关联文章的显示，可以使用一个独立的 DIV 元素。
（4）文章评论板块，主要包括发表评论和显示评论部分。一条评论可以独占一行，可以显示评论内容、评论者头像和评论时间，并提供赞同、反对和回复功能。

所以，文章阅读界面的整体设计相对比较简单。为了使交互过程更加直观，可以利用 Bootstrap 的图标功能，使页面效果更加丰富。

2.3.3 代码实现

根据 2.3.2 节的设计思路，对页面元素进行排版后，利用 CSS 和 Bootstrap 样式进行处理，可得到图 2-13 所示的文章阅读页面的最终效果。

图 2-13 文章阅读页面的最终效果

在图 2-13 中，可以看到页面中应用了图标来增强美感。此处需要到 GitHub 下载 open-iconic 图标库，并在页面中进行引用，对应的 HTML 页面代码如下。

```html
<!-- 引用open-iconic图标库 -->
<link href="/icon/font/css/open-iconic-bootstrap.css" rel="stylesheet">

<div class="col-sm-9 col-12" style="padding: 0 10px;" id="left">
    <div class="col-12 article-detail row">
        <div class="col-9 title">
            利用Python Flask框架开发Web应用系统
        </div>
        <div class="col-3 favorite">
            <label>
                <!-- 通过span标签引用open-iconic图标 -->
                <span class="oi oi-heart" aria-hidden="true"></span> 收藏本文
            </label>
        </div>
        <div class="col-lg-12 col-md-12 col-sm-12 col-xs-12 info">
            作者：邓强   类别：Python开发   
            日期：2020-02-12   
            阅读：100 次   消耗积分：5 分
```

```html
            </div>
            <div class="col-12 content" id="content">
Flask是一个用Python编写的Web应用程序框架,由Armin Ronacher开发,他领导着一个名为Pocco的国际
Python爱好者团队。Flask基于Werkzeug WSGI工具包和Jinja2模板引擎,能够完整地处理基于Python语言的
Web应用程序,主要包括以下功能:<br/>
                (1)路由规则<br/>
                (2)参数传递<br/>
                (3)URL重定向<br/>
                (4)Session和Cookie<br/>
                (5)模块化<br/>
                (6)拦截器<br/>
                (7)模板引擎<br/>
                (8)数据库操作<br/>
            </div>

            <div class="col-12 favorite" style="margin: 30px 0px;">
                <label>
                    <span class="oi oi-task" aria-hidden="true"></span> 编辑内容
                </label>
                   
                <label>
                    <span class="oi oi-heart" aria-hidden="true"></span> 收藏本文
                </label>
            </div>
        </div>

        <div class="col-12 article-nav">
            <div>版权所有,转载本站文章请注明出处:蜗牛笔记,
                http://www.woniunote.com/article/1</div>
            <div>上一篇:
                <a href="#">Python中利用装饰器实现复杂函数功能</a>
            </div>
            <div>下一篇:
                <a href="#">Python中的多线程在测试和开发中的应用</a>
            </div>
        </div>

        <div class="col-12 article-comment" id="commenttop">
            <div class="col-12 row add-comment ">
                <div class="col-sm-2 col-12">
                    <label for="nickname">你的昵称:</label>
                </div>
                <div class="col-sm-10 col-12" style="padding: 0 0 0 10px;">
                    <input type="text" class="form-control" id="nickname" readonly/>
                </div>
            </div>
            <div class="col-12 row">
                <div class="col-sm-2 col-12">
                    <label for="comment">你的评论:</label>
                </div>
                <div class="col-sm-10 col-12" style="padding: 0 0 0 10px;">
                    <textarea id="comment" class="form-control"></textarea>
                </div>
            </div>
            <div class="col-12 row" style="margin-bottom: 20px;">
```

```html
                <div class="col-2"></div>
                <div class="col-sm-8 col-12" style="text-align: left; color: #888888;">
                    提示：登录后添加有效评论可获得积分哦！</div>
                <div class="col-sm-2 col-12" style="text-align: right">
                    <button type="button" class="btn btn-primary">提交评论</button>
                </div>
            </div>

            <div class="col-12 list row">
                <div class="col-2 icon">
                    <img src="/img/avitar-1.png" class="img-fluid" style="width: 70px;"/>
                </div>
                <div class="col-10 comment">
                    <div class="col-12 row" style="padding: 0px;">
                        <div class="col-7 commenter">强哥
                               2020-02-06 15:58:10</div>
                        <div class="col-5 reply">
                            <label>
                                <span class="oi oi-chevron-bottom" aria-hidden="true">
                                </span> 赞成 (<span>25</span>)
                            </label>   
                            <label>
                                <span class="oi oi-x" aria-hidden="true">
                                </span> 反对 (<span>13</span>)
                            </label>
                        </div>
                    </div>
                    <div class="col-12 content">
                        感谢作者的无私奉献，这是一条真诚表达谢意的评论；
                    </div>
                </div>
            </div>

<!-- 可以重复以上代码来显示多条评论-->

        </div>
</div>
```

与上述代码对应的 CSS 样式代码如下。

```css
.article-detail {
    border: solid 1px #cccccc;
    margin: 0px;
    background-color: whitesmoke;
    padding: 0px 10px 0px 20px;
}
.article-detail .title {
    font-size: 24px;
    color: #e56244;
    margin-top: 30px;
}
.article-detail .favorite {
    margin: 30px 0px;
    padding-top: 5px;
    text-align: right;
}
.article-detail .favorite label {
```

```css
    font-weight: normal;
    color: #337AB7;
    cursor: pointer;
}
.article-detail .info {
    font-size: 14px;
    color: #666666;
    padding-bottom: 20px;
    border-bottom: solid 1px #cccccc;
    margin-bottom: 20px;
}
.article-detail .content {
    font-size: 16px;
    word-break: break-all;
    word-wrap: break-word;
}
.article-detail .content img {
    border: solid 1px #999999;
    display: block;
    max-width: 100%;
    height: auto;
}
.article-nav {
    border: solid 1px #cccccc;
    margin: 10px 0px;
    background-color: whitesmoke;
    padding: 10px 10px 10px 20px;
    line-height: 35px;
}
.article-comment {
    border: solid 1px #cccccc;
    margin: 10px 0px;
    background-color: whitesmoke;
    padding: 20px 0px 10px 0px;
    line-height: 35px;
}
.article-comment .list {
    margin: 0px 0px 10px 0px;
    border-top: solid 1px #cccccc;
    padding-top: 10px;
}
.article-comment .list .icon {
    margin: 0px;
    padding-top: 10px;
}
.article-comment .list .comment {
    padding: 0px 0px;
}
.article-comment .list .comment .commenter {
    font-size: 14px;
    color: #666666;
}
.article-comment .list .comment .content {
    font-size: 16px;
    padding-left: 0px;
```

```css
}
.article-comment .list .comment .reply {
    text-align: right;
}
.article-comment .list .comment .reply label{
    font-weight: normal;
    color: #337AB7;
    cursor: pointer;
}
```

2.4 其他页面设计

2.4.1 登录注册页面

为了减少页面之间的频繁跳转，在设计一些功能相对简单的页面时，建议使用模态框弹出的方式来进行处理。例如，登录、注册或者一些修改之类的小功能，均可以使用 Bootstrap 自带的模态框来进行布局处理。另外，登录和注册通常是一体的，可以使用 Bootstrap 的选项卡将登录和注册功能布局在同一个模态框中。具体的代码和注释如下。

```html
<!-- 登录和注册模态框 -->
<!-- data-backdrop="static" 表示用户必须手工关闭模态框才能操作其他页面 -->
<div class="modal fade" id="mymodal" data-backdrop="static" tabindex="-1"
    role="dialog" aria-labelledby="staticBackdropLabel" aria-hidden="true">
<div class="modal-dialog" role="document">
<div class="modal-content">
    <!-- 在模态框内部配置选项卡，用于切换登录和注册页面 -->
    <div class="tabbable" id="tabs"
        style="background-color: #337AB7; height: 50px;padding: 5px 20px;">
        <button type="button" class="close" data-dismiss="modal">
     <span aria-hidden="true">&times;</span><span class="sr-only">Close</span>
        </button>
        <!-- 与登录和注册页面的ID进行关联 -->
        <ul class="nav nav-tabs" role="tablist">
            <li id="login" class="nav-item active">
                <a href="#loginpanel" data-toggle="tab" class="nav-link" style="color:
                    midnightblue">登录</a>
            </li>
            <li id="reg" class="nav-item">
                <a href="#regpanel" data-toggle="tab" class="nav-link"
                    style="color: midnightblue">注册</a>
            </li>
        </ul>
    </div>

    <!-- 绘制登录页面 -->
    <div class="tab-content">
    <div class="tab-pane container active" id="loginpanel">
    <div class="modal-content" style="margin: 20px 0px;">
    <div class="modal-body">
        <div class="form-group row" style="margin-top: 20px;">
            <label for="loginname" class="col-4">  登录邮箱：</label>
            <input type="text" id="loginname" class="form-control col-7"
                placeholder="请输入你的邮箱地址"/>
```

```html
            </div>
            <div class="form-group row">
                <label for="loginpass" class="col-4">  登录密码：</label>
                <input type="password" id="loginpass" class="form-control col-7"
                    placeholder="请输入你登录的密码"/>
            </div>
            <div class="form-group row">
                <label for="logincode" class="col-4">  图片验证码：</label>
                <input type="text" id="logincode" class="form-control col-5"
                    placeholder="请输入右侧的验证码"/>
                <img src="/vcode" id="loginvcode" class="col-3" style="cursor:pointer;"/>
            </div>
        </div>
        <div class="modal-footer">
 <button type="button" class="btn btn-dark" data-dismiss="modal">关闭</button>
            <button type="button" class="btn btn-primary">登录</button>
        </div>
    </div>
</div>

<!-- 绘制注册页面 -->
<div class="tab-pane container" id="regpanel">
<div class="modal-content">
<div class="modal-content" style="margin: 20px 0px;">
<div class="modal-body">
        <div class="form-group row" style="margin-top: 20px;">
            <label for="regname" class="col-4">  注册邮箱：</label>
            <input type="text" id="regname" class="form-control col-7"
                placeholder="请输入你的邮箱地址"/>
        </div>
        <div class="form-group row">
            <label for="regpass" class="col-4">  注册密码：</label>
            <input type="password" id="regpass" class="form-control col-7"
                placeholder="请输入你的注册密码"/>
        </div>
        <div class="form-group row">
            <label for="regcode" class="col-4">  邮箱验证码：</label>
            <input type="text" id="regcode" class="form-control col-4"
                placeholder="请输入邮箱验证码"/>
            <button type="button" class="btn btn-primary col-3">发送邮件</button>
        </div>
</div>
    <div class="modal-footer">
      <span>注册时请使用邮箱地址，便于找回密码。  </span>
      <button type="button" class="btn btn-dark" data-dismiss="modal">关闭</button>
      <button type="button" class="btn btn-primary">注册</button>
    </div>
    </div>
    </div>
    </div>
</div>
</div>
</div>
```

默认情况下，登录和注册模态框是隐藏的，需要单击分类导航区域中的"登录"超链接调用该模态框，在"登录"超链接上添加"data-toggle""data-target"属性。

```
<a class="nav-item nav-link" href="#" data-toggle="modal" data-target="#mymodal">
登录
</a>
```

带有"登录"和"注册"选项卡的模态框如图2-14所示。

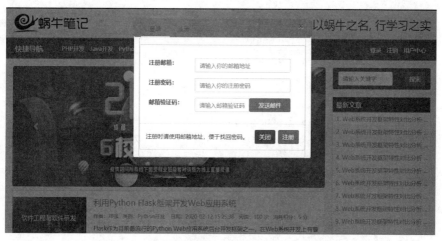

图2-14 带有"登录"和"注册"选项卡的模态框

利用模态框可以完成很多小功能的设计而不用再跳转页面，建议在设计系统时多使用这类功能。例如，可以把找回密码的功能设计到登录模态框中，3个选项卡非常方便用户进行操作。由于篇幅所限，本书不再详细讲解模态框及其属性设置的相关内容，读者可参考 Bootstrap 中文网，其中有详细的案例说明，需要实现某种功能时，可以直接复制其案例代码并进行适当修改，并不需要记住具体的代码或属性所代表的意思。需要注意的是，本书使用的是 Bootstrap 4.4.1，使用时请参考相应版本的说明。

2.4.2 文章发布页面

文章发布页面主要由 5 个部分组成：标题输入框、内容编辑框、"类型"下拉列表、"积分"下拉列表、"保存草稿"和"发布文章"按钮。其中重点需要关注内容编辑框，因为内容编辑涉及对 UEditor 插件的使用。文章发布页面属于后端管理模块的功能，必须是有权限的用户才能发布文章，所以其除了顶部与底部内容与首页风格完全一致外，中部区域的内容需要重新设计，不再需要显示文章推荐栏。具体的代码和注释如下。

```
<!--需要在页面中引入UEditor库，并初始化编辑器的高度 -->
<script type="text/javascript" src="/ue/ueditor.config.js"></script>
<script type="text/javascript" src="/ue/ueditor.all.min.js"> </script>
<script type="text/javascript" src="/ue/lang/zh-cn/zh-cn.js"></script>
<script type="text/javascript">
    // 初始化UEditor插件，与ID为content的元素进行绑定
    var ue = UE.getEditor('content', {
        initialFrameHeight: 400,       // 设置初始高度为400px
        autoHeightEnabled: true        // 设置可以根据内容自动调整高度
    });
</script>

<!-- 文章发布区域布局 -->
<div class="container" style="margin-top: 20px; background-color: white; padding: 20px;">
    <div class="row form-group">
```

```html
            <label for="headline" class="col-1">文章标题</label>
            <input type="text" class="col-11" id="headline"/>
        </div>
        <div class="row">
            <!--与UE绑定的元素在此引用，注意是script标签 -->
            <script id="content" name="content" type="text/plain">
            </script>
        </div>
        <div class="row form-group" style="margin-top: 20px; padding-top: 10px;">
            <label for="type" class="col-1">类型：</label>
            <select class="form-control col-2" id="type">
                <option value="1">PHP开发</option>
                <option value="2">Java开发</option>
                <option value="3">Python开发</option>
                <option value="4">Web前端</option>
                <option value="5">测试开发</option>
                <option value="6">数据科学</option>
                <option value="7">网络安全</option>
                <option value="8">蜗牛杂谈</option>
            </select>
            <label class="col-1"></label>
            <label for="credit" class="col-1">积分：</label>
            <select class="form-control col-2" id="credit">
                <option value="0">免费</option>
                <option value="1">1分</option>
                <option value="2">2分</option>
                <option value="5">5分</option>
                <option value="10">10分</option>
                <option value="20">20分</option>
                <option value="50">50分</option>
            </select>
            <label class="col-1"></label>
            <button class="form-control btn-default col-2">保存草稿</button>
            <button class="form-control btn-primary col-2">发布文章</button>
        </select>
    </div>
</div>
```

文章发布界面显示效果如图2-15所示。

图2-15　文章发布页面显示效果

2.4.3 系统管理页面

后端管理页面包含的内容较多，包括系统管理和用户中心。本节仅以文章管理页面为例进行讲解，其他页面可如法炮制，不再具体讲解每一个页面的设计和截图。文章管理功能主要根据文章列表进行浏览、编辑、隐藏和推荐，为了更加方便地找到想要的文章，也可以添加搜索功能。根据图 2-3 的页面原型可编写如下 HTML 代码。

```html
<div class="container" style="margin-top: 10px;">
<div class="row">
<div class="col-sm-2 col-12" style="padding: 0px 10px; ">
    <div class="col-12 admin-side" style="height: 320px">
        <ul>
            <li><a href="#"><span class="oi oi-image" aria-hidden="true">
                </span>  文章管理</a>
            </li>
            <li><a href="#"><span class="oi oi-task" aria-hidden="true">
                </span>  评论管理</a>
            </li>
            <li><a href="#"><span class="oi oi-person" aria-hidden="true">
                </span>  用户管理</a>
            </li>
            <li><a href="#"><span class="oi oi-heart" aria-hidden="true">
                </span>  收藏管理</a>
            </li>
            <li><a href="#"><span class="oi oi-account-login" aria-hidden="true">
                </span>  推荐管理</a>
            </li>
            <li><a href="#"><span class="oi oi-zoom-in" aria-hidden="true">
                </span>  隐藏管理</a>
            </li>
            <li><a href="#"><span class="oi oi-zoom-in" aria-hidden="true">
                </span>  投稿审核</a>
            </li>
        </ul>
    </div>
</div>
<div class="col-sm-10 col-12" style="padding: 0px 10px">
    <div class="col-12 admin-main">
    <div class="col-12 row"
         style="padding: 10px;margin: 0px 10px;">
        <div class="col-2">
            <label>选择常用操作：</label>
        </div>
        <div class="col-2">
            <input type="button" class="btn btn-primary" value="新增文章"/>
        </div>
        <div class="col-2">

        </div>
        <div class="col-4">
            <input type="text" class="form-control"/>
        </div>
        <div class="col-2">
            <input type="button" class="btn btn-primary" value="搜索文章"/>
        </div>
```

```html
        </div>
        <div class="col-12" style="padding: 10px;">
        <table class="table col-12">
            <thead style="font-weight: bold">
            <tr>
                <td width="10%" align="center">编号</td>
                <td width="50%">标题</td>
                <td width="8%" align="center">浏览</td>
                <td width="8%" align="center">评论</td>
                <td width="24%">操作</td>
            </tr>
            </thead>
            <tbody>
            <tr>
                <td align="center">1</td>
                <td>利用Python Flask框架开发Web应用系统</td>
                <td align="center">365</td>
                <td align="center">20</td>
                <td>
                    <a href="#" target="_blank">浏览</a>  
                    <a href="#" target="_blank">编辑</a>  
                    <a href="#">推荐</a>  
                    <a href="#">隐藏</a>
                </td>
            </tr>
            <tr>
                <td align="center">1</td>
                <td>利用Python Flask框架开发Web应用系统</td>
                <td align="center">365</td>
                <td align="center">20</td>
                <td>
                    <a href="#" target="_blank">浏览</a>  
                    <a href="#" target="_blank">编辑</a>  
                    <a href="#">推荐</a>  
                    <a href="#">隐藏</a>
                </td>
            </tr>
            <tr>
                <td align="center">1</td>
                <td>利用Python Flask框架开发Web应用系统</td>
                <td align="center">365</td>
                <td align="center">20</td>
                <td>
                    <a href="#" target="_blank">浏览</a>  
                    <a href="#" target="_blank">编辑</a>  
                    <a href="#">推荐</a>  
                    <a href="#">隐藏</a>
                </td>
            </tr>
            </tbody>
        </table>
        </div>
        </div>
</div>
```

```
</div>
</div>
```

文章管理页面显示效果如图 2-16 所示。

图 2-16　文章管理页面显示效果

第3章

数据库设计

学习目标

（1）熟练使用Navicat工具完成数据库设计。
（2）掌握MySQL数据库中的表关系和数据类型。
（3）进一步通过设计数据库来深入理解系统功能。

本章导读

■一套软件系统的研发过程主要包括 5 个基本阶段：需求分析、UI 与前端设计、数据库设计、编码实现和系统测试。本书在第 1 章中分析了"蜗牛笔记"博客系统的功能；在第 2 章中对前端页面进行了分析设计，并利用 HTML 代码完成了具体实现；本章将进行第 3 个基本阶段的研发工作：数据库设计。

3.1 设计用户表

3.1.1 设计思路

"蜗牛笔记"作为一套多用户博客系统,对于用户表的设计及用户权限的处理至关重要。其对于哪些用户是普通用户,哪些用户是可以发表文章的作者,必须有清楚的标识。另外,用户表承担着注册及登录、记录昵称、积分等信息的功能,所以用户表将与很多其他表产生关联,通过对用户表进行设计,可以更好地帮助我们理解"蜗牛笔记"博客系统的各项功能。

(1)为用户表设计一个唯一标识字段,并且设置为自动增长,以此来标识不同的用户。同时,应该将该字段设计为主键,以便于与其他表产生关联。

(2)设计用户名和密码字段,用于注册和登录,为了安全起见,密码建议使用 MD5 算法进行加密处理。同时,为了更加方便地与用户取得联系,也便于用户在忘记密码时能够找回密码,建议使用邮箱地址或者手机号码进行注册。

(3)"蜗牛笔记"博客系统会显示作者的名字,发表评论时会显示评论者的名字,由于不可以直接显示用户的手机号码或者邮箱地址,所以应该为每一个用户指定一个用于显示的昵称,便于用户间展开互动。

(4)为了更方便地与用户取得联系,可以在用户同意的情况下索取其 QQ 号码,QQ 号码对应着 QQ 邮箱,对于某些优秀文章,可以通过直接发送邮件的方式分享给用户。

(5)为用户表的每一个用户指定一个角色,如 admin、editor 或 user,用于标识用户类型,便于系统检查用户是否有权限操作相应功能。

(6)由于"蜗牛笔记"博客系统设计了积分阅读功能,所以需要为用户表设计一个积分字段,用于记录用户当前剩余积分。

(7)为了让用户更加个性化,用户可以自己选择不同的头像,系统默认为新注册用户生成一个随机头像。

(8)通常情况下,每一种表的每一条数据都需要有两个时间标记,分别用于标记某行数据的新增和修改时间。

3.1.2 数据字典

根据用户表的功能设计用户表(users)的数据字典,如表 3-1 所示。

表 3-1 用户表(users)的数据字典

字段名称	字段类型	字段约束	字段说明
userid	int(11)	自增长、主键、不为空	用户唯一编号
username	varchar(50)	字符串、最长为 50 个字符、不为空	登录账号,可以为有效的邮箱地址或手机号码
password	varchar(32)	MD5 加密字符串、不为空	登录密码
nickname	varchar(30)	字符串、最长为 30 个字符、可为空	用户昵称
avatar	varchar(20)	字符串、最长为 20 个字符、可为空	用户头像的图片文件名
qq	varchar(15)	字符串、最长为 15 个字符、可为空	用户的 QQ 号码

续表

字段名称	字段类型	字段约束	字段说明
role	varchar(10)	字符串、不为空，admin 表示管理员，editor 表示作者，user 表示普通用户	用户的角色
credit	int(11)	整数类型，默认值为 50，表示用户注册时即赠送 50 积分	用户的剩余积分
createtime	datetime	日期时间类型，格式为 yyyy-mm-dd hh:mm:ss	该条数据的新增时间
updatetime	datetime	日期时间类型，格式同上	该条数据的修改时间

需要注意的是，由于 user 是 MySQL 的关键字，为了避免出现与表名的混淆，这里将用户表命名为 users。

3.1.3 创建用户表

完成了用户表的数据字典设计后，接下来即可直接使用 Navicat 工具创建用户表。在创建数据库的第一张表之前，需要先创建一个数据库，将其命名为"woniunote"，如图 3-1 所示。

图 3-1 创建一个数据库

在创建数据库的时候需要注意的是，为了与 Python 和浏览器等应用系统的字符编码更好地匹配，务必指定数据库的编码格式为 UTF-8。数据库创建完成后，可直接创建用户表，将其命名为"users"，如图 3-2 所示。

创建完成数据库后，可以运行以下 SQL 语句插入几条用户数据，便于后期开发过程中进行调试。事实上，对于用户注册的过程，在后端最终也是运行这样的 SQL 语句。

```
INSERT INTO `users` VALUES ('1', 'woniu@woniuxy.com',
   'e10adc3949ba59abbe56e057f20f883e', '蜗牛', '1.png', '12345678', 'admin', '0',
   '2020-02-05 12:31:57', '2020-02-12 11:45:57');
INSERT INTO `users` VALUES ('2', 'qiang@woniuxy.com',
   'e10adc3949ba59abbe56e057f20f883e', '强哥', '2.png', '33445566', 'editor', '50',
   '2020-02-06 15:16:55', '2020-02-12 11:46:01');
INSERT INTO `users` VALUES ('3', 'denny@wonixy.com',
   'e10adc3949ba59abbe56e057f20f883e', '丹尼', '3.png', '226658397', 'user', '100',
   '2020-02-06 15:17:30', '2020-02-12 11:46:08');
```

本书将不再阐述其他表的创建过程，在进行实战时，请读者参考本节内容举一反三。

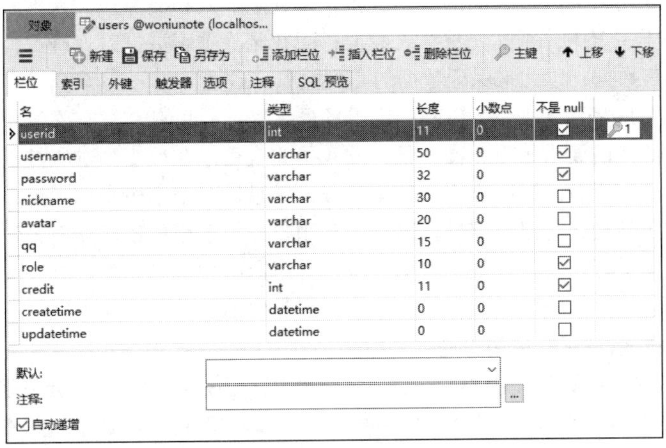

图 3-2 创建用户表

3.2 设计文章表

3.2.1 设计思路

博客系统的核心便是文章内容，所以文章表的设计至关重要。从第 2 章的前端页面设计来看，文章表主要解决以下 11 个问题。

（1）文章的类型，属于哪一种技术类型的文章。

（2）文章的标题，用于存储文章的标题。

（3）文章的内容，以 HTML 格式存储。

（4）文章的作者信息，在用户表中已经有了作者信息，此处需要建立关联。

（5）文章的缩略图，用于在首页上显示，以使排版更加美观。不建议在数据库中直接保存二进制的数据，通常将图片保存在硬盘中，数据库中只存储相应路径。

（6）文章阅读次数、评论次数和收藏次数。此类汇总数据通常有两种处理方式，一种是直接在代码中运行 SQL 语句的 count 函数进行实时汇总；另一种是直接在主表中对相应列进行更新操作。例如，对于评论次数的处理，第一种方式的处理过程如下：文章表不设计评论数字段，每次要查询某篇文章的评论数量时，可直接汇总评论表中的数量，但是这种方式对数据库的查询开销比较大。第二种方式的处理过程如下：为文章表设计一个评论数字段，每次有一条评论增加到评论表中时，将文章表的评论数加 1，删除某条评论时，将评论数减 1，能有效减少查询开销。

（7）文章的积分消耗，如果文章需要设置积分阅读功能，那么需要标识文章所需积分。

（8）文章的推荐标识，如果设置为推荐文章，则可以在首页文章推荐栏中显示出来。

（9）文章的隐藏标识，用于标记文章是否被隐藏。

（10）由于发布文章时可以将其保存到草稿箱中，所以需要一个字段来标识是否为草稿。

（11）普通用户不能直接发布文章，但是可以投稿，由管理员进行审核或编辑后才能正式发布，所以需要一个字段来标识是正式文章还是待审核文章。

另外，需要注意文章表与用户表的主外键关系的设计，包括后续各类表的主外键约束关系。主外键约束可以确保多个表的数据完整性和一致性，这也是关系型数据库的核心功能。但是实际上，针对互联网类业务系统，主外键约束并不是必需的，通过代码进行控制也是可以的。因为一个复杂系统中表与表之间的关系太多后，往往会增加更多数据库开销，从而导致性能下降。

主外键约束主要是约束关联表之间的数据更新，尤其是插入和删除。插入外表数据时，确保外表中的外键数据一定存在于主表中，否则无法插入数据；而在删除主表数据时，确保外表中没有进行主键引用，否则无法删除主表数据，以此来保证数据的完整性和一致性。

对于"蜗牛笔记"博客系统来说，80%的应用场景是查询，只有在发布文章和添加评论时需要插入数据，这部分场景对约束的要求相对不高，且开发人员完全可以在程序中进行控制。而"蜗牛笔记"博客系统不存在删除操作，所有的删除操作均称为隐藏，只是用一个字段来标识该数据不显示在页面中，这也是很多系统的常用做法，可以确保数据不被永久删除或由于用户误操作而导致永久删除，在需要的时候可以通过修改状态进行找回。例如，某购物网站的用户中心可以删除订单，而删除的订单直接到转移到草稿箱中，用户仍然可以找回这些数据，其原理是类似的。当然，如果很久不用这些数据，确保备份后也可以一次性批量运行 SQL 语句来进行删除。

"蜗牛笔记"博客系统在数据库中不会设计主外键约束，但是数据字典中会体现，在后端 Python 代码中也会体现这部分关联。当然，从另外一个层面来说，"蜗牛笔记"博客系统并不是一套大型系统，主外键约束对系统的性能影响并没有太大，所以读者也可以按照标准的数据库设计要求进行设计，例如满足三大范式的要求。

3.2.2　数据字典

根据用户表的功能设计文章表（article）的数据字典，如表 3-2 所示。

表 3-2　文章表（article）的数据字典

字段名称	字段类型	字段约束	字段说明
articleid	int(11)	自增长、主键、不为空	文章的唯一编号
userid	int(11)	users 表外键、不为空	关联发布者信息
type	tinyint	整数、无默认值、不为空	关联文章类型
headline	varchar(100)	字符串、最大为 100 个字符、不为空	文章标题
content	mediumtext	字符串、最大为 16777216 个字符	文章内容
thumbnail	varchar(20)	字符串、最大为 30 个字符	缩略图文件名
credit	int(11)	整数、默认为 0	文章消耗的积分数
readcount	int(11)	整数、默认为 0	文章阅读次数
replycount	int(11)	整数、默认为 0	评论回复次数
recommended	tinyint	整数、默认为 0（不推荐）	是否设置为推荐文章
hidden	tinyint	整数、默认为 0（不隐藏）	文章是否被隐藏
drafted	tinyint	整数、默认为 0（非草稿）	文章是否为草稿
checked	tinyint	整数、默认为 1（正式文章）	文章是否已被审核
createtime	datetime	日期时间类型	该条数据的新增时间
updatetime	datetime	日期时间类型	该条数据的修改时间

为了降低表之间的关系复杂度，并考虑到文章类型并不会经常修改和调整，"蜗牛笔记"博客系统不再单独创建文章类型表，而是定义好类型名称和类型 ID 后在代码中直接处理。图 3-3 所示为分类导航区域和发布文章时的分类规范。

```
分类导航区域分类规范
<div class="navbar-nav">
    <a class="nav-item nav-link" href="/type/1">PHP开发</a>
    <a class="nav-item nav-link" href="/type/2">Java开发</a>
    <a class="nav-item nav-link" href="/type/3">Python开发</a>
    <a class="nav-item nav-link" href="/type/4">Web前端</a>
    <a class="nav-item nav-link" href="/type/5">测试开发</a>
    <a class="nav-item nav-link" href="/type/6">数据科学</a>
    <a class="nav-item nav-link" href="/type/7">网络安全</a>
    <a class="nav-item nav-link" href="/type/8">蜗牛杂谈</a>
</div>
文章发布界面分类规范
<select class="form-control col-2" id="type">
    <option value="1">PHP开发</option>
    <option value="2">Java开发</option>
    <option value="3">Python开发</option>
    <option value="4">Web前端</option>
    <option value="5">测试开发</option>
    <option value="6">数据科学</option>
    <option value="7">网络安全</option>
    <option value="8">蜗牛杂谈</option>
</select>
```

图 3-3　分类规范

3.3　其他表的设计

3.3.1　用户评论表

用户评论表的设计需要重点解决一个问题：有效区分出哪些数据是原始评论，哪些数据是对原始评论的回复。本书采用一种比较简单的方法来解决这个问题：为用户评论表增加一列，用于标识被回复的评论的 ID，如果是原始评论，则标识该列值为 0。请读者按照用户评论表（comment）的数据字典完成表的设计，如表 3-3 所示。

表 3-3　用户评论表（comment）的数据字典

字段名称	字段类型	字段约束	字段说明
commentid	int(11)	自增长、主键、不为空	评论的唯一编号
userid	int(11)	users 表外键、不为空	关联用户表信息
articleid	int(11)	article 表外键、不为空	关联文章表信息
content	text	字符串、最大为 65536 个字符	评论的内容
ipaddr	varchar(30)	字符串、最大为 30 个字符	评论用户的 IP 地址
replyid	int(11)	整数，如果是评论回复，则保存被回复评论的 commentid，否则为 0，即表示为原始评论	是否为原始评论及被回复评论的 ID
agreecount	int(11)	整数、默认为 0	赞同该评论的数量
opposecount	int(11)	整数、默认为 0	反对该评论的数量
hidden	tinyint	整数、默认为 0（不隐藏）	评论是否被隐藏
createtime	datetime	日期时间类型	该条数据的新增时间
updatetime	datetime	日期时间类型	该条数据的修改时间

3.3.2 文章收藏表

文章收藏表的结构比较简单，用于标识清楚哪个用户在什么时候收藏了哪篇文章，并利用另外一列标识显示是否取消了收藏。文章收藏表（favorite）的数据字典如表 3-4 所示。

表 3-4 文章收藏表（favorite）的数据字典

字段名称	字段类型	字段约束	字段说明
favoriteid	int(11)	自增长、主键、不为空	收藏表的唯一编号
articleid	int(11)	article 表外键、不为空	关联文章表信息
userid	int(11)	users 表外键、不为空	关联用户表信息
canceled	tinyint	整数、默认为 0（不取消收藏）	文章是否被取消收藏
createtime	datetime	日期时间类型	该条数据的新增时间
updatetime	datetime	日期时间类型	该条数据的修改时间

3.3.3 积分详情表

积分详情表详细记录了用户的积分增加和消耗的历史记录，用户可以查询自己的积分增加和消耗情况，便于核对。同时，其对"蜗牛笔记"博客系统的积分策略进行了设计，定义了什么时候为用户增加积分，什么时候消耗积分。积分详情表（credit）的数据字典如表 3-5 所示。

表 3-5 积分详情表（credit）的数据字典

字段名称	字段类型	字段约束	字段说明
creditid	int(11)	自增长、主键、不为空	积分表的唯一编号
userid	int(11)	users 表外键、不为空	关联用户表信息
category	varchar(10)	积分变化对应的类型。 阅读文章：消耗文章设定积分 评论文章：加 2 分 正常登录：加 1 分 用户注册：加 50 分 在线充值：1 元可兑换 10 分 用户投稿：加 200 分	积分变化的原因说明，便于用户和管理员查询明细。在线充值不支持个人用户开通支付账户，本书暂不讲解此功能的实现
target	int(11)	积分消耗对应的目标，如果是阅读和评论文章，则对应为文章 ID，如果是正常登录或注册，则显示 0	积分新增或消耗对应的目标对象
credit	int(11)	整数、可正可负	积分的具体数量
createtime	datetime	日期时间类型	该条数据的新增时间
updatetime	datetime	日期时间类型	该条数据的修改时间

第4章

Flask框架应用

本章导读

本章主要讲解 Flask 框架的核心功能及用法，这也是 Web 后端开发的重要组成部分，可以完整实现 MVC 分层模式的所有功能。Flask 框架主要用于处理 HTTP 请求（Controller 层），完成 HTML 页面渲染（View 层）及数据库处理（Model 层）等，这些功能都是 Web 服务器的核心所在。不仅是 Flask，其他任何编程语言的任何 Web 开发框架也都必须包含这些功能。通过本章的学习，读者在未来学习和使用其他 Web 开发框架时会非常容易上手。

学习目标

（1）掌握Flask框架的核心功能和组件的使用方法。
（2）熟练运用Flask处理HTTP、HTML和MySQL。
（3）熟练掌握Jinja2模板引擎的语法和使用。
（4）熟练掌握SQLAlchemy库在ORM领域中的应用。
（5）能够利用Flask框架开发部分"蜗牛笔记"博客系统的功能。

4.1 Flask 核心功能

4.1.1 启动 Flask

第 1 章及第 2 章已经讲解了如何创建和启动 Flask 项目并利用模板引擎加载 HTML 页面来运行和调试前端代码。本节主要介绍 Flask 的启动和基础配置过程的细节，不使用 PyCharm 的项目模板，而是通过手工一步一步地创建和配置基础运行环境。因为使用 PyCharm 创建的 Flask 项目可能存在一些潜在的漏洞，某些时候会无法按照预期运行，如修改 Flask 的默认端口无法生效，以及无法开启调试模式等。

V4-1 Flask 的路由与参数

创建一个标准的 PyCharm 项目（在 PyCharm 环境中选择 Pure Python 类型），并将其命名为"WoniuNote"（请对第 2 章的 WoniuNote 项目进行重命名，保留前端页面的原始 HTML 源代码），在当前目录下创建两个目录——"resource""template"和一个包——"module"，其作用分别如下。

（1）resource 目录：用于保存项目中的所有静态资源，包括 JavaScript 代码、CSS 文件、图片，以及第三方前端库等。

（2）template 目录：用于保存所有的 HTML 前端页面模板，以供 Jinja2 模板引擎调用。第 2 章中设计的所有前端页面均保存于该目录下。

（3）module 包：保存所有 Python 源代码，包括数据库访问代码、各个功能模块的处理代码，以及一些公共模块功能的代码等。

使用 PyCharm 创建的 Flask 项目会自动生成"static"和"templates"目录以及入口程序"app.py"。如果用户自定义了项目结构，则可以按照自己习惯的命名方式进行命名，并在实例化 Flask 时指定对应参数。创建完项目所需包和目录后，在项目根目录下创建一个入口程序，此处将其命名为"main.py"。具体源代码及说明如下。

```
# 导入Flask模块的类和函数
# Flask类为框架核心类，是启动和运行的必备类
# render_template用于结合Jinja2为HTML页面渲染数据
# make_response用于构建自定向响应
from flask import Flask, render_template, make_response

# static_url_path参数用于配置静态资源的基础路径，页面引用时以"/"的绝对路径引用资源
# app = Flask(__name__, static_url_path='/')

# 此处需要手工配置静态资源和模板文件路径，因为没有使用默认名称
app = Flask(__name__, static_url_path='/', static_folder='resource',
            template_folder='template')

# 配置网站的首页路径（路由），"/"表示项目根路径
# 例如，可以配置@app.route('/vcode')来获取登录和注册的验证码等
@app.route('/')
def index():
    # 直接将一段文本字符串作为响应正文响应给浏览器
    return '欢迎一起开发蜗牛笔记博客系统'

    # 将index.html作为模板页面被Flask渲染给浏览器
    # return render_template('index.html')
```

```
if __name__ == '__main__':
    app.run()
```

配置完成后，即可正常运行 app.py，Flask 内置了 Werkzeug 服务器用于处理 HTTP 交互。服务器启动后的默认首页访问网址是 "http://127.0.0.1:5000"，如果需要修改访问端口，例如，将访问端口修改为 80，则需要为 app.run 函数指定端口参数。也可以在 app.run 函数中指定调试模式，以使源代码的修改可以立即生效而不用重启 Flask。

```
if __name__ == '__main__':
    app.run(port=80, debug=True)
```

将第 2 章中的模板页面及第三方库全部复制到当前项目的对应目录下，此时，WoniuNote 项目结构如图 4-1 所示。

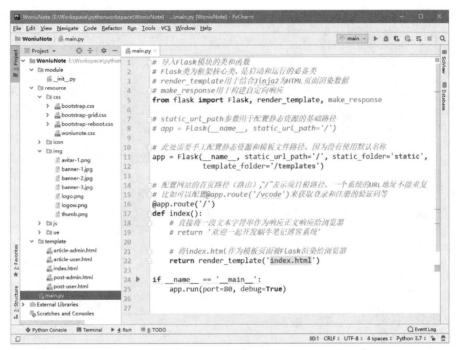

图 4-1　WoniuNote 项目结构

4.1.2　路由及参数

Flask 的路由器主要解决 URL 地址定义的问题，每一个从前端发送过来的请求，都需要有一个唯一的 URL 地址作为请求的接收端。Flask 的路由器主要解决以下 4 个问题。

（1）定义服务器接口的 URL 地址，从根目录开始。
（2）定义接收前端数据的请求类型，如 Get、Post、Put 或 Delete 等。
（3）获取请求地址中的查询参数或请求正文数据。
（4）通过@app.route 装饰器与被装饰的函数绑定，用于对请求进行后端处理，这部分代码也被称为 Controller。

下面的代码演示了定义各种风格的 URL 地址的方式。

```
from flask import Flask
app = Flask(__name__)

# 默认使用Get请求，装饰的函数名可以自定义
@app.route('/')
```

```python
def index():
    pass

# 只接收Post请求，如果前端发送的是Get请求，则无法接收和处理
@app.route('/user/add', methods=['POST'])
def user_add():
    pass

# 同上，命名URL时可以以更加直观的方式命名，建议使用全部小写的英文字母
@app.route('/upload', methods=['POST'])
def file_upload():
    pass

# 只接收Get请求，并且<id>是地址参数，需要对应定义在函数的形式参数中
@app.route('/article/<id>', methods=['GET'])
def article_read(id):
    pass

# 只接收Put请求，用于更新指定id的article数据的更新，并将id转换为int类型
@app.route('/article/<int:id>', methods=['PUT'])
def article_read(id):
    pass
```

通过上述代码可以看到，在定义路由时，也可以接收前端发送过来的地址参数，地址参数默认是字符串类型，也可以使用"<int:id>"的方式将其转换为整数类型，以便于在函数中进行更加方便的处理。除了 int 类型外，地址参数还可以是使用 float 转换的小数，或者使用 path 转换的一个带"/"分隔符的路径类型的参数。下述代码演示了传递多个参数和路径类型的参数的使用方法。

```python
# 如果URL地址为http://127.0.0.1/test/root/sub/folder
@app.route('/test/<path:args>')
def test_url(args):
    print(args)       # 输出"root/sub/folder"，并可使用字符串的split方法切分为3个值
    return args

# 如果URL地址为http://127.0.0.1/demo/jack/rose
@app.route('/demo/<arg1>/<args>')
def demo_url(arg1, arg2):      # 函数的形式参数必须与路由参数完全对应
    print(arg1, arg2)          # 输出"jack"和"rose"两个字符串
    return arg1 + " " + arg2

# 也可以自定义多个参数，如http://127.0.0.1/demo2/11-22-33
@app.route('/demo2/<args>')
def demo2_url(args):
    print(args)       # 输出"11-22-33"，并可使用字符串的split方法切分为3个值
    return args
```

只要理解了 URL 地址参数的定义规则，就完全可以根据系统的需要来定义更加符合业务需求的 URL 地址参数。这种 URL 地址定义的参数传递的风格比较接近于 RESTful 风格，但是 URL 地址和参数传递时也有传统的定义方式，即地址后面加"?"并接"key=value&key=value"字符串的方式（与Post请求正文类似），此时，Flask 需要使用"request.args.get()"来获取参数值。代码演示如下。

```python
from flask import request    # 使用request模块时需要先导入此模块

# 地址参数写法：http://127.0.0.1:5000/test?username=woniuxy&password=123456
@app.route('/test')
def test():
    username = request.args.get('username')
```

```
    password = request.args.get('password')
    return f'用户名为：{username}，密码为：{password}'
```

传统 URL 地址参数传递方式运行结果如图 4-2 所示。

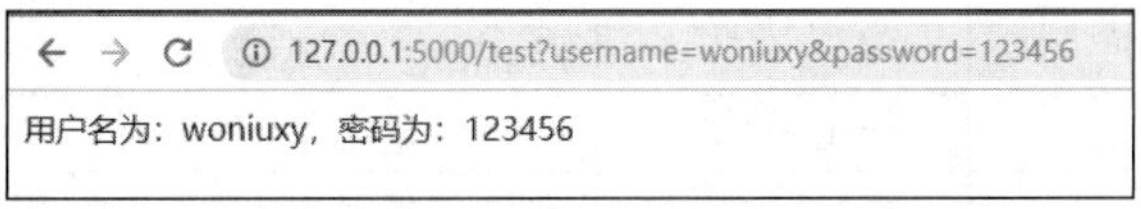

图 4-2　传统 URL 地址参数传递方式运行结果

那么，对于 Post 请求的正文参数，Flask 又是如何接收的呢？请看如下代码演示。

```
# 对于Post请求类型，使用request.form来获取Post正文的参数内容
@app.route('/test', methods=['POST'])
def test():
    username = request.form.get('username')
    password = request.form.get('password')
    return f'用户名为：{username}，密码为：{password}'
```

由于 Post 请求无法直接通过浏览器地址来处理和测试，所以此时可以使用 Postman 工具来向已经定义好的 Post 请求接口发送数据，进行接口的调试。

4.1.3　RESTful 接口

表述性状态转移（Representational State Transfer，REST）是非常抽象的概念，其目的是在符合架构原理的前提下，理解和评估以网络为基础的应用软件的架构设计，得到一个功能强、性能好、适宜通信的架构。REST 指的是一组架构约束条件和原则，如果一个架构符合 REST 的约束条件和原则，则称它为 RESTful 架构，这个架构满足 RESTful 风格。

REST 本身并没有创造新的技术、组件或服务，其理念就是使用 Web 的现有特征和能力，更好地使用现有 Web 标准中的一些原则和约束。虽然 REST 本身受 Web 技术的影响很深，但是理论上 REST 架构风格并不是绑定在 HTTP 上的。不过由于目前 HTTP 是唯一与 REST 相关的实例，所以本节所描述的 REST 也是通过 HTTP 实现的。

要理解 RESTful 架构，就需结合 REST 原则，围绕资源展开讨论，从资源的定义、获取、表述、关联、状态变迁等角度，列举一些关键概念并加以解释。

（1）资源与统一资源标识符（Uniform Resource Identifier，URI）：基于 URL 地址获取到的任意一个响应内容都可以称为一条资源，用 URI 标识。

（2）统一资源接口：对于一个资源的访问，必须使用相同的接口地址。

（3）资源的表述：在客户端和服务器端之间传送的就是资源的表述，而不是资源本身。例如，文本资源可以采用 HTML、XML、JSON 等格式进行表述，图片可以使用 PNG 或 JPG 等格式进行表述。资源的表述包括数据和描述数据的元数据，例如，HTTP 头"Content-Type"就是这样一个元数据属性。

（4）资源的链接：从一个链接跳到一个页面，再从另一个链接跳到另一个页面。

（5）状态的转移：会话状态不是作为资源状态保存在服务器端的，而是被客户端作为应用状态进行跟踪的。就是说，RESTful 的通信是基于无状态规则进行通信，这样可以便于通信各方进行相对简单的校验，如 Cookie 或 Token。

作为 Web 开发人员，即使没有理解 RESTful 完整的定义也没有关系，只需要搞清楚最核心的几点定义，即 HTTP 请求类型和服务器 URL 接口规范的标准即可基本上理解 RESTful。例如，对一篇博客文章的操作，其资源对象就是文章，而请求类型和接口定义如表 4-1 所示。

表 4-1　RESTful 风格的基本标准

接口功能	请求类型	接口定义	备注
查询所有文章	Get	/article	地址只能是/article，不能附加其他内容，例如，/article/all 不是有效的 RESTful
查询一篇文章	Get	/article/\<id\>	必须指定文章 ID 以进行查询
新增一篇文章	Post	/article	地址仍然是/article，没有附加内容，非 RESTful 的地址风格很有可能写为/article/add，这个地址没有正确描述资源
删除一篇文章	Delete	/article/\<id\>	删除指定 ID 的文章，不能使用 /article/delete/\<id\>
修改一篇文章	Put	/article/\<id\>	对某一个 ID 的文章进行更新，更新的数据由 Put 请求的正文指定，不能使用/article/update/ \<id\>

从表 4-1 中可以看出，一个完整的资源处理是由请求类型和接口地址共同决定的，即使是同样的接口地址，由于请求类型的不同也可能进行不同的处理。在 Flask 中，在定义路由器的时候，需要标明请求类型，否则会出现冲突或无效的情况。

由于目前的互联网应用系统大部分优先采用 RESTful 规范进行接口设计，所以本书后续所有内容均尽量遵循 RESTful 接口规范，但是考虑到在设计接口时并不是所有的接口都能够用简单的增删改查来表示，所以对此不做强制要求。

4.1.4　URL 重定向

对于前端页面来说，要想重定向到另外一个页面，在 JavaScript 中使用"location.href=\<网址\>"即可进行页面跳转。但是在服务器端，如何进行页面重定向呢？假设有这样一个场景：用户在没有正常登录的情况下访问一个要登录后才能访问的页面，后端发现用户没有登录时，直接跳转到登录页面，此时就需要在后端进行重定向。下述代码演示了 Flask 进行重定向的过程。

```
from flask import session, redirect, url_for  # 导入模块

@app.route('/login')
def login():
    return '登录页面的内容'

# 使用redirect和url_for()进行重定向
@app.route('/list/<id>')
def list(id):
    if session.get('islogin') is None:
        # return redirect('/login')            # 未登录时直接跳转到登录页面
        return redirect(url_for('login'))     # 也可以使用url_for来绑定接口函数以实现跳转
    else:
        return "正常页面内容展示"
```

上述代码中引入了 session 模块用于校验客户端状态，4.1.5 节将介绍其具体用法。Flask 主要通过引入 redirect 函数来完成重定向操作，至于重定向到哪个页面，要么直接在 redirect 函数中指定路由地址，要么使用 url_for 调用接口函数实现 URL 地址构建。注意，url_for 函数的参数不是路由地址，而是路由地址对应的函数名称。

在 HTTP 中，服务器端本身是不具备直接重定向的能力的，后端重定向的本质是在请求的响应中发回一个状态为"302"的重定向响应，并在响应中通过标头的"Location"字段告诉浏览器跳转的目标地址，最终是通过浏览器来实现重定向跳转的。图 4-3 所示为服务器端重定向的响应内容。

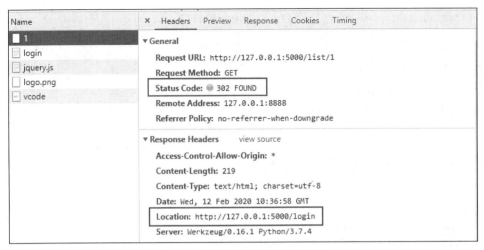

图 4-3 服务器端重定向的响应内容

其实，除了使用后端重定向之外，也可以通过响应一个正常的 HTML 页面来实现前端重定向，甚至可以使用 JavaScript 的 setTimeout 函数实现延迟重定向。

```
# 调用JavaScript的setTimeout和location.href实现前端延迟重定向
@app.route('/red')
def redirect():
    html = '这是重定向页面，2s后将跳转到首页.'
    html += '<script>'
    html += 'setTimeout(function() {location.href = "/";}, 2000);'
    html += '</script>'
    return html    # 直接将"html"返回浏览器，浏览器会将其解析为JavaScript代码并执行
```

4.1.5 Session 和 Cookie

为了保持 HTTP 的状态，必须使用 Session 和 Cookie。Flask 同样具备处理 Session 和 Cookie 的能力，处理 Session 时只需要引入 Flask 中的 session 模块即可，而处理 Cookie 时需要利用 make_response 函数重定义响应头。相关代码及注释如下。

```
# 引入session模块和make_response函数
from flask import session, make_response
import os    # 用于生成随机数，作为Session ID的生成依据

app = Flask(__name__)
app.config['SECRET_KEY'] = os.urandom(24)    # 配置Session的随机数种子

@app.route('/login')
def login():
    username = request.args.get('username')
    password = request.args.get('password')
    if username == 'woniu' and password == '123456':
        # 设置两个Session变量——islogin和username并赋值
        session['islogin'] = 'true'
        session['username'] = username

    response = make_response('恭喜你，登录成功.')
    # 通过向响应头写入Set-Cookie字段的方式在浏览器上生成两个Cookie变量
    # 设置Cookie变量username，其值为username变量的值，有效期为30s
    response.set_cookie('username', username, max_age=30)
```

```python
response.set_cookie('password', password, max_age=30)

    return response        # 将响应写入前端

if __name__ == '__main__':
    app.run(debug=True)
```

启动 Flask，打开 Chrome 浏览器，在地址栏中输入"http://127.0.0.1:5000/login?username=woniu&password=123456"，并打开调试工具监控网络请求，得到的请求和响应数据如图 4-4 所示。

图 4-4　得到的请求和响应数据

通过响应可以看到，后端已经正常返回了 3 条 Set-Cookie 的响应，包含 Session ID、username 和 password 共 3 个变量。同时，在服务器端可以读取到 Session 变量的值，读取 Session 和 Cookie 变量的值可以使用以下方法。

```
islogin = session.get('islogin')    # 读取Session变量的值
username = request.cookies.get('username')    # 读取Cookie变量的值
```

需要注意的是，读取 Cookie 变量的值必须在 Cookie 生成后的下一个请求和响应中读取，并且 Cookie 最终保存在浏览器端而不是服务器端。例如，用户登录成功后，响应中生成了 Cookie 变量，设置 Cookie 的有效期为一个月，那么一个月内如果不清空浏览器缓存数据，就可以读取到 Cookie 的值。在相同的域名下面，Cookie 的值不仅可以通过后端代码读取，也可以通过 JavaScript 读取。读取到 Cookie 的值后，可以填充到登录表单中，这样可以实现保存登录信息的目的而不需要用户再次输入用户名和密码。保存登录信息并实现自动登录的方式还有以下 3 种。

（1）通过 JavaScript 调用浏览器的 WebStorage 接口将用户名和密码信息保存起来，每次打开首页时，都直接将用户名和密码信息发送给后端，后端检验通过后直接返回登录成功后的响应，这个过程不需要打开登录页面，可实现自动登录，但是需要掌握 WebStorage 的用法。

（2）直接将 Session ID 作为一条 Cookie 进行永久保存，并在服务器端将本次生成的 Session ID 保存于数据库中，浏览器端保存的 Session ID 和服务器端保存的 Session ID 一致时即可实现登录。这种方式需要重新定义 Session ID 的保存方式，也涉及一些底层代码的修改。

（3）当用户打开网站首页时，直接在后端代码中读取浏览器的 Cookie，检验该 Cookie 中保存的用户名和密码是否有效，有效则直接完成登录，返回登录成功的响应。在第 5 章中，将采用这种方式实现"蜗牛笔记"博客系统的自动登录的功能。

4.1.6 Blueprint 模块化

在开发一套系统的时候，需要把不同的功能模块放在不同的源代码中，以便于代码的维护和管理。前面的演示代码均是在 main.py 源文件中完成的，所以读者对模块化的问题可能还没有什么感受。设想以下场景：假设"蜗牛笔记"博客系统有用户模块、文章模块、评论模块、后端管理模块等，在定义路由器的时候，这么多模块不可能都把路由器定义在 main.py 文件中。但是如果定义在不同的 Python 源文件中，就需要在其他模块中引入 main.py 中的 app 变量，因为定义路由器时，装饰器必须调用@app.route 才能实现，于是代码应该按照下面的方式来实现。

V4-2 Flask 模块化与拦截器

demo.py 模块中的代码如下。

```
# 从入口模块中修改Flask的实例app变量
from main import app

@app.route('/demo')
def demo():
    return "这是另外一个模块中的页面"
```

main.py 模块中的代码如下。

```
# 从demo模块中导入所有函数
from demo import *

if __name__ == '__main__':
    app.run(debug=True)
```

上述代码并不难理解，只是从 Python 代码的风格上来看，会发现 demo.py 和 main.py 出现了递归引用的问题，main 引用了 demo，demo 又引用了 main。虽然 Flask 并不会出现错误，但是不建议通过这样的方式进行模块化处理，而应使用 Flask 内置的 Blueprint 模块进行模块化处理，可使开发过程更加标准。下面对刚才的代码进行重构。

demo.py 模块中的代码如下。

```
# 从入口模块中修改Flask的实例app变量
from flask import Blueprint

# 实例化Blueprint并设置模块名称
test = Blueprint("test", __name__)

@test.route('/demo')
def demo():
    return "这是另外一个模块中的页面"
```

main.py 模块中的代码如下。

```
# 导入其他模块并注册到app中
from demo import *
app.register_blueprint(test)
```

```
if __name__ == '__main__':
    app.run(debug=True)
```

4.1.7 拦截器

拦截器提供了一种机制，即可以在一个请求执行的前后完成特定操作，也可以在一个请求的执行前阻止其执行。其本质上是一种拦截和过滤的功能，相当于定义了针对请求处理的公共模块功能，但是不需要专门调用，Flask 会自行处理。现在有这样一个场景：用户没有登录时，正常情况下是不能访问授权页面和后端接口的，但是如果用户记得相应的 URL 地址，则很有可能直接发送请求导致非法进入。常规处理方式是对每一个接口进行校验，下面的代码演示了其处理方式。

```
@app.route('/get', methods=['GET'])
def page():
    if not 'islogin' in session:
        return redirect("跳转到登录页面")
    else:
        return "某个授权页面的内容"

@app.route('/post', methods=['POST'])
def add():
    if not 'islogin' in session:
        return redirect("跳转到登录页面")
    else:
        return "成功新增一条记录"

@app.route('/edit', methods=['PUT'])
def update():
    if not 'islogin' in session:
        return redirect("跳转到登录页面")
    else:
        return "成功修改一条记录"
```

上述代码中，对每一个请求的处理都需要判断用户是否登录，如果没有登录，则跳转到登录页面。显然，这样的处理方式不够"优雅"，当接口数量越来越多时，维护工作也变得异常复杂，甚至很有可能导致忘记校验某些接口而出现安全漏洞。另外，如果校验规则发生了变化，则需要重新修改校验代码。Flask 的拦截器可以非常"优雅"地解决这一问题，相关代码和注释如下。

```
# 使用before_request装饰器拦截经过系统的所有请求并进行处理（app模块）
@app.before_request
def before():
    if not 'islogin' in session:
        return redirect(url_for('login'))   # 如果未登录，则跳转到登录页面
    else:
        pass        # 如果已经登录，则不做任何拦截，该代码可以省略

# 进入登录页面
@app.route('/login')
def login():
    return render_template('login.html')
```

拦截器会随 Flask 的启动而开始工作，拦截所有请求并进行判断，如果没有登录，则直接跳转到登录页面。但是上述代码存在一个严重的漏洞，即系统会拦截所有请求，包括登录页面本身的 Get 请求和页面中的图片请求等，进而导致"死循环"地跳转到登录页面，最终导致无法正常访问。要解决这个问题，需要设置一些白名单，让拦截器放行，代码演示如下。

```
# 为拦截器设置哪些请求地址可以放行，不需要进行校验
```

```python
@app.before_request
def before():
    url = request.path     # 获取到请求的地址，如/login、/code.jpg、/article/1
    # 在列表中设置白名单（如果业务需要，也可以设置黑名单）
    pass_list = ['/', '/reg', '/login', '/vcode']
    # 静态资源（如图片、CSS和JavaScript代码等）可以通过其扩展名来进行放行
    suffix = url.endswith('.png') or url.endswith('.jpg') or \
             url.endswith('.css') or url.endswith('.js')
    if url in pass_list or suffix:
        pass           # 如果其在白名单中，则不做拦截
    elif not 'islogin' in session:
        return redirect(url_for('login'))

# 进入登录页面
@app.route('/login')
def login():
    return render_template('login.html')

@app.route('/view')
def view():
    return "这是授权页面，必须登录后才能访问"

if __name__ == '__main__':
    app.run(debug=True)
```

除了 before_request 拦截器外，Flask 还提供了 after_request 拦截器，用于在请求处理完成之后和发送响应给前端之前进行拦截处理，通常用于重新设置一些公共的响应内容。例如，在跨域处理的时候，需要向响应的头中写入允许远程主机的 JavaScript 代码访问的字段。除此以外，Flask 定义了 teardown_request 拦截器，其功能与 after_request 拦截器类似，差别在于 after_request 是在请求没有遇到异常的情况下进行处理，而 teardown_request 则无论请求是否完成都进行拦截。

对于一个复杂系统来说，其接口非常多，而不同的接口会有不同的校验规则，将其全部定义到 app 模块中进行拦截（即全局拦截器）显然不太现实。此时，可以使用模块拦截器，将不同的拦截器定义在 Blueprint 模块中，即模块拦截器只处理当前模块中的请求。例如，下面的代码定义了一个针对 test 模块的拦截器。

```python
from flask import Blueprint

# 实例化Blueprint并设置模块名称
test = Blueprint("test", __name__)

@test.before_request
def handler():
    url = request.url
    return "正在拦截: " + url    # 只有访问 /demo 时才会输出

@test.route('/demo')
def demo():
    return "这是另外一个模块中的页面"
```

对于定义在 app 模块中的全局拦截器，因为其会针对所有请求进行拦截处理，比较消耗服务器资源，建议慎用。尤其是对于"蜗牛笔记"博客系统来说，很多接口是不需要登录或者权限就可以直接访问的，完全没有拦截的必要，此时，建议优先使用模块拦截器。全局拦截器通常应用于企业内部系统中，用户不登录时无法进行任何操作，使用全局拦截器可以将未登录用户拦截在所有请求之外。

4.1.8 定制错误页面

Flask 的默认错误页面比较简单，为标准的 404 错误页面，如图 4-5 所示。

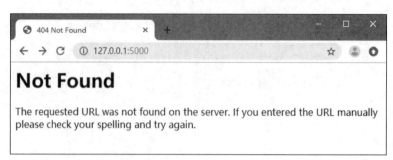

图 4-5　标准的 404 错误页面

404 错误页面是指在浏览器地址栏中输入的 URL 地址不存在，导致服务器端找不到相应资源。但是这个页面并不友好，也不美观，所以需要定制错误页面。本节自定义的 404 错误页面如图 4-6 所示。

图 4-6　自定义的 404 错误页面

在 Flask 中要想定义 404 错误页面（或 500 错误页面），可以按照如下方式进行。

```python
# 在main.py中使用装饰器errorhandler并传递错误码给装饰器参数
@app.errorhandler(404)
def page_not_found(e):
    # 当出现404错误时，渲染自定义错误页面，如图4-6所示
    return render_template('error-404.html'),404

@app.errorhandler(500)
def page_not_found(e):
    return render_template('error-500.html'),500
# 查看错误页面的方式有两种，一种是真实的错误，Flask会自动重定向到404页面
```

```python
# 另一种是直接在代码中抛出错误,使用abort函数,这种情况通常适用于500错误
@app.route('/testerror')
def test_error():
    if 'islogin' in session:
        return render_template('index.html')
    else:
        abort(500)
```

　　除了使用 abort 函数来处理基于错误状态码的自定义页面外,也可以在 Flask 的代码中直接根据代码的运行情况使用 render_template 函数来渲染任意错误页面。另外,虽然定义了错误页面后已经达到了提醒用户的目的,但是通常建议设置自动跳转功能,如跳转到首页。可以为上述的 404 错误页面添加一个 JavaScript 的 setTimeout 函数来实现延时自动跳转的功能。这样既提醒了用户,又不需要用户进行操作,更加人性化。

```html
<div class="container">
    <div class="row">
        <div class="col-10" style="margin: auto">
            <img src="/img/404.png" class="img-fluid" />
        </div>
    </div>
</div>
<script>
    setTimeout(function () {
        location.href = '/';    // 2s后跳转到首页
    }, 2000);
</script>
```

4.2　Jinja2 模板引擎

V4-3　Jinja2 模板引擎核心语法

4.2.1　模板引擎的作用

　　在互联网应用开发的早期,整个 Web 系统开发的生态远没有现在这样完善,服务器端框架通常只能处理最为简单的 HTTP 请求,如何响应一个美观的 HTML 页面,便成为了一个非常具有想象空间的技术领域。早期的 Web 服务器框架通常是在服务器端直接写出 HTML 代码并响应给前端,代码演示如下。

```python
# 服务器早期直接生成HTML代码
@app.route('/html')
def html_output():
    username = session.get('username')
    resp = '''
    <div style="width: 500px; height: 300px; margin:auto; border: solid 2px red;">
        <a href="#">蜗牛笔记</a>
        <ul>
            <li>这是菜单项一</li>
            <li>这是菜单项二</li>
            <li>这是菜单项三</li>
            <li>这是菜单项四</li>
        </ul>
        <p>欢迎 %s 登录.</p>
    </div>
    ''' % username

    return resp
```

上述代码可以正常运行，也能够正常地把内容渲染到浏览器中。但是这样的编码效率很低，且属于HTML 和 Python 代码混编，可维护性很差。基于这样的前提，程序员发明了模板引擎，以使 Python 代码更好地与 HTML 代码分离。4.1 节的代码演示中频繁使用 render_template 函数来渲染 HTML 页面，这就是模板引擎的最基本的用法。

但只是这样还不够，因为前面的代码都只是简单地把一个 HTML 页面渲染出来，其中并没有任何其他动态内容。模板引擎的引入，主要解决以下 3 个问题。

（1）使 Python 代码和前端 HTML 代码分离，不再采用混编的方式来编写代码，提高代码可维护性的同时，还可以提升代码的开发效率。

（2）在渲染模板页面的同时，可以向模板页面传递变量和值，这些变量和值将会在模板页面中被引用，从而直接在 HTML 页面中填充动态内容。

（3）通过模板引擎特定的语法规则，可以在 HTML 中非常清楚地标识模板变量，服务器在渲染模板页面时也能够更加高效地进行处理，提升了服务器的响应性能。

事实上，模板引擎的运行原理相对是比较简单的，在进行渲染的过程中，通常完成以下 3 步便可实现页面渲染。

（1）正常打开 HTML 文件，把 HTML 文件当作普通文本文件进行处理。

（2）找到 HTML 文件中的模板引擎的标识，用预先定义好的规则进行替换和数据填充。

（3）填充完成后，将这个文本文件的内容作为一个长字符串返回给前端作为响应正文。

理解其原理后就可以根据网站的需求自定义模板引擎。但是，考虑到性能和开发效率，一套 Web 开发框架通常会内置已经定义好的模板引擎，只需要简单学习其语法规则即可使用，而不需要自己定制。Flask 框架内置的模板引擎是 Jinja2，这也是本节学习的重点。

4.2.2 基本用法

理解了模板引擎的基本实现原理之后，再来学习 Jinja2 将会容易很多。首先，定义一个 HTML 静态页面，并在页面中内嵌模板引擎标识符，用于获取两个变量的值。

```html
<!DOCTYPE html>
<html lang="en">
<head>
    <meta charset="UTF-8">
    <title>模板引擎变量引用</title>
</head>
<body>
<div style="width: 300px; height: 200px; border: solid 2px red;
    text-align: center; padding: 20px; line-height: 40px">
    <!-- 使用{{ }}引用模板变量，也可以进行基本运算、判断、循环等 -->
    <span>你的登录账号为：{{session.get('username')}}</span><br/>
    <span>这篇文章的标题：{{article.title}}</span><br/>
    <span>文章的阅读次数：{{article.count + 1}}</span>
</div>
</body>
</html>
```

其次，在渲染模板页面之前，为其定义 Session 变量和 article 字典类型的变量并赋值，代码如下。

```python
@app.route('/test')
def page():
    session['username'] = 'dengqiang'
    article = {'title': 'Flask实战教程', 'count': 100}   # article为字典类型
    return render_template('test.html', article=article)
```

最后，运行上述代码，可以看到变量的值在 HTML 页面中被成功渲染了出来，如图 4-7 所示。

图 4-7　Jinja2 模板引擎使用效果 1

4.2.3　Jinja2 语法

Jinja2 模板引擎定义了如下 3 种基本引用标识符。

（1）{% ... %}用于循环或判断语句。

（2）{{ ... }}用于表达式的值的引用。

（3）{# ... #}用于模板引擎的注释，如果注释中存在模板引擎的语法，那么使用<!-- -->将不被模板引擎认为是注释，注释中的语句将被执行，此时请使用{# ... #}进行注释。

假设 Flask 在调用 render_template 时，为模板页面传递了一个名为 count 的变量，其值为 100，模板引擎用法的代码演示如下。

```
<div style="width: 300px; height: 500px; border: solid 2px red;
    text-align: center; padding: 20px; line-height: 40px">
    {#
    这是模板引擎的注释，不会被模板引擎解析，{{count}}并不会在此输出
    同时，该注释不会被渲染到前端，模板引擎响应给前端的时候会直接将这些注释删除
    #}

    <!-- 模板引擎会解析处理HTML注释，但只要没有模板语法，就可以正常使用
     这是HTML的标准注释语法，模板引擎不会将其删除，会原样将注释响应给前端
    -->

    <span>变量count的值为：{{count}}</span><br/>

    <!-- 模板引擎的if...else...语句 -->

    {% if count % 2 == 0 %}
    <span>count可以被2整除，是一个偶数</span><br/>
    {% else %}
    <span>count不能被2整除，是一个奇数</span><br/>
    {% endif %}

    {# 模板引擎的for...in...循环语句，如果是列表，则可以使用for item in list #}

    {% set loop = count / 10 %}    {# 为loop变量设置值为count/10 = 10 #}
    {% set intloop = loop | int %}    {# 利用过滤器转换loop的变量值为整数 #}
    {% for i in range(intloop) %}    {# 正常循环，语法与Python一致 #}
    <span>当前循环到第{{i}}行</span><br/>
    {% endfor %}

</div>
```

其使用效果如图 4-8 所示。

图 4-8　Jinja2 模板引擎使用效果 2

在"蜗牛笔记"博客系统的分类导航区域中,会显示"登录""注册""注销"等选项,但是"登录"和"注销"选项不应该同时显示,没有登录的时候显示"登录"选项而不显示"注销"选项,登录成功后显示"注销"选项而不显示"登录"选项,这才是正确的逻辑。此时,可以使用 Jinja2 的{% if ... else ... %}语法来对选项进行动态判断。例如,"蜗牛笔记"博客系统的首页需要显示 10 条文章标题摘要,那么使用{% for ... endfor %}语法就可以达到循环填充数据的目的。

除此以外,在模板引擎中可以直接调用 Python 的自定义函数,只需要为此函数利用上下文装饰器进行注册并返回一个字典对象即可完成处理。下面的代码演示了在模板页面中调用自定义函数的方法。

```
# 在main.py中完成函数的定义和注册
# 使用上下文装饰器对相应函数进行装饰,并返回dict类型即可完成函数注册
# 建议使用app进行全局注册,以便于在任何地方调用
@app.context_processor
def gettype():
    type = {'1':'PHP开发', '2':'Python开发', '3':'Java开发', '4': '测试开发'}
    # 此处必须返回一个dict类型,调用时直接通过名称 mytype 进行引用
    return dict(mytype=type)


#  在模板页面中直接调用mytype,mytype对应为返回的字典数据的Key
<body>
    {{ mytype }}          <!-- 直接调用函数名,输出整个字典 -->
    {{ mytype['2'] }}     <!-- 输出Key=2的值,即"Python开发" -->
</body>
```

除了使用 context_processor 装饰器来进行注册外,还可以通过将函数注册为 Jinja2 的全局函数的方法来进行处理,代码演示如下。

```
# 在main.py中完成函数的定义和注册
def gettype():
    type = {'1':'PHP开发', '2':'Python开发', '3':'Java开发', '4': '测试开发'}
    return type      # 正常返回值,不需要定义为字典

# 不使用装饰器声明,直接注册到Jinja2全局函数中
app.jinja_env.globals.update(mytype=gettype)

#  在模板页面中直接调用mytype函数
<body>
    {{ mytype() }}          <!-- 直接按Python方式调用函数 -->
    {{ mytype()['2'] }}     <!-- 输出Key=2的值,即"Python开发" -->
</body>
```

4.2.4 过滤器

在 4.2.3 节的代码演示中，出现了一段代码"loop | int"，这便是 Jinja2 中过滤器的用法。过滤器本质上就是一个函数，将变量作为函数的参数传递进去，处理后再返回新的值到调用处。例如，"loop | int"可以理解为"loop = int(loop)"。表 4-2 所示为 Jinja2 中常用的过滤器及其用法。

表 4-2　Jinja2 中常用的过滤器及其用法

过滤器名称	作用	用法
safe	渲染时不转义	渲染文章内容时，由于内容是 HTML 格式的，Jinja2 默认直接对 HTML 进行转义，从而导致无法正确显示文章内容，此时可用 safe 来取消转义功能。该过滤器比较常用
capitalize	首字母大写	适用于英文输出
lower	小写	将变量的值全部改为小写，如 Hello | lower -> hello
upper	大写	将变量的值全部改为大写
title	每个单词的首字母都大写	适用于英文输出
trim	去掉首尾空格	去除首尾空格后才渲染到页面中
striptags	去掉值中的 HTML 标签	显示文章摘要时可以用它来过滤掉 HTML 标签
string	转换为字符串类型	100 | string -> "100 "
int	转换为整数类型	"100 " | int -> 100
default	设置一个默认值	{{var | default('默认值') }}
random(seq)	返回一个序列中的随机元素	{% set list = [11, 22, 33, 44, 55, 66] %} {{ list | random }}　　-> 输出列表中的随机值
truncate	截取指定长度的字符串	{{ "foo bar baz qux"|truncate(9, True) }} -> "foo ba..."
length	输出字符串或列表的长度	{{ "HelloWoniu" | length }} -> 10

Jinja2 中的所有过滤器名称如表 4-3 所示，根据过滤器名称大致可以判断其具体作用，这里不再一一介绍，读者可以自行查阅 Jinja2 官方手册了解其用法。

表 4-3　Jinja2 中的所有过滤器名称

序号	过滤器	序号	过滤器	序号	过滤器	序号	过滤器	序号	过滤器
1	abs()	11	float()	21	lower()	31	round()	41	tojson()
2	attr()	12	forceescape()	22	map()	32	safe()	42	trim()
3	batch()	13	format()	23	max()	33	select()	43	truncate()
4	capitalize()	14	groupby()	24	min()	34	selectattr()	44	unique()
5	center()	15	indent()	25	pprint()	35	slice()	45	upper()
6	default()	16	int()	26	random()	36	sort()	46	urlencode()
7	dictsort()	17	join()	27	reject()	37	string()	47	urlize()
8	escape()	18	last()	28	rejectattr()	38	striptags()	48	wordcount()
9	filesizeformat()	19	length()	29	replace()	39	sum()	49	wordwrap()
10	first()	20	list()	30	reverse()	40	title()	50	xmlattr()

除了使用 Jinja2 内置的过滤器外，用户还可以自定义过滤器，下述代码定义了一个求字符串长度的过滤器，并在模板页面中进行了引用。

```python
# 在main.py中完成过滤器的定义和注册
# 定义一个标准的Python函数
def mylen(str):
    return len(str)

# 注册为Jinja2过滤器
app.jinja_env.filters.update(mylen=mylen)

# 在模板页面中直接调用mytype函数
<body>
    {{ mytype()['2'] | mylen }}    <!-- 输出长度为 8 -->
</body>
```

4.2.5 应用示例

下面使用列表+字典的数据类型来定义一本图书的基本信息，并在一张 HTML 表格中通过循环的方式将其渲染并显示在页面上。这类应用场景是模板引擎使用最多的场景。

首先，在 Flask 中定义图书信息，代码如下。

```python
@app.route('/book')
def book():
    books = [
      {'id':1, 'title':'PHP教程', 'author':'张三', 'price': 52},
      {'id':2, 'title':'Python教程', 'author':'李四', 'price': 36},
      {'id':3, 'title':'Java教程', 'author':'王五', 'price': 68}
    ]
    return render_template('book.html', books=books)
```

其次，定义 HTML 模板页面，并进行数据填充。

```html
<!DOCTYPE html>
<html lang="en">
<head>
    <meta charset="UTF-8">
    <title>模板引擎填充图书信息</title>
</head>
<body>
    <table width="500" border="1" align="center" cellpadding="5">
        <tr>
            <td width="20%">编号</td>
            <td width="30%">书名</td>
            <td width="30%">作者</td>
            <td width="20%">价格</td>
        </tr>
        {% for book in books %}
        <tr>
            <td>{{book.id}}</td>
            <td>{{book.title}}</td>
            <td>{{book.author}}</td>
            <td>{{book.price}}</td>
        </tr>
        {% endfor %}
    </table>
</body>
</html>
```

其使用效果如图 4-9 所示。

编号	书名	作者	价格
1	PHP教程	张三	52
2	Python教程	李四	36
3	Java教程	王五	68

图 4-9　Jinja2 模板引擎使用效果 3

4.2.6　模板继承

在第 2 章实现"蜗牛笔记"博客系统的前端页面的时候，发现各页面有一些共同的内容，如顶部、底部或侧栏。如果对每一个页面都进行单独处理，那么页面的重用性就会变得很差，维护起来效率较低。例如，对于页面顶部区域，如果需要对其进行修改，那么每一个页面都要修改一遍，效率低且易出错。此时，可以通过 Jinja2 提供的模板继承功能来实现对公共页面的抽取，进而实现页面重用。

在 Jinja2 中，主要通过关键字"block""extends"实现模板继承，具体用法如下。

```
<!-- 定义一个母版，将其命名为base.html，其中包含公共页面内容 -->
<!-- 通过block关键字在需要内容填充的位置进行声明，告诉Jinja2在此填充 -->
<!-- 其中，block和endblock为Jinja2的关键字，content为自定义模板变量 -->
{% block content %}
{% endblock %}

<!-- 在子模板中进行填充，将其命名为index.html，其中只需要包含index页面特有的内容，不需要把base.html
页面的公共代码再写一遍 -->
{% extends 'base.html' %}        <!-- extends关键字用于继承base.html母版 -->
{% block content %}              <!-- 声明开始填充内容至母版对应位置 -->
...........            <!-- 具体要填充的HTML、JavaScript代码或CSS样式 -->
{% endblock %}

<!--使用render_template()进行渲染时，正常渲染index.html，Jinja2会自动将base.html页面中的代码
引入到index.html的对应位置 -->
return render_template('index.html')
```

基于上述原理，对"蜗牛笔记"博客系统进行页面拆分，将公共部分全部抽取出来，并放到 base.html 页面中，代码简写如下。

```html
<!DOCTYPE html>
<html lang="en">
<head>
    <meta charset="UTF-8">
    <title>蜗牛笔记-全功能博客系统</title>
    <meta name="viewport" content="width=device-width, initial-scale=1"/>
    <link rel="stylesheet" href="/css/bootstrap.css" type="text/css"/>
    <!-- 将CSS样式表写入专门的文件中，在此处引入 -->
    <link rel="stylesheet" href="/css/woniunote.css" type="text/css"/>
    <script type="text/javascript" src="/js/jquery-3.4.1.min.js"></script>
    <script type="text/javascript" src="/js/bootstrap.min.js"></script>
</head>
<body>

<!-- 此处省略顶部分类导航区域的HTML代码（包含登录及注册模态框代码） -->

{% block content %}      <!-- 此处标识填充文章列表的HTML内容 -->
{% endblock %}

<!-- 此处省略文章推荐栏和底部HTML代码 -->
```

对于首页 index.html，只需要编写如下代码即可完成模板处理。

```
{% extends 'base.html' %}
{% block content %}

<!-- 中部区域布局 -->
<div class="container" style="margin-top: 20px;">
    <div class="row">
        <div class="col-sm-9 col-12" style="padding: 0 10px;" id="left">
            ............ 此处省略详细代码 ............
        </div>
        <div class="col-sm-3 col-12" style="padding: 0px 10px;">
        </div>
    </div>
</div>

{% endblock %}
```

一旦使用 render_template 函数渲染 index.html 页面，则首页将完整显示所有内容。

4.2.7 模板导入

模板继承看起来可以很好地解决 HTML 页面重用的问题。但是现在有一个新的问题，从第 2 章的页面设计方案来看，并不是每一个页面都会包含文章推荐栏（侧边栏），例如，系统管理和用户中心就不需要侧边栏。此时，有以下两种方案可以解决这个问题。

（1）将侧边栏页面直接写在需要显示侧边栏的模板页面中，如首页和文章阅读页。这种方案的弊端就是侧边栏不能被重用，只能写在需要它的所有页面中。

（2）不使用模板继承功能，而使用模板导入功能。将侧边栏的代码保存到 side.html 中，在需要使用侧边栏的页面中，直接使用 {% include 'side.html' %} 代码即可完成导入。

上述 index.html 可以修改为以下内容。

```
{% extends 'base.html' %}
{% block content %}

<!-- 中部区域布局 -->
<div class="container" style="margin-top: 20px;">
    <div class="row">
        <div class="col-sm-9 col-12" style="padding: 0 10px;" id="left">
            ............ 此处省略详细代码 ............
        </div>

        {% include 'side.html' %}    <!-- 导入side.html部分的源代码 -->
    </div>
</div>

{% endblock %}
```

Jinja2 支持 include 关键字，即使不使用 block 和 extends 也可以完成模板重用。例如，把所有模块分别保存到不同的模板页面中，被渲染页面只需要按需引入即可。但是使用 include 的问题在于需要引入的页面必须被拆分成几块，一旦有不连续的内容就必须拆分。例如，要渲染 index.html 页面，模板代码可做如下修改。

```
{% include 'header.html' %}

<!-- 中部区域布局 -->
<div class="container" style="margin-top: 20px;">
    <div class="row">
```

```html
            <div class="col-sm-9 col-12" style="padding: 0 10px;" id="left">
                ............ 此处省略详细代码 ............
            </div>
            {% include 'side.html' %}
        </div>
</div>

{% include 'foot.html' %}
```

而对于一个公共模板页面，使用模板继承的方式时，公共页面就不需要被拆分，只需要在公共页面中填充一个 block 来代替不同内容，这样可以保持公共页面的布局完整性。所以，通常情况下，建议根据页面布局的实际需要，灵活运用模板继承和模板导入两种方案。"蜗牛笔记"博客系统的 index.html 页面最终被改写如下：

```html
{% extends 'base.html' %}

{% block content %}
<!-- 中部区域布局 -->
<div class="container" style="margin-top: 20px;">
    <div class="row">
            <div class="col-sm-9 col-12" style="padding: 0 10px;" id="left">
                ............ 此处省略详细代码 ............
            </div>

            {% include 'side.html' %}
        </div>
</div>

{% endblock %}
```

4.3 SQLAlchemy 数据处理

4.3.1 PyMySQL

在 Python 中处理 MySQL 数据库时通常会使用 PyMySQL 库，它也是很多数据库框架的基础库。几乎所有 Web 系统都会在后端使用数据库来永久保存数据，所以利用 Python 操作数据库是开发 Web 系统的必备知识。本节通过对 WoniuNote 数据库中的用户表进行增删改查操作以演示 PyMySQL 库的基本用法。

V4-4 PyMySQL 和魔术方法

1. 建立数据库连接

```python
import pymysql   # 导入PyMySQL库

# autocommit=True指自动提交SQL语句执行结果，否则由于缓存原因会导致查询结果不及时
# 尤其是更新后的数据，默认设置，除非需要使用事务
conn = pymysql.connect(host='127.0.0.1', port=3306, user='root', password='123456',
                       database='woniunote', charset='utf8', autocommit=True)
print(conn.get_server_info())      # 能正常输出MySQL的版本号时说明连接成功
```

2. 查询用户表数据

查询语句是数据库操作中变化最多的一种语句类型，本节不讨论 SQL 语句本身的语法，只讨论 PyMySQL 库的使用。PyMySQL 提供了 3 个查询接口来查询所需的数据。

```python
cursor = conn.cursor()   # 执行任意SQL语句前均需要创建一个游标对象
sql = "select * from users"
cursor.execute(sql)          # 执行SQL语句
```

```
result = cursor.fetchall()    # 从游标中返回全部结果，默认以(())二维元组的方式进行保存
print(result)                  # 输出查询结果集中的所有数据

# 如果需要输出第二条用户信息的ID和昵称，则通过取元组值的方式输出
print(result[1][0], result[1][3])
```

上述代码的运行结果如下。

```
(
 (1, 'woniu@woniuxy.com', 'e10adc3949ba59abbe56e057f20f883e', '蜗牛', '1.png',
 '12345678', 'admin', 0, datetime.datetime(2020, 2, 5, 12, 31, 57),
 datetime.datetime(2020, 2, 12, 11, 45, 57)),
 (2, 'qiang@woniuxy.com', 'e10adc3949ba59abbe56e057f20f883e', '强哥', '2.png',
 '33445566', 'editor', 50, datetime.datetime(2020, 2, 6, 15, 16, 55),
 datetime.datetime(2020, 2, 12, 11, 46, 1)),
 (3, 'denny@woniuxy.com', 'e10adc3949ba59abbe56e057f20f883e', '丹尼', '3.png',
 '226658397', 'user', 100, datetime.datetime(2020, 2, 6, 15, 17, 30),
 datetime.datetime(2020, 2, 12, 11, 46, 8))
)
2 强哥
```

默认情况下，游标返回的二维元组没有字段名，只能使用元组的下标来获取数据，并不是特别方便。尤其是列比较多的时候，根据下标获取数据很容易出错，且如果表的字段有所调整，所有代码都必须调整，否则将会显示错误的数据。为了解决这个问题，可以在实例化游标对象时使用字典类型的游标对象，此时将返回列表+字典的数据结构。

```
from pymysql.cursors import DictCursor

cursor = conn.cursor(DictCursor)    # 执行任意SQL语句前均需要创建一个游标对象
sql = "select * from users"
cursor.execute(sql)                  # 执行SQL语句
result = cursor.fetchall()           # 从游标中返回全部结果，默认以(())二维元组的方式进行保存
print(result[1]['nickname'])        # 输出第二行数据的nickname字段的值，通过字段名取值
```

如果只想获取查询结果集中的前几条结果，则可以使用 fetchmany 函数。

```
cursor = conn.cursor(DictCursor)
sql = "select * from users"
cursor.execute(sql)
result = cursor.fetchmany(2)        # 只取前两条结果
print(result)
```

如果只取唯一的一条数据，则可以使用 fetchone 函数，该函数将不再返回一个二维元组或列表，而是一个一维元组或字典。下述代码将直接返回一个字典对象。

```
cursor = conn.cursor(DictCursor)
sql = "select * from users where userid=1"
cursor.execute(sql)
result = cursor.fetchone()          # 直接返回一个字典对象
print(result)
```

上述代码的运行结果如下。

```
{'userid': 1, 'username': 'woniu@woniuxy.com', 'password': 'e10adc3949ba59abbe56e057
f20f883e', 'nickname': '蜗牛', 'avatar': '1.png', 'qq': '12345678', 'role': 'admin',
'credit': 0, 'createtime': datetime.datetime(2020, 2, 5, 12, 31, 57), 'updatetime':
datetime.datetime(2020, 2, 12, 11, 45, 57)}
```

3．修改用户表数据

```
cursor = conn.cursor()
sql = "update users set nickname='蜗牛管理员' where userid=1"
cursor.execute(sql)
# conn.rollback()   # 在手动提交数据前，可以回滚数据
conn.commit()        # 如果没有设置为自动提交，则需要手动提交数据
```

4. 插入用户表数据

```
cursor = conn.cursor()
sql = "INSERT INTO users(username, password, nickname, qq, role, credit, " \
      "createtime, updatetime) VALUES " \
      "('reader@woniuxy.com', 'e10adc3949ba59abbe56e057f20f883e', '读者', " \
      "'44556677', 'user', 0, '2020-2-5 12:31:57', '2020-2-12 11:45:57')"
cursor.execute(sql)
conn.commit()
```

5. 删除用户表数据

```
cursor = conn.cursor()
sql = "delete from users where userid=5"
cursor.execute(sql)
conn.commit()
```

从 PyMySQL 的演示代码中可以看到,其用法是非常简单的。执行 SQL 语句的核心在于 SQL 语句本身要书写正确,当面对一些比较复杂的 SQL 语句时,建议在 Navicat 中将 SQL 语句调试正确后,再应用于 Python 代码中,这样可以提高开发效率。

4.3.2 魔术方法

为了能够通过 Python 来封装针对数据库的操作,需要先了解 Python 中类和实例的一些高级特性及类反射操作的用法,代码演示如下。

```python
class User:
    table_name = 'users'

    def __init__(self):
        self.username = 'qiang'
        self.password = '123456'
        self.email = 'qiang@woniuxy.com'

    def method(self, value):
        print("Hello %s" % value)

    def chain(self):
        print("通过返回一个类实例的方式进行连续方法调用")
        return self

user = User()
# 输出User类的所有属性,返回一个字典对象,列出类中所有的属性和值
# 获取类的属性时,不会返回实例变量
print(User.__dict__)         # 直接通过类名获取类
print(user.__class__.__dict__)   # 通过类的实例获取类,并获取其属性

# 获取类的名称
print(User.__name__)         # 输出User字符串
print(user.__class__.__name__)       # 通过实例来获取类名

# 获取User类的实例属性字典,此时只会输出实例变量的值
# {'username': 'qiang', 'password': '123456', 'email': 'qiang@woniuxy.com'}
print(user.__dict__)

# 可以为实例动态增加新的变量并赋值,使用__setattr__内置方法,输出新的变量
# {'username': 'qiang', 'password': '123456',
#  'email': 'qiang@woniuxy.com', 'nickname': '强哥'}
user.__setattr__('nickname', '强哥')
```

```python
# 也可以直接使用实例名.实例变量的方式，但是这种方式无法通过字符串进行操作
# user.nickname = '强哥'
print(user.__dict__)

# 获取属性的值，可以使用实例名.属性名的方式，也可以使用实例名.__getattribute__()方法
print(user.email)
print(user.__getattribute__('email'))  # 使用此种方法以字符串的方式获取属性值

# 可以通过__getattribute__直接以字符串作为方法名进行调用
user.method('Good-1')
user.__getattribute__('method')("Good-2")  # 可以这样调用方法和传递参数

# 连续的方法调用（即链式操作）
user.chain().chain().chain()    # 会运行chain方法3次
```

除此之外，还可以通过参数传递的方式动态为类实例增加实例变量。

```python
class User2:
    # 默认User2实例没有任何已经定义好的属性
    def __init__(self, **kwargs):
        for k, v in kwargs.items():
            self.__setattr__(k, v)        # 增加新的实例变量

# 直接通过参数传递的方式动态为类实例生成属性
user = User2(username='qiang', password='123456', email='qiang@woniuxy.com')
print(user.username)       # 输出 qiang
print(user.__dict__)       # 输出 {'username': 'qiang', 'password': '123456', ...}
```

4.3.3 自定义 ORM

ORM 的作用是在关系型数据库和对象之间做一个映射，这样，在具体操作数据库的时候，不需要直接编写 SQL 语句，而是像平时操作 Python 的类和对象一样操作数据库即可。

在 4.3.1 节中使用 PyMySQL 时，只是执行了一些简单的 SQL 语句还不需要使用 ORM 对数据库操作进行封装。但是在一个大型系统中，表和列非常多，如果全部使用原生 SQL 语句来实现数据库操作，那么一旦表结构发生变化，就需要重写众多 SQL 语句，维护效率极低。而使用 ORM 封装后，可以将业务处理和数据库操作完全分离开来，程序员只需要关心业务逻辑实现，而不用关注数据库如何实现读写。同时，对数据库进行增删改查完全不用编写 SQL 语句，而是通过操作一个类和类中的方法或属性来实现，这就是对象与关系之间的映射。

PyMySQL 返回的数据是以行为单位的结果集，使用字典或者列表进行读取，显然不是一个有效的 Python 类，无法通过操作某个类实例和方法的方式来完成读写。所以需要对数据库中的表进行转换，转换规则有以下 5 个。

（1）数据库中的表对应 Python 中的一个类。
（2）表中的列对应 Python 中类的属性。
（3）表中每一行的数据对应 Python 中的一个字典对象。
（4）每一个字典对象的 Key 对应列名，Value 对应每一列的数据。
（5）增删改查操作分别封装到类的不同方法中，最终拼接成一个 SQL 语句。

下面讲解如何实现对用户表的新增和查询操作的基本 ORM 封装，具体代码及注释如下。

```python
import pymysql, time
from pymysql.cursors import DictCursor

# 创建MySQL类，用于数据库基本操作，即对PyMySQL进行简单封装
class MySQL:
```

```python
    def __init__(self):
        # 建立数据库连接
        conn = pymysql.connect(host='localhost', user='root', password='123456',
                    database='woniunote', charset='utf8', autocommit=True)
        self.cursor = conn.cursor(DictCursor)

    # 执行标准的SQL查询语句
    def query(self, sql):
        self.cursor.execute(sql)
        return self.cursor.fetchall()

    # 执行增删改语句并提交
    def execute(self, sql):
        self.cursor.execute(sql)
        # 设置了autocommit=True, 所以不用手动提交

# 定义Users类, 并与数据库中的users表进行映射
class Users:
    table_name = 'users'     # 通过类属性名指定数据库中数据表的名称

    # 实例化Users对象时传递字典参数, k为列名, v为列值, 用于构建SQL语句
    def __init__(self, **kwargs):
        for k, v in kwargs.items():
            self.__setattr__(k, v)

    # 拼接SQL查询语句, 注意, 此处的代码仅演示了where的多个条件作and的情况
    # 其他条件, 如or、orderby、groupby等与此类似, 同样通过封装和拼接SQL语句来完成
    def select(self, **where):
        table = self.table_name
        sql = "select * from %s" % table
        if where is not None:
            sql += " where"
            for k, v in where.items():
                sql += " %s='%s' and" % (k, v)
            sql += ' 1=1'
        result = MySQL().query(sql)
        return result

    # 拼接SQL语句实现新增数据的功能, 注意拼接时单引号的使用
    def insert(self):
        table = self.table_name
        keys = []
        values = []
        # 遍历当前实例中的所有属性和值, 属性对应的是列名, 属性值对应的是列值
        for k, v in self.__dict__.items():
            keys.append(k)
            values.append(v)

        # 通过使用.join函数将列表中的值处理为一个满足insert语句要求的字符串
        sql = "insert into %s(%s) values('%s')" % (table, ",".join(keys), "','".join(values))
        MySQL().execute(sql)
```

上述封装完成后, 对用户表进行查询和新增操作就变得非常简单。

```python
# 实现数据库的新增操作
now = time.strftime('%Y-%m-%d %H:%M:%S')
user = Users(username='reader', password='e10adc3949ba59abbe56e057f20f883e',
```

```python
                nickname='蜗牛笔记', qq='12345678', role='admin', credit='100',
                createtime=now, updatetime=now)
user.insert()

# 数据库的查询操作：带where条件
user = Users()    # 若不需要新增数据，则实例化时不用带参数
result = user.select(userid=1)
print(result)

# 或者进行不带where条件的全部查询操作
result = user.select()
print(result)
```

作为演示程序，上述代码已经基本上说明了ORM的工作机制，对于如何进一步封装各种查询规则，本书不再赘述。但是上述代码的封装还存在一个问题需要解决，即如果不是操作用户表，而是操作其他表，还需要再实现一遍Users类的相同操作吗？当然不需要，将用户表的通用操作抽取出来放入父类，同时添加一个field方法用于指定查询的列名进而实现链式操作即可，优化后的代码如下。

```python
# 定义父类Model，用于抽取公共方法给子类继承，子类对应数据库中的表名
class Model:
    # 实例化Users对象并传递字典参数，k为列名，v为列值，用于构建SQL语句
    def __init__(self, **kwargs):
        for k, v in kwargs.items():
            self.__setattr__(k, v)

    # 使用链式操作指定查询哪些列名，columns为字符串，用逗号分隔列名
    def field(self, columns):
        self.columns = columns
        return self

    # 拼接SQL查询语句，注意，此处的代码仅演示了where的多个条件作and的情况
    # 其他条件，如or、orderby、groupby等与此类似，同样通过封装和拼接SQL语句来完成
    def select(self, **where):
        # 由于是子类调用该方法，所以要读取子类的table_name属性，获取到表名
        table = self.__class__.__getattribute__(self, 'table_name')
        # 如果指定了列名，则通过列表构建SQL语句，否则以*代替
        if hasattr(self, 'columns'):
            sql = "select %s from %s" % (self.columns, table)
        else:
            sql = "select * from %s" % table

        if where is not None:
            sql += " where"
            for k, v in where.items():
                sql += " %s='%s' and" % (k, v)
            sql += ' 1=1'
        result = MySQL().query(sql)
        return result

    # 拼接SQL语句实现新增数据的功能，注意拼接时单引号的使用
    def insert(self):
        table = self.__class__.__getattribute__(self, 'table_name')
        keys = []
        values = []
        # 遍历当前实例中的所有属性和值，属性对应的是列名，属性值对应的是列值
        for k, v in self.__dict__.items():
```

```python
            keys.append(k)
            values.append(v)

        # 通过使用.join函数将列表中的值处理为一个满足INSERT语句要求的字符串
        sql = "insert into %s(%s) values('%s')" % (table, ",".join(keys), "','".join(values))
        MySQL().execute(sql)

# 定义Users类并继承于Model类,实现对用户表的操作
class Users(Model):
    table_name = 'users'     # 通过类属性指定表名,调用select方法时可获取该表名

    def __init__(self, **kwargs):
        super().__init__(**kwargs)

# 定义Article类并继承于Model类,实现对文章表的操作
class Article(Model):
    table_name = 'article'

    def __init__(self, **kwargs):
        super().__init__(**kwargs)

# 直接操作用户表和文章表
user = Users()
result = user.field('userid, username, password').select(userid=1)
print(result)

article = Article()
result = article.select(articleid=1)
print(result)
```

在 Flask 框架中,采用了 Python 中主流的 SQLAlchemy 框架来进行 ORM 操作,接下来主要讲解 SQLAlchemy 框架的使用。

4.3.4 定义模型

SQLAlchemy 框架完整实现了对于 MySQL 的 ORM 操作,同时其核心仍然基于 PyMySQL 库,最终依然通过框架内部的代码对 SQL 语句进行拼接并利用 PyMySQL 库来执行,其工作原理与前面的 ORM 演示代码是基本类似的。同样的,在使用一个数据库之前,要先建立与该数据库的连接,再定义表的模型,方可使用 ORM。下面的代码演示了利用 SQLAlchemy 建立与数据库的连接和定义表的模型,并实现 ORM 操作的方式。

V4-5
SQLAlchemy
框架基础

```python
from sqlalchemy import create_engine, Column, Integer, String, DateTime
from sqlalchemy.ext.declarative import declarative_base
from sqlalchemy.orm import sessionmaker, scoped_session

# 建立数据库连接,默认为UTF-8字符编码,可以不指定
# echo=False表示运行时不回显SQL语句,调试过程中也可以将其设置为True,以查看SQLAlchemy执行的语句
engine = create_engine('mysql+pymysql://root:123456@localhost/woniunote', echo=False, pool_size=1000)

DBsession = sessionmaker(bind=engine)        # 创建连接会话
dbsession = scoped_session(DBsession)        # 实例化会话对象(线程安全)
Base = declarative_base()                    # 定义表模型所继承的父类
```

```python
# 定义ORM对象，如需通过SQLAlchemy来创建表，则需指定表名、列名及列类型
class UsersX(Base):
    __tablename__ = 'usersx'
    userid = Column(Integer, primary_key=True)
    username = Column(String(50))
    password = Column(String(32))
    nickname = Column(String(30))
    qq = Column(String(15))
    role = Column(String(10))
    credit = Column(Integer)
    createtime = Column(DateTime)
    updatetime = Column(DateTime)

UsersX.metadata.create_all(engine)    # 完成对数据库表UsersX的创建
```

但是，在正常情况下，表早就已经创建好了，不需要使用 SQLAlchemy 来创建。那么，创建 ORM 模型对象时，不需要定义表的列，只需要简单指定一个表名即可，代码如下。

```python
# 导入两个新的类：MetaData和Table
from sqlalchemy import MetaData, Table

DBsession = sessionmaker(bind=engine)
dbsession = scoped_session(DBsession)
Base = declarative_base()
md = MetaData(bind=engine)

class Users(Base):
    __table__ = Table("users", md, autoload=True)

class Article(Base):
    __table__ = Table("article", md, autoload=True)

class Comment(Base):
    __table__ = Table("comment", md, autoload=True)
```

以上使用 SQLAlchemy 创建数据库连接对象的方式是独立于 Flask 框架的，也就是说，即使不使用 Flask 框架，利用纯粹的 Python 代码也是可以运行的。事实上，Flask 框架本身集成了对 SQLAlchemy 的支持，使用以下方式同样可以建立与数据库的连接并生成一个数据库连接对象。

```python
from flask_sqlalchemy import SQLAlchemy
from sqlalchemy import Table, MetaData

from main import app      # 从main.py入口模板中导入app对象

# 为了避免出现 No module named 'MySQLdb' 异常，这里将PyMySQL安装为MySQLdb
import pymysql
pymysql.install_as_MySQLdb()

# 使用Flask集成化方式建立与数据库的连接，并返回连接对象
# 定义连接字符串并集成到Flask实例的配置项中
app.config['SQLALCHEMY_DATABASE_URI'] = \
         'mysql://root:123456@localhost:3306/woniunote?charset=utf8'
# 如果设置为 True（默认情况），则会追踪对象的修改并发送信号，但需要额外的内存，建议禁用
app.config["SQLALCHEMY_TRACK_MODIFICATIONS"] = False

db = SQLAlchemy(app)       # 配置完成后，实例化数据库连接对象
```

```python
# 构建数据模型类，方法与非集成方式类似，注意此处继承的是db.Model类
class Article(db.Model):
    __table__ = Table("article", MetaData(db.engine), autoload=True)
```

由于本书内容为基于 Flask 框架进行系统开发，在后续实施项目时建议直接使用集成方式进行数据库连接。

4.3.5 添加数据

当完成表模型定义后，使用如下代码可以完成表数据的添加（即运行 INSERT 语句）。

```python
# 为用户表插入新的数据
now = time.strftime('%Y-%m-%d %H:%M:%S')

user1 = Users(username='test1@woniuxy.com',
              password='e10adc3949ba59abbe56e057f20f883e',
              nickname='蜗牛笔记',avatar='3.png', qq='12345678', role='admin',
              credit='100', createtime=now, updatetime=now)
dbsession.add(user1)    # 调用dbsession的add方法添加一条数据

user2 = Users(username='test2@woniuxy.com',
              password='e10adc3949ba59abbe56e057f20f883e',
              nickname='蜗牛笔记',avatar='2.png', qq='12345678', role='admin',
              credit='100',createtime=now, updatetime=now)
dbsession.add_all([user1, user2])       # 或使用add_all方法一次性增加多条数据

dbsession.commit()      # 提交新增数据到数据库中
```

如果在创建数据库连接时设置 echo=True，那么可以在控制台上看到 SQLAlchemy 自动在框架内部生成的 SQL 语句，包括 INSERT INTO 语句，摘录部分语句如下。

```
2020-02-16 12:31:59,750 INFO sqlalchemy.engine.base.Engine BEGIN (implicit)
2020-02-16 12:31:59,761 INFO sqlalchemy.engine.base.Engine INSERT INTO users (username,
password, nickname, avatar, qq, 'role', credit, createtime, updatetime) VALUES
(%(username)s, %(password)s, %(nickname)s, %(avatar)s, %(qq)s, %(role)s, %(credit)s,
%(createtime)s, %(updatetime)s)
2020-02-16 12:31:59,761 INFO sqlalchemy.engine.base.Engine {'username': 'test1@woniuxy.
com', 'password': 'e10adc3949ba59abbe56e057f20f883e', 'nickname': '蜗牛笔记', 'avatar':
'3.png', 'qq': '12345678', 'role': 'admin', 'credit': '100', 'createtime': '2020-02-16
12:31:59', 'updatetime': '2020-02-16 12:31:59'}
2020-02-16 12:31:59,762 INFO sqlalchemy.engine.base.Engine INSERT INTO users (username,
password, nickname, avatar, qq, 'role', credit, createtime, updatetime) VALUES
(%(username)s, %(password)s, %(nickname)s, %(avatar)s, %(qq)s, %(role)s, %(credit)s,
%(createtime)s, %(updatetime)s)
2020-02-16 12:31:59,762 INFO sqlalchemy.engine.base.Engine {'username': 'test2@woniuxy.
com', 'password': 'e10adc3949ba59abbe56e057f20f883e', 'nickname': '蜗牛笔记', 'avatar':
'2.png', 'qq': '12345678', 'role': 'admin', 'credit': '100', 'createtime': '2020-02-16
12:31:59', 'updatetime': '2020-02-16 12:31:59'}
2020-02-16 12:31:59,763 INFO sqlalchemy.engine.base.Engine COMMIT
```

4.3.6 修改数据

对于 UPDATE 语句来说，如果不明确定义 where 条件，则会修改整张表的数据。在 SQLAlchemy 中，修改数据分为两步：先查询到修改行，再进行修改。具体代码如下。

```python
# 当要修改某一行的数据时，应先查询到该行数据
row = dbsession.query(Users).filter_by(userid=10).one()
row.nickname = '张三'
```

```
dbsession.commit()

# 也可以使用filter方法进行过滤，条件比较必须使用 == 且条件中必须指定类名
row = dbsession.query(Users).filter(Users.userid==13).first()
row.nickname = '普通读者'
dbsession.commit()
```

与修改数据类似，删除数据也要先查询到要删除的行，再调用 delete 方法，代码如下。

```
dbsession.query(Users).filter(Users.userid==14).delete()
dbsession.commit()
```

4.3.7 基础查询

V4-6
SQLAlchemy
基础查询

无论是 SQL 语句还是 ORM 模型，CREATE、INSERT、UPDATE 和 DELETE 这 4 条语句都是最基本的操作，即使考虑到一些主外键约束也依然简单。SELECT 语句是最为复杂和多变的，因此，在 SQLAlchemy 框架中，对查询的封装也是最复杂多变的。一些基础查询代码的示例如下。

```
# 基础查询语句
result = dbsession.query(Users).all()      # 不加过滤条件并获取所有返回结果
print(result)          # 直接输出result时会返回Users对象列表，无法取得原始数据
for row in result:     # 通过遍历的方式取得列表中的Users对象，并根据属性进行取值
    print(row.userid, row.username, row.nickname)

# 根据主键进行查询
row = dbsession.query(Users).get(1)        # 查询主键为1的行
print(row.userid, row.username)

# 如果只查询其中一行，则可以使用first()方法
row = dbsession.query(Users).first()
print(row.userid, row.username, row.nickname)

# 查询指定的列，而不是所有列
result = dbsession.query(Users.userid, Users.username, Users.nickname).all()
print(result)     # 直接输出一个列表+元组的数据结构[(),(),()],而不是对象
for row in result:          # 也可以用这种方式进行遍历
    print(row.userid, row.username, row.nickname)

# 使用filter_by方法添加过滤条件，多个条件之间用逗号隔开，默认以and为连接条件
result = dbsession.query(Users).filter_by(userid=1, username='denny@woniuxy.com').all()
print(result[0].nickname)

# 如果where条件后面需要使用or进行多条件连接，则用法如下
from sqlalchemy import or_    # 导入or_函数，or_函数只要使用filter方法进行过滤即可
# or_函数直接返回一个where条件
print(or_(Users.userid==2, Users.username='denny@woniuxy.com'))
result = dbsession.query(Users).filter(or_(Users.userid==2,
                  Users.username='denny@woniuxy.com')).all()
print(len(result))    #可以查询userid=2或username='denny@woniuxy.com'的2行记录

# 其他查询方法
result = dbsession.query(Users).limit(3).all()    # 限制只返回3条结果
result = dbsession.query(Users).limit(3).offset(5).all()    # 从第5条开始返回3条数据
count = dbsession.query(Users).filter(Users.userid>5).count()   # 获取行数
result = dbsession.query(Users).filter_by(userid=1).one()    # 只取一条数据，多条报错
```

```python
result = dbsession.query(Users.username).distinct(Users.username).all()    # 去重
result = dbsession.query(Users).order_by(Users.userid).all()    # 排序, 默认升序排列
result = dbsession.query(Users).order_by(Users.userid.desc()).all()    # 降序排列
result = dbsession.query(Users).filter(Users.username.like('%qiang%')).all() # 模糊查询
result = dbsession.query(Users).group_by(Users.role).all()    # 分组
# 分组并添加having条件
result = dbsession.query(Users).group_by(Users.role).having(Users.userid>3).all()

# 处理聚合函数
from sqlalchemy import func    # 导入func对象
result = dbsession.query(func.max(Users.userid)).first()    # 返回userid的最大值
result = dbsession.query(func.min(Users.userid)).first()    # 返回userid的最小值
result = dbsession.query(func.avg(Users.userid)).first()    # 返回userid的平均值
```

上述代码中存在 filter_by 和 filter 两个过滤方法，请读者注意两者的区别。其中，filter_by 方法仅适用于简单的等值查询条件，不适用于其他判断条件，如!=、>、<等，原因是 filter_by 中的参数是一个标准的 Python 字典参数，并非一个真正的条件比较，所以只能用 "="; 如果要进行复杂条件查询，则可使用 filter 方法，filter 方法中的条件是标准的 Python 比较运算符，如==、>、>=、<、<=、!=、in、not 等。

4.3.8 连接查询

除了基础查询，SQL 查询中还存在两种比较常见的查询：内连接和外连接。连接查询的代码示例如下。

```python
# 内连接查询：  查询文章表与用户表，连接条件为userid,不设置过滤条件
# 默认情况下，由于连接了两张表，所以输出结果发生了变化，存在两个对象，类似于：
# [(<__main__.Article object at 0x112E1750>, <__main__.Users object at 0x112E1790>),
#  (<__main__.Article object at 0x112E17D0>, <__main__.Users object at 0x112E1790>)]
result = dbsession.query(Article, Users).join(Users, Users.userid==Article.userid).all()
print(result)
# 因为在一个元组中同时保存了Article和Users对象，所以要取值时必须按照如下方式进行
for article, users in result:
    print(users.nickname, article.headline)

# 也可以在join连接中添加过滤条件，同样是使用filter方法
result = dbsession.query(Article, Users).join(Users, Users.userid==Article.userid)\
    .filter(Users.userid==1).all()

# 在join连接中，可以在query的时候只查询一张表，这样将无法取得文章作者的昵称
result = dbsession.query(Article).join(Users, Users.userid==Article.userid).all()
# print(result[0].headline, result[0].nickname)   # 取nickname会报错,此用法意义不大

# 也可以直接指定返回的列，这样就可以更加方便地返回[(), (), ()],而不是对象
result = dbsession.query(Article.articleid, Article.headline, Users.nickname)\
        .join(Users, Users.userid==Article.userid).all()
print(result)

# 外连接查询：其用法与内连接一致，如查询每个用户的所有文章阅读量
# 原始SQL代码如下
# SELECT users.userid, users.nickname, sum(article.readcount) FROM
# users LEFT JOIN article ON users.userid = article.userid GROUP BY users.userid
result = dbsession.query(Users.userid, Users.nickname, func.sum(Article.readcount)).\
        outerjoin(Article, Users.userid==Article.userid).group_by(Users.userid).all()
print(result)
```

V4-7
SQLAlchemy
连接查询及其他

在 SQLAlchemy 框架中，outerjoin 默认是左连接，无右连接，但左右可以互换，所以不影响功能。

4.3.9 复杂查询

除了常用的简单查询和连接查询外，有时还需要一些较为复杂的 SQL 查询，如 and 和 or 条件混用、三张表连接查询等，常用的复杂查询示例如下。

```
# 复杂查询之and和or条件混用, 等价于如下SQL语句
# SELECT * FROM users where username like '%qiang%' and userid > 3 or nickname='蜗牛'
from sqlalchemy import or_
result = dbsession.query(Users).filter(Users.username.like('%qiang%'),
                                  or_( Users.userid>3, Users.nickname=='蜗牛')).all()
for row in result:
    print(row.userid, row.nickname, row.username)

# 复杂查询之三张表连接查询并加过滤条件, 等价于如下SQL语句
# SELECT * FROM article INNER JOIN users ON users.userid = article.userid
# INNER JOIN comment ON comment.articleid=article.articleid
# and comment.userid=users.userid WHERE users.userid = 1
result = dbsession.query(Article, Users, Comment).join(Users, Users.userid==Article.userid).join(Comment,
Comment.articleid==Article.articleid).filter(Users.userid==1).all()
print(result)
```

4.3.10 执行原生 SQL 语句

使用 ORM 模型进行数据库操作时，增删改操作往往是比较方便的，但是查询操作，尤其是复杂查询，有时候并不是那么方便，甚至在开发过程中还不如编写原生 SQL 语句效率高。尤其在用户对 SQLAlchemy 的语法规则不是特别熟悉的时候，往往会觉得编写原生 SQL 语句更方便。为了执行原生 SQL 语句，SQLAlchemy 特别提供了接口，演示代码如下。

```
# 执行原生SQL查询语句, 也适用于执行复杂查询语句
result = dbsession.execute("select * from users where userid<5").fetchall()
print(result)      # 返回[(),(),()]的数据结构, 方便读取

# 执行更新类语句, 注意需要进行提交
dbsession.execute('delete from users where userid=8')
dbsession.commit()
```

4.3.11 JSON 数据

JSON 是一种轻量级的数据交换格式，属于 JavaScript 一个子集。简洁和清晰的层次结构使得 JSON 成为理想的数据交换语言。JSON 数据易于被人类阅读和编写，也易于机器解析和生成，并能有效地提升网络传输效率，是目前在互联网中进行数据传输的重要手段。

在 JavaScript 中，可使用中括号来定义一个数组，与 Python 中利用中括号来定义一个列表类似。例如，定义一个用户姓名的数组的方式如下。

```
var users = ["张三", "李四", "王五", "赵六", "田七"];
```

另外，在 JavaScript 中，可以利用大括号来定义一个对象，与 Python 中定义一个字典对象类似，定义方式如下。

```
var user1 = {name:"张三", sex:"男", age:30, phone:"18012345678",addr:"成都"};
var user2 = {name:"李四", sex:"女", age:25, phone:"13012365659",addr:"重庆"};
```

在 Python 中，可以在列表中嵌入字典，在字典中嵌入列表。在 JavaScript 中，同样可以混合使用，例如，可以在 JavaScript 中定义如下对象。

```
var users = [{name:"张三", sex:"男", age:30, phone:"18012345678",addr:"成都"},
             {name:"李四", sex:"女", age:25, phone:"13012365659",addr:"重庆"}];
```
或者：
```
var users = {user1:["张三","男",30,"18012345678","成都"],
             user2:["李四","女",25,"13012365659","重庆"]};
```

上述数据定义格式便构成了 JSON 数据结构的基础，而 JSON 数据结构为了在网络中方便地进行传输，都是以一个标准的字符串类型或 JSON 数据类型存在的。同时，由于 JavaScript 和 Python 定义数组及对象的方式完全一样，Python 的列表和字典天然地就是 JSON 数据结构，所以 Python 在处理 JSON 数据时是非常方便的。

```python
# 定义两个字典对象和一个字符串对象
dict1 = {"name":"蜗牛", "age":"3", "phone":"138383839438"}
dict2 = {"name":"海螺", "age":"5", "phone":"185383839438"}
dict_str = '{"name":"蜗牛", "age":"3", "phone":"138383839438"}'
list = [dict1, dict2]
print("list列表的值为:%s" % list)            # 输出列表
print("dict1的类型为:%s" % type(dict1))      # 字典类型
print("dict_str的类型为:%s" % type(dict_str)) # 字符串类型
print("dict1的name的值为: %s" % dict1['name'])
print("list的第2条值的phone为: %s" % list[1]['phone'])

# dict_str是一个字符串，虽然其内容满足JSON格式，但是其毕竟不是JSON数据
# 此时，使用Python的eval函数将该字符串当作一段代码来执行即可将其转换成JSON数据
json1 = eval(dict_str)
print(json1['name'])       # 将会输出"蜗牛"

# 也可以使用Python的内置库json进行处理
import json
json2 = json.loads(dict_str)
print(json2['name'])
# 反之，可以将一个json对象转换成字符串
string = json.dumps(list)
print(string)    # 将把list变量输出为一个普通字符串
print(type(string))       # str
```

在开发系统时，通常会使用 SQLAlchemy 框架来完成数据查询，而如果查询到的结果需要响应一个 JSON 数据给前端，则必须进行类型转换。因为默认的 SQLAlchemy 查询到的是数据模型对象而不是有效的 JSON 格式的数据。下面的代码演示了如何在 SQLAlchemy 中完成对 JSON 格式的转换。

```python
# 将SQLAlchemy的结果集转换为列表+字典，返回[{},{}]格式
def model_list(result):
    list = []      # 定义列表，用于存放所有行
    for row in result:
        dict = {}    # 定义字典，用于存放一行
        for k, v in row.__dict__.items():     # 遍历列名
            if not k.startswith('_sa_instance_state'):   # 跳过内置字段
                dict[k] = v
        list.append(dict)
    return list
```

基于上述代码进行查询，测试其返回结果，数据内容如下。

```
[{'qq': '12345678', 'updatetime': datetime.datetime(2020, 2, 12, 11, 45, 57), 'nickname':
'蜗牛', 'userid': 1, 'role': 'admin', 'username': 'woniu@woniuxy.com', 'avatar': '1.png',
'credit': 0, 'createtime': datetime.datetime(2020, 2, 5, 12, 31, 57), 'password':
'e10adc3949ba59abbe56e057f20f883e'}]
```

上述代码确实是标准的 JSON 格式的数据，但是目前其只是一个 Python 的列表，无法作为响应正文响应给前端，需要使用 Flask 的 jsonify 函数将其转换为标准的 JSON 对象后再正确地响应给前端。

```python
@app.route('/jsons')
def jsons():
    from common.utility import json
    from model.users import Users
    from flask import jsonify
    result = Users().find_all()
    list = model_list(result)
    return jsonify(list)
```

此时，通过访问/jsons 查看前端页面的响应，可以看到标准的 JSON 格式的数据。

```
[
  {
      "avatar": "1.png",
      "createtime": "Wed, 05 Feb 2020 12:31:57 GMT",
      "credit": 0,
      "nickname": "\u8717\u725b",
      "password": "e10adc3949ba59abbe56e057f20f883e",
      "qq": "12345678",
      "role": "admin",
      "updatetime": "Wed, 12 Feb 2020 11:45:57 GMT",
      "userid": 1,
      "username": "woniu@woniuxy.com"
  },
  {
      "avatar": "2.png",
      "createtime": "Thu, 06 Feb 2020 15:16:55 GMT",
      "credit": 50,
      "nickname": "\u5f3a\u54e5",
      "password": "e10adc3949ba59abbe56e057f20f883e",
      "qq": "33445566",
      "role": "editor",
      "updatetime": "Wed, 12 Feb 2020 11:46:01 GMT",
      "userid": 2,
      "username": "qiang@woniuxy.com"
  },
  {
      "avatar": "3.png",
      "createtime": "Thu, 06 Feb 2020 15:17:30 GMT",
      "credit": 100,
      "nickname": "\u4e39\u5c3c",
      "password": "e10adc3949ba59abbe56e057f20f883e",
      "qq": "226658397",
      "role": "user",
      "updatetime": "Wed, 12 Feb 2020 11:46:08 GMT",
      "userid": 3,
      "username": "denny@woniuxy.com"
  }
]
```

通过查看该请求的响应，可以看到其响应的 Content-Type 为 application/json 类型，如图 4-10 所示。

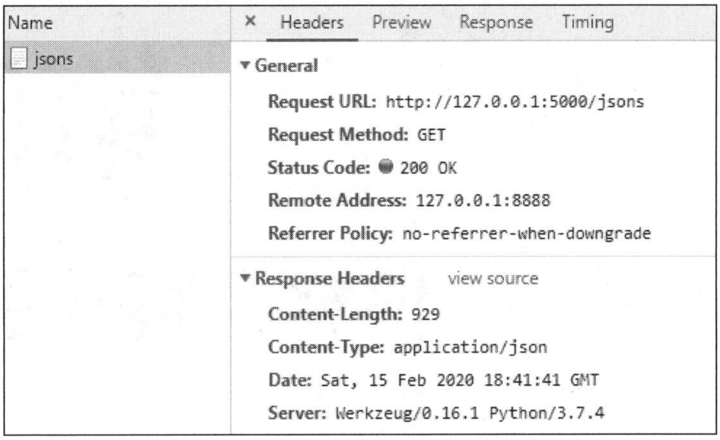

图 4-10　JSON 格式的响应类型

JSON 数据响应给前端后，JavaScript 可以直接在前端对数据进行操作，因为 JSON 本身就是一个标准的 JavaScript 数据类型。另外，JSON 数据不是只有列表+字典的格式，其也可以是单纯的字典、单纯的列表、二维列表、字典+列表，格式多样。只要符合 JavaScript 定义数组和对象的规范，都可以称之为 JSON。

第 5 章

博客首页功能开发

学习目标

（1）熟练使用Flask的基础模块功能。
（2）熟练使用模板引擎Jinja2。
（3）熟练使用SQLAlchemy数据库框架。
（4）熟练运用JavaScript及jQuery前端框架。
（5）深入理解网站的开发过程和前后端技术。
（6）深入理解MVC架构设计模式。
（7）基于Flask和前端代码完整实现博客功能。
（8）理解图片验证码和邮箱验证的实现原理。

本章导读

■从本章开始，将基于第 1～4 章的知识以及 Python 开发知识来逐步利用 Flask 和前后端交互实现"蜗牛笔记"博客系统的功能。本章将主要实现"蜗牛笔记"博客系统的首页功能，包括文章列表、文章搜索、文章推荐、分页浏览及登录注册功能。

5.1 文章列表功能

5.1.1 开发思路

V5-1 蜗牛笔记文章列表功能

在正式实现“蜗牛笔记”博客系统的功能之前，需要确保已经具备以下条件。

（1）前端页面已经设计完成并使用 HTML 和 CSS 实现。

（2）数据库中的表已经创建完成。

（3）对 Flask 框架、jQuery 框架已经有一定使用经验。

（4）已经非常熟悉“蜗牛笔记”博客系统的各个模块的功能。

（5）已经利用 Jinja2 的模板继承和模板导入功能对 HTML 页面进行了分块处理。

（6）已经设置好用于在首页上显示的缩略图。

前置条件准备完成后，现在来整理一下首页文章列表功能的开发思路。

（1）目前，数据库中可能还没有文章，系统也没有实现文章发布的功能，为了能够正常地开发出首页，可以手动向数据库中插入几篇文章。可以选择从“蜗牛笔记”博客系统的官网直接复制几篇文章粘贴到数据库中，或者写好一条数据重复地插入文章表。

（2）首页文章列表中需要显示文章的标题和内容摘要，文章标题无须过多处理。但是内容摘要不能显示文章的全部内容，而是截取最前面的几十个字进行显示。文章内容是 HTML 格式，但是显然不能把 HTML 格式的文本显示在摘要中，只能显示纯文本，否则会导致内容摘要的显示格式错乱，或由于 HTML 标签没有截取完整而导致整个页面显示错误。基于对第 4 章内容的学习，可以考虑使用 Jinja2 模板引擎的 striptags 过滤器来去掉文章内容的 HTML 标签，再使用 truncate 过滤器截取文章开头的部分内容。

（3）文章列表中需要显示作者昵称，所以需要在查询时对文章表和用户表进行连接查询。

（4）文章列表应该倒序排列，将最新的文章显示在最前面。

（5）由于每一篇文章都需要显示一张缩略图，所以在插入文章时，需要指定正确的缩略图路径，否则无法正常在首页中显示。

（6）Flask 支持模块化处理，所以应该把首页当作一个独立的模块与 main.py 进行分离。同时，基于 MVC 模式的设计思路，应该在项目中创建两个包，即 model 和 controller，用于分离数据处理代码和控制器代码。

图 5-1 所示为编者数据库中文章表的部分数据。

articleid	userid	type	headline	content	thumbnail	credit	readcount	replycount	recommanded
1	2	5	漫谈：强哥在强哥学堂想对朋友们说的一些话	<p>大家好，我是强	1.jpg	0	1430	0	1
2	2	5	漫谈：已经有蜗牛学院了，为什么还要创办强哥学堂？	<p></p><p><spa	2.jpg	0	2728	0	1
3	2	5	漫谈：软件开发和软件测试，我该如何选择？	<p></p><p>你说，	3.jpg	0	2976	0	1
4	4	1	原理：Java程序设计基础->进制转换	<p></p><p> 	54.jpg	3	731	0	0
5	2	5	漫谈：Java和Python现在都挺火，我应该怎么选？	<p></p><p>声明：	4.jpg	0	5426	0	1
6	2	5	漫谈：强哥关于程序设计学习和实战经验分享	<p></p><p>强哥	5.jpg	0	1134	0	0
7	2	5	管理：强哥关于人才培养方面的实战经验分享	<p></p><p> 	6.jpg	0	906	0	0
8	2	5	管理：强哥关于团队建设方面的实战经验分享	<p></p><p> 	7.jpg	0	872	0	0
9	2	5	漫谈：强哥关于软件测试学习和实战经验分享	<p> </p><p>	8.jpg	0	1032	0	0
10	2	7	漫谈：月薪突破2万，你需要经历什么？	<p></p><p>这个	9.jpg	0	863	0	0
11	2	5	管理：项目管理十大TION法	<p></p><p>我个人	10.jpg	2	907	0	1
12	2	4	漫谈：软件测试，也许你误解了它！	<p></p><p>今天	11.jpg	0	1744	0	1
13	2	4	原理：强哥倾情奉献：软件测试最全专业术语	<p></p><p>1.<sp	12.jpg	3	1784	0	1
14	2	1	原理：大话面向对象(一)：理解面向对象	<p>要学好程序设计，	13.jpg	0	1681	0	1
15	2	1	原理：大话面向对象(二)：类与实例	<p>关于面向对象的	14.jpg	0	918	0	0
16	2	1	原理：大话面向对象(三)：继承	<p><span style="fc	15.jpg	0	914	0	0
17	2	1	原理：大话面向对象(四)：接口	<p><span style="fc	16.jpg	0	921	0	0
18	2	1	原理：大话面向对象(五)：多态	<p><span style="fc	17.jpg	0	819	0	0
19	2	4	原理：理解自动化测试框架设计与CBT	<p><strong>1、为什	18.png	0	1702	0	1
20	2	3	实验：利用JavaScript+CSS完成一个在线时钟效果	<p><strong><spar	19.jpg	0	1561	0	1
21	2	3	实验：利用JavaScript完成一个倒计时程序	<ol class=" list-pad	20.JPG	0	2401	0	0
22	2	5	漫谈：月薪突破2万、你需要经历什么？	<p>根据强哥的经验，	21.JPG	0	2275	0	1
23	2	5	漫谈：月薪突破2万，你需要经历什么？	<p>聊大学生涯之前，	22.jpg	0	1992	0	1
24	2	1	原理：大话面向对象(六)：静态与非静态	<p></p><p><spa	23.jpg	0	880	0	0
25	2	1	原理：大话面向对象(七)：构造方法	<p></p><p><spa	24.jpg	0	916	0	0
26	2	1	原理：大话面向对象(八)：失血模型	<p><span style=";f	25.jpg	0	953	0	0
27	2	4	实验：Robot Framework(一)：安装配置	<p></p><p style="	26.jpg	0	1453	0	0
28	2	4	实验：Robot Framework(二)：基础应用	<p><span style="fc	27.jpg	5	1010	0	0
29	2	4	实验：Robot Framework(三)：Web页面GUI测试	<p></p><p style="	28.jpg	0	981	0	0
30	2	4	实验：Robot Framework(四)：HTTP协议级接口测试	<p style="margin-tc	29.jpg	3	1118	0	0

图 5-1 编者数据库中文章表的部分数据

5.1.2 代码实现

在正式编写代码之前，先确认一下项目的目录结构及功能。

（1）resource 目录：用于保存静态资源，包括缩略图、文章中上传的图片及头像等。

（2）template 目录：用于保存模板页面，供 Flask 渲染使用。

（3）controller 包：用于管理控制器层的所有源代码。

（4）model 包：用于管理模型层的所有源代码，主要用于封装数据库操作。

（5）common 包：用于管理一些公共组件，如验证码生成、邮件短信发送或数据库连接等通用功能组件。无法归类为 controller 和 model 的代码，均可在 common 包中进行管理。

（6）main.py：Flask 的入口程序，用于定义"蜗牛笔记"博客系统的程序入口及拦截器等。

对项目的目录结构进行梳理后，即可开始"蜗牛笔记"的代码实现。

1. 连接数据库

为了能够更好地利用 Flask 与 SQLAlchemy 的集成方式连接到数据库，需要对数据库的连接进行重构。在 main.py 中完成数据库连接操作，代码如下。

```python
from flask import Flask, render_template, request, session
from flask_sqlalchemy import SQLAlchemy
import os, re, pymysql
pymysql.install_as_MySQLdb()

# 此处需要手动配置静态资源和模板文件路径，因为没有使用默认名称
app = Flask(__name__, static_url_path='/', static_folder='resource',
            template_folder='template')
app.config['SECRET_KEY'] = os.urandom(24)

# 配置数据库连接操作
app.config['SQLALCHEMY_DATABASE_URI'] = \
            'mysql://root:123456@localhost:3306/woniunote?charset=utf8'
# 指定SQLAlchemy跟踪数据的更新操作为False
app.config['SQLALCHEMY_TRACK_MODIFICATIONS'] = False
# 设置连接池大小，默认为5，此处设置为100
app.config['SQLALCHEMY_POOL_SIZE'] = 100

db = SQLAlchemy(app)     # 完成数据库连接的实例化
```

为了在其他模型类中方便地调用和定义模型，需要在 common 包中新建 database.py 源文件，对 SQLAlchemy 的连接操作进行适当封装，代码如下。

```python
from sqlalchemy import MetaData

# 直接将db实例导入，并返回在模型类中需要使用到的对象
def dbconnect():
    from main import db
    dbsession = db.session
    DBase = db.Model
    metadata = MetaData(bind=db.engine)
    return (dbsession, metadata, DBase)
```

2. 定义模型类

完成了数据库连接操作后，接下来实现 model 包中的 users.py 和 article.py 代码，完成对用户表和文章表的 ORM 封装。由于文章表外键依赖于用户表，所以先完成用户表的 ORM 定义，代码如下。

```python
from sqlalchemy import Table
from common.database import dbconnect
```

```python
dbsession, md, DBase = dbconnect()    # 获取构建SQLAlchemy的3个必需对象

# 定义用户表的关系模型
class Users(DBase):
    __table__ = Table("users", md, autoload=True)
```

再完成对文章表的模型定义和常用操作。

```python
from sqlalchemy import Table
from common.database import dbconnect
from model.users import Users

dbsession, md, DBase = dbconnect()    # 获取构建SQLAlchemy的3个必需对象

# 定义文章表的关系模型
class Article(DBase):
    __table__ = Table("article", md, autoload=True)

    # 查询文章表中的所有数据并返回结果集
    def find_all(self):
        result = dbsession.query(Article).order_by(Article.articleid.desc()).all()
        return result

    # 根据id查询文章表中的唯一数据，并返回该行记录
    def find_by_id(self, articleid):
        row = dbsession.query(Article).filter_by(articleid=articleid).first()
        return row

    # 与用户表进行连接查询并获取用户信息，且只返回10条数据
    # 设计此方法的目的在于，首页不可能一次性将所有文章全部显示出来，必然要进行分页
    def find_limit_with_users(self, start, count):
        result = dbsession.query(Article, Users).join(Users, Users.userid ==
                    Article.userid).order_by(Article.articleid.desc())\
                    .limit(count).offset(start).all()
        return result
```

3. 定义控制器层代码

定义完数据模型和首页需要用到的对文章表的操作后，继续在 controller 包中创建 index.py，用于定义首页的控制器层代码。

```python
from flask import Blueprint, render_template
from model.article import Article

index = Blueprint("index", __name__)

@index.route('/')
def home():    # 注意，该函数名不能与Blueprint模块名相同
    article = Article()
    result = article.find_limit_with_users(0, 10)    # 首页只显示10条数据，暂不分页
    return render_template('index.html', result=result)
```

至此，首页的 Flask 基本功能构建完成，main.py 中的调用代码如下。

```python
if __name__ == '__main__':
    # 导入其他模块并进行注册
    from controller.index import *
    app.register_blueprint(index)

    app.run(debug=True)
```

4. 进行模板渲染

使用模板引擎对 index.html 进行数据填充。由于 Flask 只向模板页面传递了 result 的查询结果变量，所以需要在模板页面中利用 Jinja2 的语法规则进行数据填充。

```html
{% extends 'base.html' %}

{% block content %}
<!-- 中部区域布局 -->
<div class="container" style="margin-top: 20px;">
    <div class="row">
        <div class="col-sm-9 col-12" style="padding: 0 10px;" id="left">
            <!-- 轮播图组件的应用，除了修改图片路径外，其他内容可不修改 -->
            <div id="carouselExampleIndicators" class="col-12 carousel slide"
                data-ride="carousel" style="padding: 0px">
                <!-- 此处省略轮播图代码-->
            </div>

            <!-- 循环遍历result变量的值，并进行对应位置的数据填充 -->
            {% for article, users in result %}
            <div class="col-12 row article-list">
             <div class="col-sm-3 col-3 thumb d-none d-sm-block">
                    <img src="/thumb/{{article.thumbnail}}" class="img-fluid"
                        style="width: 210px; height: 125px; border-radius: 5px" />
                </div>
                <div class="col-sm-9 col-xs-12 detail">
                    <div class="title"><a href="/article/{{article.articleid}}">
                            {{article.headline}}</a></div>
                    <div class="info">
                        作者：{{users.nickname}}   
                        类别：{{article.type}}   
                        日期：{{article.createtime}}   
                        阅读：{{article.readcount}} 次   
                        消耗积分：{{article.credit}} 分</div>
                    <div class="intro">
                        <!-- 利用Jinja2的过滤器完成对文章内容摘要的处理 -->
                        {{article.content | safe | striptags | truncate(80, True)}}
                    </div>
                </div>
            </div>
            {% endfor %}

            <!-- 分页功能暂时不进行处理 -->
            <div class="col-12 paginate">
                <a href="#">上一页</a>  
                <a href="#">1</a>  
                <a href="#">2</a>  
                <a href="#">3</a>  
                <a href="#">4</a>  
                <a href="#">5</a>  
                <a href="#">下一页</a>
            </div>
        </div>

        {% include 'side.html' %}
```

```
        </div>
    </div>

{% endblock %}
```

启动 Flask，运行上述代码，访问"蜗牛笔记"博客系统的首页，即 http://127.0.0.1:5000，如果进入图 5-2 所示的页面，则说明代码运行良好。从图 5-2 中可以看到，文章标题与第 2 章中设计前端页面的内容不再相同，而是来源于数据库中文章表的真实数据。同时，分页功能、文章推荐栏以及搜索功能仍然是静态填充，还未实现前后端的功能。

图 5-2 "蜗牛笔记"博客系统首页文章列表部分截图

5.1.3 代码优化

5.1.2 节实现的代码仍然存在 3 个问题：一是文章的类别只能显示为数字；二是首页只需要显示用户名，查询数据库时却将所有用户字段全部查询出来了，降低了性能；三是有些文章是被隐藏起来的，即草稿，查询的时候应该将这些文章过滤掉。

针对文章类别无法完整显示名称而只显示类别编号的问题，通常有以下两种处理方案。

（1）在数据库中创建一张表，将编号与类别名称对应，查询时对文章表、用户表和类别表进行连接查询，并将类别名称填充到页面中。这种方案涉及 3 张表的连接，操作相对烦琐，而且所建的表更新频率较低，并非最优方案。

（2）在数据库中创建一张表，但是不进行 3 张表的查询，而是单独查询出类别表并转换为一个字典对象，将类别编号作为 Key，类别名称作为 Value。在 render_template 时将其作为第二个变量传给模板页面，在模板页面中根据文章对应的类别编号获取类别名称，类似于 type['1']= 'Python 开发'。这种方案仍然需要创建表，但是不用进行连接查询。

既然第二种方案已经将结果转换为字典对象，且类别表几乎不会更新，那么为何不直接使用硬编码来处理文章类型，直接将文章类型写在一个字典对象中呢？这样就不需要维护数据库的表了。对于这一种方案,需要强调的是,并不是所有数据都一定需要保存在数据库中,用 CSV 文件、XML 文件或者 Python 变量也可以存储一些数据,尤其是一些相对简单又固定的数据。例如,很多系统会将系统的各种配置信息存储在 XML 文件而非数据库中。

下面的代码演示了如何在 Python 代码中定义一个字典对象并注册为 Jinja2 全局函数,以直接在模板中进行调用。由于很多模块会引用文章类别的字典对象,所以需要将其定义在 main.py 中。

```python
# 定义文章类别全局函数,供模板页面直接调用
@app.context_processor
def gettype():
    type = {
        '1':'PHP开发',
        '2':'Java开发',
        '3':'Python开发',
        '4':'Web前端',
        '5':'测试开发',
        '6':'数据科学',
        '7':'网络安全',
        '8':'蜗牛杂谈'
    }
    return dict(article_type=type)
```

在 index.html 模板页面中,修改数据填充部分的文章类别的引用方式,代码如下。

```html
{% for article, users in result %}
<div class="col-12 row article-list">
    <div class="col-sm-3 col-3 thumb d-none d-sm-block">
        <img src="/thumb/{{article.thumbnail}}" class="img-fluid"/>
    </div>
    <div class="col-sm-9 col-xs-12 detail">
        <div class="title"><a href="/article/{{article.articleid}}">
                          {{article.headline}}</a></div>
        <div class="info">
              作者:{{users.nickname}}   

        <!-- 使用article.type作为Key取article_type中的值,由于article.type是一个整数类型,所以需要使用string过滤器将其转换为字符串,此后,其才能作为Key存在-->
              类别:{{article_type[article.type|string]}}   
              日期:{{article.createtime}}   
              阅读:{{article.readcount}} 次   
              消耗积分:{{article.credit}} 分</div>
        <div class="intro">
            <!-- 利用Jinja2的过滤器完成对文章内容摘要的处理 -->
            {{article.content | safe | striptags | truncate(80, True)}}
        </div>
    </div>
</div>
{% endfor %}
```

对于第二个问题,即使用 nickname 列查询出所有列导致系统性能降低的问题,在查询时通过明确指定用户表中的 nickname 字段而不是全部字段即可解决。修改 Article 模型类中的 find_limit_with_users_limit 方法的代码如下。

```
def find_limit_with_users(self, start, count):
    result = dbsession.query(Article, Users.nickname).join(Users, Users.userid ==
                    Article.userid).limit(count).offset(start).all()
    return result
```

需要注意的是，如果对多表进行连接查询时存在相同的字段，例如，在文章表和用户表中均存在"userid, createtime, updatetime"等列名，则此时SQLAlchemy框架会直接用第二张表（被连接表）中的列名来覆盖第一张表中的列名，进而出现文章的发布日期实际上是用户的注册日期的问题。而通过明确指定查询用户表（即被连接表）的列名不包含createtime或updatetime，可以有效避免这一问题。当然，如果确实需要两张表或多张表的列名都存在于结果集中，则需要在指定查询条件时对列名进行重命名。

对于第三个问题，即应隐藏的草稿文章未被过滤的问题，可继续重构find_limit_with_users方法，添加对应的过滤条件，重构后的代码如下。

```
def find_limit_with_users(self, start, count):
    result = dbsession.query(Article, Users.nickname).join(Users,
            Users.userid == Article.userid).filter(Article.hidden==0,
            Article.drafted==0, Article.checked==1) .order_by(Article.articleid.desc())
            .limit(count).offset(start).all()
    return result
```

由于Users只取得了nickname字段，所以其将不再是一个对象，而是直接显示该字段的值，上述代码返回的结果类似以下格式。

```
[(<__main__.Article object at 0x10D406D0>, '强哥'), (<__main__.Article object at 0x10D40710>, '强哥')]
```

所以，需要同步修改index.html模板页面中的文章列表部分的代码。

```
{% for article, nickname in result %}
<div class="col-12 row article-list">
    <div class="col-sm-3 col-3 thumb d-none d-sm-block">
        <img src="/thumb/{{article.thumbnail}}" class="img-fluid"/>
    </div>
    <div class="col-sm-9 col-xs-12 detail">
        <div class="title"><a href="/article/{{article.articleid}}">
                        {{article.headline}}</a></div>
        <!-- 填充作者姓名时直接填充nickname字段 -->
        <div class="info">作者：{{nickname}}   
                        类别：{{article_type[article.type|string]}}   
                        日期：{{article.createtime}}   
                        阅读：{{article.readcount}} 次   
                        消耗积分：{{article.credit}} 分</div>
        <div class="intro">
            <!-- 利用Jinja2的过滤器完成对文章内容摘要的处理 -->
            {{article.content | safe | striptags | truncate(80, True)}}
        </div>
    </div>
</div>
{% endfor %}
```

至此，首页文章列表功能已经完成，后续很多系统功能的开发过程与本节内容的流程和方法类似。主要通过4个步骤来进行开发：在模型类中进行数据库处理；在控制器中进行业务逻辑处理和模板渲染；

在模板页面中对应位置填充数据，替换静态数据；确认是否存在需要完善和优化的地方，最终完成一个功能模块。

5.2 分页浏览功能

5.2.1 开发思路

"蜗牛笔记"博客系统的首页文章列表不可能只在一页中完成显示，必然涉及分页浏览功能。分页浏览功能是各类系统的基础功能之一。其实现思路主要有两种：一种是通过前端 Ajax 渲染，页面无须刷新；另一种是通过模板引擎渲染，通过页码跳转到不同分页。无论通过哪种方式实现，其核心均基于数据库的查询结果限制功能，如 MySQL 中的 limit 关键字。

V5-2 蜗牛笔记
分页与分类功能

例如，"蜗牛笔记"博客系统每页显示 10 篇文章，前端页面提供分页导航功能。根据前端不同的页码，向后端传递一个查询参数，如/page/5，表示浏览第 5 页。后端接收到第 5 页的参数值后直接通过 limit 40, 10 的查询语句返回从第 41 条开始向后的 10 条数据给页面。再通过模板引擎将这 10 条数据渲染到模板页面。假设每页显示的文章数量为 pagesize，当前浏览页面是第 page 页，那么传递给 MySQL 的 limit 子句在程序中可以用 limit (page-1)* pagesize, pagesize 表示。

此外，还存在一个问题，如何知道所有文章一共需要分为多少页呢？直接在后端查询出整个文章表的总数，假设总数为 358 条，将其标识为 total，则总页数的计数规则为 math.ceil (total / count)，math.ceil 表示向上取整，即 358 条数据需要显示为 36 页。获取到总页数后，在模板页面中使用循环直接显示出所有页码，如果页面数量太多，则可以通过下拉列表的方式显示或者只显示当前页面的附近几页。这些操作都可以通过模板引擎的渲染或者 JavaScript 进行处理，并不复杂。

同时，在 Article 模型类中已经定义了方法 find_limit_with_users，从后端的角度来说，已经为分页做好了准备，只需要对前端页面进行渲染，并在 index 控制器中进行分页控制即可。

5.2.2 代码实现

由于要实现分页，需要获取文章表的总数量，所以需要在 Article 模型类中添加一个新的方法来获取文章总数。具体代码如下。

```
# 获取文章总数
def get_total_count(self):
    count = dbsession.query(Article.articleid).filter(Article.hidden==0,
                Article.drafted==0, Article.checked==1).count()
    return count
```

由于使用 MVC 模式来构建代码，所有针对数据库的操作都应封装在模型类中，在控制层代码中只进行调用即可，所以接下来处理控制器层代码，在 index 控制器中新建一个接口 paginate 用于处理分页功能。具体代码如下。

```
@index.route('/page/<int:page>')
def paginate(page):
    pagesize = 10
    start = (page - 1) * pagesize    # 根据当前页码定义数据的起始位置

    article = Article()
    result = article.find_limit_with_users(start, pagesize)

    total = math.ceil( (article.get_total_count() / 10)      # 根据文章总数计算总页数
```

```python
# 将相关数据传递给模板页面，并从模板引擎中调用
return render_template('index.html', result=result, page=page, total=total)
```

同时，在模板页面 index.html 的分页板块中修改代码如下。

```html
<!-- 分页功能模板代码，使用Jinja2进行数据填充 -->
<div class="col-12 paginate">
    <!-- 如果是第1页，则上一页也是第1页，否则上一页为当前页码-1 -->
    {% if page == 1 %}
    <a href="/page/1">上一页</a>  
    {% else %}
    <a href="/page/{{page - 1}}">上一页</a>  
    {% endif %}

    <!-- 根据总页数循环填充页码，并为其添加超链接以进行导航 -->
    {% for i in range(total) %}
    <a href="/page/{{i + 1}}">{{i + 1}}</a>  
    {% endfor %}

    <!-- 如果是最后一页，则下一页也是最后一页，否则下一页为当前页码+1 -->
    {% if page == total %}
    <a href="/page/{{page}}">下一页</a>
    {% else %}
    <a href="/page/{{page + 1}}">下一页</a>
    {% endif %}
</div>
```

但是现在产生了新的问题，浏览首页时必须使用网址"http://127.0.0.1:5000/page/1"，而使用网址"http://127.0.0.1:5000/"时会出错，因为控制器的 home 接口代码中并无 page 和 total 数据，所以需要进一步修改 home 接口的代码。

```python
@index.route('/')
def home():
    article = Article()
    result = article.find_limit_with_users(0, 10)
    total = math.ceil(article.get_total_count() / 10)
    return render_template('index.html', result=result, page=1, total=total)
```

5.3 文章分类浏览功能

5.3.1 开发思路

在分类导航区域中有文章分类，如果用户对某一类文章感兴趣，则可以直接通过文章分类导航进入分类页面，专门浏览这一类别的文章列表。要开发分类浏览功能，只需要解决以下两个问题。

（1）单击文章分类超链接后，直接浏览该类别下所有文章的列表。从本质上来说，后端数据库只是简单地对文章类别进行过滤而已。例如，选择"Python 开发"类别后，对应的超链接是"http://127.0.0.1:5000/type/1"，则后端获取该 URL 地址的类别编号，以此过滤文章表中的数据。

（2）分类页面依然存在很多文章，所以需要进行分页。显然，不能再使用"http://127.0.0.1:5000/page/2"这样的网址，那么可能的网址会被设计为类似"http://127.0.0.1:5000/type/1/page/2"的格式，这种风格的网址通常是不建议使用的，可以将其优化为 http://127.0.0.1:5000/type/1-2 的格式。其中，type 是接口地址，表示文章分类，其后的参数 1-2 可以使用 split 函数进行切分，前面的数字 1 表示类别，后面的数字 2 表示页码。

5.3.2 代码实现

首先，在 Article 模型类中添加一个新的方法 find_by_type，用于过滤某一类别的文章，并根据文章类别重新计算文章总数，以便进行分页处理。

```python
# 根据文章类别查询文章，并进行分页查询
def find_by_type(self, type, start, count):
    result = dbsession.query(Article, Users.nickname).join(Users,
                Users.userid == Article.userid).filter(Article.hidden == 0,
                Article.drafted == 0, Article.checked == 1, Article.type==type)\
                .order_by(Article.articleid.desc()).limit(count).offset(start).all()
    return result

# 根据文章类别获取文章数量
def get_count_by_type(self, type):
    count = dbsession.query(Article.articleid).filter(Article.hidden == 0,
                Article.drafted == 0, Article.checked == 1, Article.type == type).count()
    return count
```

其次，在 controller 包中创建 type.py，用于进行分类浏览的接口操作，代码如下。

```python
from flask import Blueprint, render_template
from model.article import Article
import math

type = Blueprint("type", __name__)

@type.route('/type/<string>')
def classify(string):
    # 前端传过来的string的格式为 1-1、2-3，所以需要使用split将其拆分为type和page
    type = int(string.split('-')[0])
    page = int(string.split('-')[1])

    pagesize = 10
    start = (page - 1) * pagesize    # 根据当前页码定义数据的起始位置

    article = Article()
    result = article.find_by_type(type, start, pagesize)

    total = math.ceil(article.get_count_by_type(type) / pagesize)    # 计算总页数

    # 由于分类页面与首页文章列表功能一致，所以直接使用index.html作为模板页面
    return render_template('index.html', result=result, page=page, total=total)
```

由于新增了控制器和 Blueprint 模块，所以需要在 main.py 中引用该模块。

```python
from controller.type import *
app.register_blueprint(type)
```

现在输入网址"http://127.0.0.1:5000/type/1-2"即可访问第1个分类的第2页。但是在分类导航区域中，并没有为其设置正确的超链接，之前的默认超链接是"/type/1"，而不是"/type/1-1"，所以需要修改。编辑 base.html 页面，在分类导航区域中修改分类导航超链接，代码如下。

```html
<div class="navbar-nav">
    <a class="nav-item nav-link" href="/type/1-1">PHP开发</a>
    <a class="nav-item nav-link" href="/type/2-1">Java开发</a>
    <a class="nav-item nav-link" href="/type/3-1">Python开发</a>
```

```
        <a class="nav-item nav-link" href="/type/4-1">Web前端</a>
        <a class="nav-item nav-link" href="/type/5-1">测试开发</a>
        <a class="nav-item nav-link" href="/type/6-1">数据科学</a>
        <a class="nav-item nav-link" href="/type/7-1">网络安全</a>
        <a class="nav-item nav-link" href="/type/8-1">蜗牛杂谈</a>
</div>
```

在 5.1.3 节中已经为文章类别定义了字典对象并注册给模板页面调用，所以分类导航区域可以通过直接遍历 article_type 字典对象来进行动态填充，优化后的代码如下。

```
<div class="navbar-nav">
    <!-- 直接使用自定义函数article_type进行动态填充 -->
    {% for key, value in article_type.items() %}
    <a class="nav-item nav-link" href="/type/{{key}}-1">{{value}}</a>
    {% endfor %}
</div>
```

此时，还有一个问题需要解决，即当试图访问分类页面的前一页或者后一页时，超链接依然是"/page/2"，而不是"/type/1-2"。这是因为在渲染分类页面时，使用的依然是 index.html 模板，所以需要复制 index.html 模板页面为 type.html，并在接口方法中重新渲染，代码如下。

```
# 分类页面的classify接口代码，为type赋值，用于分页超链接
return render_template('type.html', result=result, page=page, total=total, type=type)
```

最后，在 type.html 模板页面中，修改分页代码如下。

```
<!-- 分页功能模板代码，使用Jinja2进行数据填充 -->
<div class="col-12 paginate">
    {% if page == 1 %}
    <a href="/type/{{type}}-1">上一页</a>  
    {% else %}
    <a href="/type/{{type}}-{{page - 1}}">上一页</a>  
    {% endif %}

    {% for i in range(total) %}
    <a href="/type/{{type}}-{{i + 1}}">{{i + 1}}</a>  
    {% endfor %}

    {% if page == total %}
    <a href="/type/{{type}}-{{page}}">下一页</a>
    {% else %}
    <a href="/type/{{type}}-{{page + 1}}">下一页</a>
    {% endif %}
</div>
```

5.4 文章搜索功能

5.4.1 开发思路

搜索功能是一个网站的标配功能，以便用户能够快速地找到自己感兴趣的内容。"蜗牛笔记"博客系统的文章搜索功能也是为了这一目的而设计的。要实现文章搜索功能，需要解决以下 6 个问题。

（1）在前端提供一个文本框供用户输入，这是必需的。但是对于一个 Web 系统来说，一旦给用户提供了可以输入的地方，就意味着无法控制用户的行为，用户可能会随意地进行输入，甚至对系统进行攻击。所以前端页面一定要对用户的输入进行判断，只有当用户的输入符合要求时才交由后端处理。

（2）对用户的输入进行判断，使用 JavaScript 或 jQuery 代码进行处理。如果输入不合法，则不发送请求给服务器端，直接使用 JavaScript 代码 "return false" 即可中止代码运行。

（3）为了方便用户的操作，可以增加回车事件，当用户在输入框中输入完成后直接按回车键即可进行搜索。

（4）如果只有前端对用户输入进行校验，后端不进行校验，那么后端仍然存在安全隐患。例如，某些用户可以绕过前端校验，直接向服务器发送请求数据（使用各类接口测试工具，如 Postman、Fiddler 等均可完成此操作），或者直接输入 URL 地址进行操作（如直接通过搜索地址 "/search/不合法关键字" 进行访问）。所以对于用户的输入数据，前后端都需要校验。例如，用户输入 "%"，这是 SQL 语句中的模糊查询关键字，如果用户输入此符号进行查询，则相当于查询整个数据表中的内容，不符合搜索的要求。如果只在前端进行了校验，而后端没有校验，那么只要绕开前端直接发送请求，后端一样会返回全部数据。

（5）针对用户的输入，应该搜索文章表中的哪些字段呢？是只搜索标题，还是标题和内容均包含在搜索范围中呢？通常而言，由于文章内容的搜索量太大，不建议通过数据库的模糊匹配方式进行内容的搜索，这样会显著降低数据库查询性能。所以本节内容以搜索文章标题为主，对于文章内容的搜索，标准的解决方案是使用全文搜索，本书第 9 章中将专门讲解这一技术。

（6）搜索结果页面与首页功能类似，所以直接将 index.html 模板页面复制为 search.html 来作为结果展示页面的模板即可。

5.4.2　后端实现

首先，为 Article 模型类新增一个方法，用于对文章标题进行模糊查询。

```
# 根据文章标题进行模糊搜索，暂不考虑分页
def find_by_headline(self, headline):
    result = dbsession.query(Article, Users.nickname).join(Users,
                Users.userid == Article.userid).filter(Article.hidden == 0,
                Article.drafted == 0, Article.checked == 1,
                Article.headline.like('%' + headline + '%'))\
                .order_by(Article.articleid.desc()).all()
    return result
```

其次，在 controller 包中新增 article.py，用于定义搜索接口，并实现基础代码，以便于前端发送请求到该接口。

```
from flask import Blueprint, render_template
from model.article import Article

article = Blueprint("article", __name__)

@article.route('/search/<keyword>')
def search(keyword):
    article = Article()
    result = article.find_by_headline(keyword)
    # 继续使用首页模板进行渲染，由于不考虑分页，因此不用传递总页数和页码等变量
    return render_template('search.html', result=result)
```

至此，文章标题搜索功能的后端接口/search/<keyword>便完成了基本功能的实现。由于没有完成前端搜索框的功能，所以无法在页面中进行搜索。但是此时已经可以通过在浏览器的地址栏中输入网址进行搜索，例如，"http://127.0.0.1:5000/search/Web" 表示搜索标题中含 "Web" 关键字的文章，搜索结果如图 5-3 所示。

图 5-3　搜索结果

但是这样还不够，因为后端的代码中并没有对用户的输入进行校验，所以还需继续进行完善。无论是在前端还是后端进行校验，首先都需要明确校验规则。例如，用户搜索的关键字可以按照以下 4 条规则来校验。

（1）关键字不能为空。
（2）关键字不能为%。
（3）关键字不能全是空格。
（4）关键字不能超过 10 个字符。

具体的校验代码如下。

```python
from flask import Blueprint, render_template, abort
from model.article import Article

article = Blueprint("article", __name__)

@article.route('/search/<keyword>')
def search(keyword):
    keyword = keyword.strip()    # 去除关键字前后的空格
    if keyword is None or '%' in keyword or len(keyword)>10:
        abort(404)        # 如果出错，则直接响应404或500页面，或进入某个提醒页面
    article = Article()
    result = article.find_by_headline(keyword)
    # 继续使用首页模板进行渲染，由于不考虑分页，因此不用传递总页数和页码等参数
    return render_template('search.html', result=result)
```

5.4.3　前端实现

文章搜索的后端接口已经实现，现在需要在前端页面中开发 JavaScript 代码完成用户的交互操作。

在 side.html 页面中定义<script></script>标记，完成前端处理用户输入和发送搜索请求的代码。

```javascript
<script type="text/javascript">
    function doSearch() {
        // 利用jQuery的ID选择器获取搜索文本框的值，并去除前后空格
        var keyword = $.trim($("#keyword").val());
        // 如果关键字为空，或长度大于10，或包含%，则表示关键字无效，代码结束运行
        if (keyword.length == 0 || keyword.length > 10 || keyword.indexOf("%") >= 0) {
            window.alert('你输入的关键字不合法.');    // 提示用户
            $("#keyword").focus();                  // 使文本框获取到焦点，以方便用户输入
            return false;
        }
        // 如果keyword满足条件，则直接将页面跳转至/search/<keyword>
        location.href = '/search/' + keyword;
    }
</script>
```

由于搜索栏在 side.html 页面中，所以需要修改该页面，使搜索按钮可以调用 JavaScript 的 doSearch 函数，修改代码如下。

```html
<div class="col-4" style="text-align:right;">
  <button type="button" class="btn btn-primary" onclick="doSearch()">搜索</button>
</div>
```

默认的 Web 页面的提示对话框风格比较单调，采用 bootbox 插件可以对其进行优化。bootbox 是一个基于 Bootstrap 的插件，基于 Bootstrap 模态框的风格显示提示对话框。下载并在 base.html 文件中引入 bootbox.js 库后，使其弹出一个对话框的基本用法如下。

```javascript
bootbox.alert('你输入的关键字不合法.');    // 最基本的用法
bootbox.alert({title:'错误提示', message:'你输入的关键字不合法.'});  // 设定弹窗标题
// 处理确认框
bootbox.confirm("你确定要删除这条数据吗？", function(result){
    if (result == true) {
        // 表示单击的是确认框中的"确定"按钮
    }
});
```

为了方便用户进行搜索，可为搜索文本框绑定回车事件。为文本框添加 onkeyup 事件来响应键盘，并将 JavaScript 的对象 event 作为参数传递给处理函数，进而判断键盘按键的编码是否为回车键来实现回车响应。

base.html 中的 JavaScript 代码如下，引入了公共库。

```html
<script type="text/javascript" src="/js/bootbox.min.js"></script>
```

side.html 中的搜索栏的 HTML 代码如下。

```html
<div class="col-8">
    <input type="text" class="form-control" id="keyword" placeholder="请输入关键字"
                      onkeyup="doSearch(event)" />
</div>
<div class="col-4" style="text-align:right;">
    <button type="button" class="btn btn-primary" onclick="doSearch(null)"> 搜 索
</button>
</div>
```

side.html 中的搜索栏的 JavaScript 代码如下。

```javascript
<script type="text/javascript">
    function doSearch(e) {
        // 如果参数e有值，但是对应的键盘编码不是13（13表示回车键），则不做响应
        if (e != null && e.keyCode != 13) {
            return false;
        }
```

```
        // 利用jQuery的ID选择器获取搜索文本框的值，并去除前后空格
        var keyword = $.trim($("#keyword").val());
        // 如果关键字为空，或长度大于10，或包含%，则表示关键字无效，代码结束运行
        if (keyword.length == 0 || keyword.length > 10 || keyword.indexOf("%") >= 0) {
            bootbox.alert({title:'错误提示', message:'你输入的关键字不合法.'});
            $("#keyword").focus();          // 使文本框获取到焦点，以方便用户输入
            return false;
        }
        // 如果keyword满足条件，则直接将页面跳转至/search/<keyword>
        location.href = '/search/' + keyword;
    }
</script>
```

5.4.4 搜索分页

基于当前的代码，搜索结果已经可以正常显示，但是没有实现分页功能，当用户的搜索结果比较多的时候，页面显示将变得很长，不利于浏览。所以需要对搜索结果进行分页处理，参考分类页面的处理方式，定义 URL 地址格式为"/search/<page>-<keyword>"。

首先，重构 Article 模型类的 find_by_headline 方法，添加分页参数。

```
# 根据文章标题进行模糊搜索，并实现分页
def find_by_headline(self, headline, start, count):
    result = dbsession.query(Article, Users.nickname).join(Users,
            Users.userid == Article.userid).filter(Article.hidden==0,
            Article.drafted==0, Article.checked == 1, Article.headline.like('%' + headline + '%'))
            .order_by(Article.articleid.desc()).limit(count).offset(start).all()
    return result

# 根据文章标题进行模糊搜索，返回结果数量
def get_count_by_headline(self, headline):
    count = dbsession.query(Article.articleid).filter(Article.hidden==0,
            Article.drafted==0, Article.checked == 1,
            Article.headline.like('%' + headline + '%')).count()
    return count
```

其次，重构 article.py 控制器中的 search 接口。注意 HTML 模板页面中的分页需要对应正确的超链接。由于每一次访问搜索结果的分页数据时都需要利用这个搜索关键字到数据库中查询一次结果，所以分页地址必须带上搜索关键字。

```
@article.route('/search/<int:page>-<keyword>')        # /search/1-web
# @article.route('/search/<keyword>/<int:page>')      # 也可以是/search/web/1
def search(page, keyword):
    keyword = keyword.strip()      # 去除关键字前后空格
    if keyword is None or '%' in keyword or len(keyword)>10:
        abort(404)         # 如果出错，则直接响应404或500页面，或进入其他提醒页面
    pagesize = 10
    start = (page - 1) * pagesize

    article = Article()
    result = article.find_by_headline(keyword, start, pagesize)

    total = math.ceil(article.get_count_by_headline(keyword) / pagesize)

    return render_template('search.html', result=result, page=page, total=total,
keyword=keyword)
```

再次，为模板页面 search.html 添加分页代码。

```
<div class="col-12 paginate">
    {% if page == 1 %}
```

```
        <a href="/search/1-{{keyword}}">上一页</a>  
    {% else %}
        <a href="/search/{{page-1}}-{{keyword}}">上一页</a>  
    {% endif %}

    {% for i in range(total) %}
        <a href="/search/{{i+1}}-{{keyword}}">{{i + 1}}</a>  
    {% endfor %}

    {% if page == total %}
        <a href="/search/{{page}}-{{keyword}}">下一页</a>
    {% else %}
        <a href="/search/{{page + 1}}-{{keyword}}">下一页</a>
    {% endif %}
</div>
```

最后，在 doSearch 函数中修改搜索地址，完成搜索分页功能。例如，以 1 开头表示搜索完成后将默认显示第 1 页的内容。

```
location.href = '/search/1-' + keyword;
```

5.5 文章推荐功能

5.5.1 开发思路

为了让用户能够快速找到有价值的文章，"蜗牛笔记"博客系统在很多页面中放置了显示推荐文章的侧边栏。对于一个博客系统来说，通常可以从以下 3 个维度来推荐文章。

（1）最新发布的文章。按照文章的发布时间倒序显示前 9 篇文章。之所以推荐为 9 篇，是因为 1~9 只有 1 位数字，排版比较工整。

（2）阅读次数最多的文章。按照文章的阅读量进行倒序排列，并取前 9 篇。

（3）特别推荐的文章，通常是由管理员在后端直接指定一些比较有价值的文章进行推荐。如果有价值的文章高于 9 篇，则可以随机显示其中的 9 篇，这样每一次刷新可以看到不完全一样的文章。要实现随机功能，只需要使用 MySQL 的 rand 函数进行随机排序，再使用 limit 限制其数量即可。在 SQLAlchemy 中，通过 func 来调用 rand 函数进行随机排序。

由于侧边栏有 3 个推荐栏位，所以需要完成 3 次不同的 SQL 查询，并传递 3 个不同的模板变量给 side.html 页面。另外，基于开发时的需求，也可以推荐评论最多或者收藏最多的文章，其开发思路完全一致，本书不再单独对其进行讲解。

5.5.2 代码实现

首先，在 Article 模型类中完成 3 种文章推荐类型的数据查询。

```
# 查询最新发布的9篇文章
def find_last_9(self):
    result = dbsession.query(Article.articleid, Article.headline).filter(
            Article.hidden == 0, Article.drafted == 0,
            Article.checked == 1).order_by(Article.articleid.desc()).limit(9).all()
    return result

# 查询阅读次数最多的9篇文章
def find_most_9(self):
    result = dbsession.query(Article.articleid, Article.headline).filter(
            Article.hidden == 0, Article.drafted == 0,
```

```
            Article.checked == 1).order_by(Article.readcount.desc()).limit(9).all()
        return result

# 查询特别推荐的9篇文章,从所有推荐文章中随机挑选9篇
def find_recommended_9(self):
        result = dbsession.query(Article.articleid, Article.headline).filter(
                Article.hidden == 0, Article.drafted == 0, Article.checked == 1,
                Article.recommended == 1).order_by(func.rand()).limit(9).all()
        return result
```

完成了模型类的方法定义后,出现了一个新的问题:side.html 模板页面应该由哪一个控制器来进行渲染呢?因为 side.html 页面作为一个公共模板页面被引用到了很多页面中,所以在每一个引用它的页面中都需要进行渲染,没有捷径。目前,被引用到的页面主要包括首页、首页分页、文章分类和搜索页面。

为了简化操作,减少代码量,在 Article 模型类中新增 find_last_most_recommended 方法,用于一次性返回 3 种推荐类型的结果集并供控制器调用。

```
# 一次性返回3种类型的推荐
def find_last_most_recommeded(self):
        last = self.find_last_9()
        most = self.find_most_9()
        recommended = self.find_recommended_9()
        return last, most, recommended
```

其次,重构控制器代码,此处以 home 接口为例进行介绍,其他接口的代码可原样复制。

```
@index.route('/')
def home():
        article = Article()
        result = article.find_limit_with_users(0, 10)
        total = math.ceil(article.get_total_count() / 10)
        last, most, recommended = article.find_last_most_recommeded()
        return render_template('index.html', result=result, page=1, total=total,
                               last=last, most=most, recommended=recommended)
```

最后,在 side.html 模板页面中进行数据填充,代码如下。

```
<div class="col-12 side">
    <div class="tip">最新文章</div>
    <ul>
        <!-- loop.index 是Jinja2的循环计数器,从1开始循环计数 -->
        {% for row in last %}
        <!-- 为truncate设置参数,其中,'...'表示自动在截断处加上...,0表示不设置偏差 -->
        <li><a href="/article/{{row.articleid}}">{{loop.index}}. {{row.headline |
            truncate(12)}}</a></li>
        {% endfor %}
    </ul>
</div>

<div class="col-12 side">
    <div class="tip">最多阅读</div>
    <ul>
        {% for row in most %}
        <li><a href="/article/{{row.articleid}}">{{loop.index}}. {{row.headline |
            truncate(12)}}</a></li>
        {% endfor %}
    </ul>
</div>

<div class="col-12 side">
```

```
<div class="tip">特别推荐</div>
<ul>
    {% for row in recommended %}
    <li><a href="/article/{{row.articleid}}">{{loop.index}}. {{row.headline |
        truncate(12) }}</a></li>
    {% endfor %}
</ul>
</div>
```

5.5.3 重写 truncate 过滤器

在进行文章推荐栏的标题填充时，考虑到不同的文章标题长度不一致的问题，需要使用 Jinja2 的 truncate 过滤器对标题进行截取，以使一个标题显示在一行内。使用 truncate 过滤器截取标题的效果如图 5-4 所示。

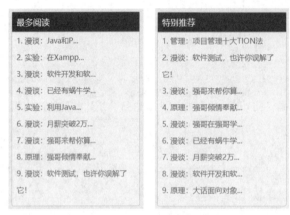

图 5-4　使用 truncate 过滤器截取标题的效果

上述的标题截取效果乍看似乎没有什么问题，但是仔细分析会发现，无论是中文还是英文，包括结尾的英文符号，均被处理为一个字符的长度。这就导致如果标题中英文字符过多，则标题会显得非常短，既不够美观和整齐，又无法给用户传递更多信息。实际情况中，英文（ASCII 码值小于 128）占 2.5 个字符，中文占 1 个字符。所以应重构 truncate 过滤器或自定义一个功能与 truncate 类似的过滤器，使之能够正确处理字符的长度。下面的代码创建了能够处理中文和英文截取长度的自定义过滤器。

```
# 通过自定义过滤器来重构truncate原生过滤器
def mytruncate(s, length, end='...'):
    count = 0
    new = ''
    for c in s:
        new += c    # 每循环一次，就将一个字符添加到new字符串后面
        if ord(c) <= 128:
            count += 0.5
        else:
            count += 1
        if count > length:
            break
    return new + end
# 注册mytruncate过滤器
app.jinja_env.filters.update(truncate=mytruncate)
```

处理完成后，在文章推荐栏中便可以正确地显示标题的长度，看上去也更加美观，同时，文章的内容摘要也需要进行截取，由于调用了相同的过滤器，所以取得了相同的效果，根据页面显示的实际情况，

只需要适当调整一下截取长度以匹配页面宽度即可。

5.5.4 前端渲染侧边栏

V5-3 使用 JavaScript 渲染侧边栏

文章推荐功能是一个公共页面,存在于各个功能模块中,如果通过后端模板引擎进行渲染,则必须为相关的所有控制器进行渲染,代码改动很大。面对此类问题,有没有更加方便的一次性的解决方案呢?其实不通过后端进行渲染,而是直接使用 JavaScript 获取到后端数据后在前端页面进行渲染也是可行的。这样可以不用关心后端已经完成的控制器代码,只需要获取到其数据即可。前端渲染的前提是需要后端响应可识别的数据而不是 Python 对象给前端,所以需要在响应时将查询到的数据转换为 JSON 格式。

首先,在 article 控制器中为前端渲染侧边栏添加一个接口,并实现 JSON 数据响应。为了减少前端请求次数,直接通过一次请求将 3 种推荐类型整合到一个 JSON 数据中响应给前端。

```
# 将所有推荐文章一次性响应给前端,也可以通过使用3个接口响应3次来实现
@article.route('/recommend')
def recommend():
    article = Article()
    last, most, recommended = article.find_last_most_recommended()
    # 将3种推荐数据添加到一个更大的列表中
    list = []
    list.append(last)
    list.append(most)
    list.append(recommended)
    # 由于JavaScript无法识别Python的元组格式(),所以将其转换为JSON格式并返回
    # 由于last的原始格式是[(),()],所以list对象中的格式为[[(),()], [(),()]]
    # 转换成JSON数据后即变为[[[],[]], [[],[]]]
    return jsonify(list)
```

上述代码完成后,可以通过直接访问 http://127.0.0.1:5000/recommend 看到响应的 JSON 数据。

其次,利用 jQuery 重写 side.html 代码,定义 3 个推荐栏的 ID 以便于 jQuery 操作。

```
<!-- 利用前端JavaScript进行渲染 -->
<div class="col-12 side">
    <div class="tip">最新文章</div>
    <ul id="last"></ul>
</div>

<div class="col-12 side">
    <div class="tip">最多阅读</div>
    <ul id="most"></ul>
</div>

<div class="col-12 side">
    <div class="tip">特别推荐</div>
    <ul id="recommended"></ul>
</div>
```

最后,编写 jQuery 代码进行渲染。jQuery 的代码可以放在 base.html 页面中,也可以放在 side.html 页面中。由于 base.html 页面会用于后端管理,而后端管理不需要侧边栏,所以建议将 jQuery 代码放在 side.html 中处理。

```
<script type="text/javascript">
    // 由于是前端渲染,所以需要利用JavaScript代码实现标题长度的截取
    function truncate(headline, length) {
        var count = 0;
```

```javascript
            var output = "";
            for (var i in headline) {
                output += headline.charAt(i);
                code = headline.charCodeAt(i);
                if (code <= 128) {
                    count += 0.5;
                }
                else {
                    count += 1;
                }
                if (count > length) {
                    break;
                }
            }
            return output + "...";
        }

        $(document).ready(function(){        // 页面加载完成后即运行
            $.get('/recommend', function(data){
                // 分别取得JSON数据中的3种类型的数据
                var lastData = data[0];
                var mostData = data[1];
                var recommendedData = data[2];

                for (var i in lastData) {
                    var articleid = lastData[i][0];
                    var headline = truncate(lastData[i][1], 14);
                    var id = parseInt(i) + 1;
                    // 通过元素的append方法为其添加内容，为<ul>添加<li>列表项
                    $("#last").append('<li><a href="/article/' + articleid + '">' +
                            id + '.  ' + headline + '</a></li>');
                }

                for (var i in mostData) {
                    var articleid = mostData[i][0];
                    var headline = truncate(mostData[i][1], 14);
                    var id = parseInt(i) + 1;
                    // 通过元素的append方法为其添加内容，为<ul>添加<li>列表项
                    $("#most").append('<li><a href="/article/' + articleid + '">' +
                            id + '.  ' + headline + '</a></li>');
                }

                for (var i in recommendedData) {
                    var articleid = recommendedData[i][0];
                    var headline = truncate(recommendedData[i][1], 14);
                    var id = parseInt(i) + 1;
                    // 通过元素的append方法为其添加内容，为<ul>添加<li>列表项
                    $("#recommended").append('<li><a href="/article/' + articleid + '">'+
                            id + '.  ' + headline + '</a></li>');
                }
            });
        });
</script>
```

上述代码中同样使用 JavaScript 实现了 truncate 函数功能，其实现原理和思路与重写 Jinja2 的 truncate 过滤器完全一致。同时，truncate 函数有可能用于其他页面，因此可以将其放在 base.html 页

面中，或者保存于一个 JavaScript 文件中在 base.html 页面中进行导入。因为后续的功能实现中还有很多公共的函数需要开发，所以最好将这些公共函数放在一个单独的 JavaScript 文件中，而不是内嵌在页面中。

完成了上述代码的开发后，无论哪个页面，只要加载 side.html，JavaScript 都会自动向/recommend 接口发送请求获取推荐文章数据并完成侧边栏填充，后端不需要额外开发其他代码。

5.5.5 使用 Vue 渲染侧边栏

V5-4 使用 Vue 渲染侧边栏

通过前面对文章推荐栏进行 JavaScript 代码渲染可以看出，通过 jQuery 进行前端渲染的过程是比较烦琐的，而通过后端模板引擎进行数据渲染显得代码的可读性和层次感更强。事实上，在前端进行渲染时，目前业界比较流行使用模板引擎而不是字符串拼接。其中比较典型的就是 Art-Template 和 Vue，Art-Template 是更纯粹的前端模板引擎，而 Vue 的功能更强大，目前 Vue 是主流的前端框架之一。本节将通过前端渲染的方式，简单地介绍 Vue 前端框架的用法。

事实上，无论是前端还是后端的模板引擎，本质上都在解决一个问题，即使动态数据与 HTML 标签共存而不显得杂乱，减少 HTML 标签和代码混合后可读性及维护性变差的问题。

先来了解一下 Vue 的模板引擎的基本用法，此处定义一个 JSON 数据格式（模拟从后端响应 JSON）以动态填充一个表格的内容，参考 4.2.5 节模板引擎的应用示例。Vue 的基础代码及注释如下。

```html
<!DOCTYPE html>
<html lang="en">
<head>
    <meta charset="UTF-8">
    <title>Vue填充图书信息</title>
    <!-- 导入Vue库 -->
    <script src="https://cdn.jsdelivr.net/npm/vue/dist/vue.js"></script>
</head>
<body>
    <table width="500" border="1" align="center" cellpadding="5">
        <tr>
            <td width="20%">编号</td>
            <td width="30%">书名</td>
            <td width="30%">作者</td>
            <td width="20%">价格</td>
        </tr>
        <tbody id="booklist">
            <!-- 使用Vue语法v-for进行循环，book和index对应数据和下标 -->
            <!-- 如果不需要index，则直接使用v-for="book in content"即可 -->
            <!-- 也可使用更多遍历方式，如v-for="(book, key, index) in content" -->
            <!-- Vue默认使用{{var}}来引用变量，在实例化Vue时可自定义分隔符 -->
            <tr v-for="(book, index) in content">
                <td>{{book.id}}</td>
                <!-- 由于超链接是动态渲染，所以必须使用v-bind进行处理 -->
                <!-- 由于超链接是字符串和模板变量拼接，所以字符串要加引号 -->
                <td><a v-bind:href="'http://127.0.0.1:5000/' + book.id">{{book.title}}
                    </a></td>
                <td>{{book.author}}</td>
                <td>{{book.price}}</td>
            </tr>
        </tbody>
    </table>
```

```
<!--用于渲染模版-->
<script>
    var books = [
        {'id':1, 'title':'PHP教程', 'author':'张三', 'price': 52},
        {'id':2, 'title':'Python教程', 'author':'李四', 'price': 36},
        {'id':3, 'title':'Java教程', 'author':'王五', 'price': 68}];
    // 实例化Vue，指定JSON数据给content并绑定booklist的表格元素
    var v = new Vue({
        el: '#booklist',            // 指定要动态绑定的HTML元素
        data: {content: books},     // 指定对应的动态渲染的内容
        // delimiters: ['${', '}']      // 也可以自定义分隔符，以免与Jinja2产生冲突
    });
</script>
</body>
</html>
```

上述代码就是 Vue 针对 JSON 数据的标准填充方式，相对于使用 jQuery 来说，代码更加简洁，可读性也更强。在 Vue 中，只需要在 HTML 标签位置通过类似于指定 HTML 属性的方式添加相应的 Vue 标签即可，其对标签和排版等均不产生太大的影响。

有了上述的 Vue 模板引擎基础后，下面对文章推荐栏进行前端渲染，重构后的 side.html 页面的代码如下：

```
<!-- 模板页面布局保持不变，与后端引擎类似，添加Vue标签即可 -->
<div class="col-12 side">
    <div class="tip">最新文章</div>
    <ul id="last">
        <li v-for="(article,index) in content">
            <a v-bind:href="'/article/' + article[0]">
            ${index+1}. ${article[1].substr(0,15)}...
            </a></li>
    </ul>
</div>

<div class="col-12 side">
    <div class="tip">最多阅读</div>
    <ul id="most">
        <li v-for="(article,index) in content">
            <a v-bind:href="'/article/' + article[0]">
            ${index+1}. ${article[1].substr(0,15)}...
            </a></li>
    </ul>
</div>

<div class="col-12 side" id="fixedmenu">
    <div class="tip">特别推荐</div>
    <ul id="recommended">
        <li v-for="(article,index) in content">
            <a v-bind:href="'/article/' + article[0]">
            ${index+1}. ${article[1].substr(0,15)}...
            </a></li>
    </ul>
</div>

<!--向接口/recommend发送请求以获取JSON数据，并使用Vue绑定相应元素 -->
<script src="https://cdn.jsdelivr.net/npm/vue/dist/vue.js"></script>
```

```
$(document).ready(function(){
    $.get('/recommend', function(data) {
        // 分别取得JSON数据中的3种类型的数据
        var lastData = data[0];
        var mostData = data[1];
        var recommendedData = data[2];
        var v1 = new Vue({
            el: '#last',          // 指定要动态绑定的HTML元素
            data: {content: lastData},    // 指定对应的动态渲染的内容
            delimiters: ['${', '}'],      // 定义分隔符为 ${var}
        });
        var v2 = new Vue({
            el: '#most',
            data: {content: mostData},
            delimiters: ['${', '}'],      // 定义分隔符为 ${var}
        });
        var v3 = new Vue({
            el: '#recommended',
            data: {content: recommendedData},
            delimiters: ['${', '}'],      // 定义分隔符为 ${var}
        });
    });
});
```

通过上述演示可以发现，Vue 其实是比较简单的，特别是对后端引擎和前端 JavaScript 比较熟悉后，再学习 Vue 是比较容易上手的。Vue 之所以能成为目前最为流行的前端框架之一，除了因为其提供了简洁的语法和容易上手之外，还因为其具有很多强大的功能，可以显著提高前端开发人员的效率。这里仅通过代码演示使读者了解 Vue 的用法，并使读者对前端渲染有更加深刻的认知。

5.5.6　侧边栏始终停靠

当首页或者文章阅读页面比较长时，向下滚动页面，侧边栏便会消失，此时页面右侧是空的，而左侧显得比较窄，排版不美观，且右侧的相关推荐无法显示在页面中，如图 5-5 所示。

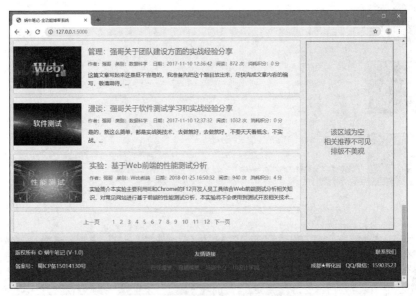

图 5-5　向下滚动页面时侧边栏消失

要优化侧边栏停靠的问题，可以利用 JavaScript 代码触发滚动事件进行响应和判断，以重新设置某个侧边栏的位置。这里为 side.html 页面添加如下 JavaScript 代码即可。

```javascript
$(document).ready(function(){
    var fixedDiv = document.getElementById("fixedmenu");
    var H = 0;
    var Y = fixedDiv;
    while (Y) {
        H += Y.offsetTop;
        Y = Y.offsetParent;
    }

    // 当页面滚动时，触发下述代码执行，以判断是否到顶
    window.onscroll = function() {
        var s = document.body.scrollTop || document.documentElement.scrollTop;
        if(s>H+500) {
            fixedDiv.style = "position:fixed; top:0; margin-top:0; width: 306px;";
        } else {
            fixedDiv.style = "";
        }
    }
}));
```

上述代码中的 fixedmenu 是侧边栏的 3 种类型之一的 ID 属性。为哪个侧边栏设置 fixedmenu 的 ID 属性，哪个侧边栏就会一直居于右侧。下述代码用于设置特别推荐栏始终停靠。

```html
<div class="col-12 side" id="fixedmenu">
    <div class="tip">特别推荐</div>
    <ul id="recommended"></ul>
</div>
```

特别推荐栏始终停靠效果如图 5-6 所示。

图 5-6　特别推荐栏始终停靠效果

但是实现了这一功能后,在 PC 端浏览器中显示正常,在移动端浏览器中就会导致特别推荐栏直接跳到页面的最顶层。所以建议通过 JavaScript 判断当前浏览器属于移动端还是 PC 端,进而决定进行哪种响应。对上述代码进行优化如下。

```
$(document).ready(function(){
    // 利用浏览器的userAgent属性判断浏览器的类型
    var userAgentInfo = navigator.userAgent.toLowerCase();
    var agents = ["android", "iphone", "symbianOS", "windows phone", "ipad", "ipod"];
    var flag = true;    // 表示这是PC端
    for (var v = 0; v < agents.length; v++) {
        if (userAgentInfo.indexOf(agents[v]) >= 0) {
            flag = false;    // 表示这是移动端
            break;
        }
    }

    // 当为PC端时,侧边栏右侧停靠
    if (flag == true) {
        var fixedDiv = document.getElementById("fixedmenu");
        var H = 0;
        var Y = fixedDiv;
        while (Y) {
            H += Y.offsetTop;
            Y = Y.offsetParent;
        }

        window.onscroll = function () {
            var s = document.body.scrollTop || document.documentElement.scrollTop;
            if (s > H + 500) {
                fixedDiv.style = "position:fixed; top:0; margin-top:0; width: 280px;";
            } else {
                fixedDiv.style = "";
            }
        }
    }
});
```

另外,当阅读某一篇比较长的文章时,如果用户要回到页面顶部进行某些操作,则需要滚动很长时间才能到达,操作起来不是特别方便。所以可以在特别推荐栏下方添加一个选项,实现一键回到顶部的功能。回到顶部的 JavaScript 代码如下。

```
function gotoTop() {
    $('html, body').animate({scrollTop: 0}, 800);
    return false;
}

<!-- 同时,修改特别推荐栏的布局,在其下方添加回到顶部选项 -->
<div class="col-12 side" id="fixedmenu">
    <div class="tip">特别推荐</div>
    <ul id="recommended"></ul>
    <div class="tip" style="background-color: #3276b1; text-align: center;
        cursor: pointer;" onclick="gotoTop()">回到顶部</div>
</div>
```

5.6 登录注册功能

5.6.1 图片验证码

验证码是 Web 系统中的必备功能，尤其是对于登录、注册等类型的操作而言。当前的系统通常有 3 种方式来处理验证码：图片验证码、邮箱验证码和短信验证码。由于短信验证码涉及短信平台的充值和对接，本章暂时不对其进行介绍，先关注图片验证码和邮箱验证码。利用图片验证码进行登录验证时，通常分为以下 3 步来完成。

（1）利用 Python 和 PIL 库处理图片验证码的生成过程，其生成过程是先产生一个字符串，再将该字符串保存到 Session 变量中，利用 PIL 库的绘图功能将其绘制到图片中，并生成一些干扰线或背景干扰元素。

（2）当前端页面发起登录请求时，将生成的验证码图片响应给前端。

（3）前端用户将验证码图片中的字符串填充到文本框中并发送给服务器端，服务器端验证该字符串是否与刚才生成验证码的随机字符串一致。一致则通过验证，否则验证失败。在整个过程中，需要通过 Session ID 进行前后端关联。

首先来看如何利用 Python 和 PIL 库生成一张图片验证码，在 common 包中创建文件 utility.py，用于编写一些实用工具。

```python
import random, string
from io import BytesIO
from PIL import Image, ImageDraw, ImageFont

# 生成图片验证码
class ImageCode:
    # 生成用于绘制字符串的随机颜色
    def rand_color(self):
        red = random.randint(32, 127)
        green = random.randint(25, 188)
        blue = random.randint(32, 127)
        return red, green, blue

    # 生成4位随机字符串
    def gen_text(self):
        str = random.sample(string.ascii_letters + string.digits,4)
        return ''.join(str)

    # 绘制一些干扰线，其中，draw为PIL库中的ImageDraw对象
    def draw_lines(self, draw, num, width, height):
        for num in range(num):
            x1 = random.randint(0, width / 2)
            y1 = random.randint(0, height / 2)
            x2 = random.randint(0, width)
            y2 = random.randint(height / 2, height)
            draw.line(((x1, y1), (x2, y2)), fill='black', width=2)

    # 绘制验证码图片
    def draw_verify_code(self):
        code = self.gen_text()
        width, height = 120, 50 # 设定图片大小，可根据实际需求进行调整
        # 创建图片对象，并设定背景色为白色
```

```python
        im = Image.new('RGB', (width, height), 'white')
        # 选择使用的字体及其大小
        font = ImageFont.truetype(font='arial.ttf', size=40)
        draw = ImageDraw.Draw(im)    # 新建ImageDraw对象
        # 绘制字符串
        for i in range(4):
            draw.text((5 + random.randint(-3, 3) + 23 * i, 5 + random.randint(-3, 3)),
                text=code[i], fill=self.rand_color(), font=font)
        # 绘制干扰线
        self.draw_lines(draw, 2, width, height)
        # im.show()   # 如需临时进行调试,则可以直接将生成的图片显示出来
        return im, code

    # 获取图片,用于生成图片验证码
    def get_code(self):
        image, code = self.draw_verify_code()
        # 图片以二进制形式写入内存中而不是硬盘中
        buf = BytesIO()
        image.save(buf, 'jpeg')
        bstring = buf.getvalue()         # 获取图片文件的字节码
        return code, bstring             # 返回验证码的字符串和字节码内容
```

其次,为用户登录注册功能创建 user 控制器,专门用于处理用户管理类操作,并利用 vcode 接口生成图片验证码。

```python
from flask import Blueprint, render_template, make_response, session
from model.users import Users
from common.utility import ImageCode

user = Blueprint("user", __name__)

@user.route('/vcode')
def vcode():
    code, bstring = ImageCode().get_code()
    response = make_response(bstring)       # 将响应的内容设置为验证码
    response.headers['Content-Type'] = 'image/jpeg'
    session['vcode'] = code.lower()         # 将其转换成英文小写字母并保存到Session变量中
    return response
```

需要注意的是,任何新增的 Bluepring 控制器都需要在 main.py 的入口程序中进行注册。完成注册并启动 Flask 后,通过浏览器直接访问 "http://127.0.0.1:5000/vcode",即可看到图 5-7 所示的验证码效果。

图 5-7 验证码效果

5.6.2 邮箱验证码

"蜗牛笔记"博客系统在进行用户注册时,强制用户必须使用邮箱进行注册。就像人们平时使用手机号码进行注册时需要使用该号码接收到的短信验证码一样,使用邮箱地址进行注册时需要通过该邮箱地址获取系统发送的验证码,以确定该邮箱地址可用且为该注册用户所有。使用邮箱进行注册有以下几个好处。

(1)便于系统与用户取得联系,还可向用户的邮箱推送优秀文章。

(2)如果用户忘记了密码,则可以很方便地通过邮箱地址找回密码。邮箱地址相当于一个凭据,如果只有单纯的普通账号,那么找回密码操作的安全风险较大。例如,对别人的账号进行找回密码操作,将别人的账号据为己有,而系统无法有效识别,因为没有唯一凭据。当然,最好的凭据是手机号码并且通过短信验证码找回。第 8 章中将讲解如何使用手机号码和短信验证码进行校验。

(3)邮箱地址不像手机号码那么敏感,不致于让用户在注册时担心自己的信息泄露。

Python 内置了发送邮件的库,所以可以很方便地将邮箱验证码发送到用户注册时的邮箱地址中,并实现验证。与图片验证码的类似,发送邮箱验证码的基本步骤如下。

(1)用户填入注册邮箱,在注册页面中单击"发送"按钮。

(2)系统生成一个 N 位("蜗牛笔记"博客系统使用 6 位)的随机字符串并发送到相应邮箱中,同时将该随机字符串记录到 Session 变量中。

(3)用户查收邮件,获取到验证码后填入注册页面的文本框,并提交注册。

(4)后端利用 Session 变量中保存的验证码与用户提交的验证码进行比较,一致则通过验证,否则验证失败。

首先,利用 Python 内置的 smtplib 和 email 两个库实现邮件发送功能,并封装到 utility.py 中,作为公共函数进行调用。要利用 Python 发送邮件,需要先准备好一个可用的邮箱作为发件箱,并确保该邮箱支持 SMTP 服务。考虑到大多数读者会使用 QQ,所以应该有 QQ 邮箱账号,那么需要登录 QQ 邮箱账号,在 QQ 邮箱中开启 SMTP 服务,如图 5-8 所示。

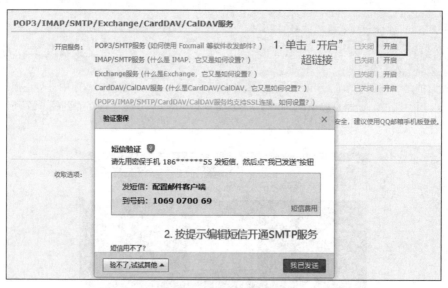

图 5-8 开启 SMTP 服务

当按照提示信息发送短信后,系统将会生成一个类似图 5-9 所示的授权码,请记住该授权码,其将用于发送邮件的代码中。

图 5-9 授权码

其次，针对 QQ 邮箱的邮件发送功能，编写代码如下。

```python
# 发送QQ邮箱验证码，参数为收件箱地址和随机生成的验证码
def send_email(receiver, ecode):
    sender = 'WoniuNote <12345678@qq.com>'   # 邮箱账号和发件者签名
    # 定义发送邮件的内容，支持HTML标签和CSS样式
    content = f"<br/>欢迎注册蜗牛笔记博客系统账号，您的邮箱验证码为：
                <span style='color: red; font-size: 20px;'> {ecode} </span>,
                请复制到注册页面中完成注册，感谢您的支持。<br/>"
    # 实例化邮件对象，并指定邮件的关键信息
    message = MIMEText(content, 'html', 'utf-8')
    # 指定邮件的标题，同样使用UTF-8编码
    message['Subject'] = Header('蜗牛笔记的注册验证码', 'utf-8')
    message['From'] = sender       # 指定发件人信息
    message['To'] = receiver       # 指定收件人邮箱地址

    smtpObj = SMTP_SSL('smtp.qq.com')       # 建立与QQ邮件服务器的连接
    # 通过邮箱账号和获取到的授权码登录QQ邮箱
    smtpObj.login(user='123454678@qq.com', password='uczmmmqvpxwjbjaf')
    # 指定发件人、收件人和邮件内容
    smtpObj.sendmail(sender, receiver, str(message))
    smtpObj.quit()        # 发送完成后断开与服务器的连接
```

完成了 send_email 并测试成功后，利用 Python 的 random 和 string 模块生成一个 6 位的随机字符串，与图片验证码的生成方式类似，代码如下。

```python
# 生成6位随机字符串作为邮箱验证码
def gen_email_code():
    str = random.sample(string.ascii_letters + string.digits, 6)
    return ''.join(str)
```

再次，为 user 控制器添加发送邮箱验证码的接口，代码如下。

```python
@user.route('/ecode', methods=['POST'])
def ecode():
    email = request.form.get('email')
    # 导入Python的正则表达式re模板，后端同步验证邮箱地址的正确性
    if not re.match('.+@.+\..+', email):
        return 'email-invalid'
    code = gen_email_code()
    try:
        send_email(email, code)
        session['ecode'] = code.lower()
        return 'send-pass'
```

```
        except:
            return 'send-fail'
```

最后，实现前端的发送邮件功能的 JavaScript 函数并使其被注册页面中的"发送邮件"按钮调用。

```
function doSendMail(obj) {
    var email = $.trim($("#regname").val());
    // 使用正则表达式验证邮箱地址格式是否正确
    if (!email.match(/.+@.+\..+/)) {
        bootbox.alert({title:"错误提示", message:"邮箱地址格式不正确."});
        $("#regname").focus();
        return false;
    }
    // 如果邮箱格式正确，则使"发送邮件"按钮不可用，避免二次操作
    $(obj).attr('disabled', true);

    $.post('/ecode', 'email=' + email, function (data) {
        if (data == 'email-invalid') {
            bootbox.alert({title:"错误提示", message:"邮箱地址格式不正确."});
            $("#regname").focus();
            return false;
        }
        if (data == 'send-pass') {
            bootbox.alert({title:"信息提示", message:"邮箱验证码已成功发送，
                           请查收."});
            $("#regname").attr('disabled', true);    // 验证码发送后禁止修改注册邮箱
            $(obj).attr('disabled', true);           // "发送邮件"按钮不可用
            return false;
        }
        else {
            bootbox.alert({title:"错误提示", message:"邮箱验证码未发送成功."});
            return false;
        }
    });
}

// 调用该函数的"发送邮件"按钮的代码修改如下
<button type="button" class="btn btn-primary col-3" onclick="doSendMail(this)">
发送邮件</button>
```

5.6.3 用户注册

用户注册功能需要完成 5 项工作：校验注册邮箱是否已经存在；校验密码的长度或复杂度；发送验证码到注册邮箱；校验邮箱验证码是否正确；将用户名和密码插入用户表完成注册。同时，如果用户是第一次注册，则注册成功后直接保持其为登录状态而不要求用户再登录一次，以提升用户体验。在第 2 章中已经完成了前端的页面设计，现在只需要对接前后端代码，做好前后端验证即可。为了不让页面跳转，在注册的过程中使用 Ajax 发送请求。

V5-5 用户注册功能完整实现

首先，在 Users 模型类中创建新的方法用于插入新数据和修改积分。

```
from sqlalchemy import Table
from common.database import dbconnect
import time, random

dbsession, md, DBase = dbconnect()   # 获取构建SQLAlchemy的3个必需对象
```

```python
# 定义用户表的关系模型
class Users(DBase):
    __table__ = Table("users", md, autoload=True)

    def find_all(self):
        result = dbsession.query(Users).all()
        return result

    # 查询用户名,可用于注册时判断用户名是否已注册,也可用于登录校验
    def find_by_username(self, username):
        result = dbsession.query(Users).filter_by(username=username).all()
        return result

    # 实现注册,首次注册时用户只需要输入用户名和密码即可,所以这里只需要两个参数
    # 注册时,在模型类中为其他字段生成一些可用的值
    # 通常而言,用户注册时不建议填写太多资料,以免影响体验,可待用户后续逐步完善
    def do_register(self, username, password):
        now = time.strftime('%Y-%m-%d %H:%M:%S')
        nickname = username.split('@')[0]    # 默认将邮箱账号前缀作为昵称
        avatar = str(random.randint(1, 15))  # 从15张头像图片中随机选择一张
        user = Users(username=username, password=password, role='user',
                     nickname=nickname, credit=50, avatar=avatar + '.png',
                     createtime=now, updatetime=now)
        dbsession.add(user)
        dbsession.commit()
        return user

    # 修改用户剩余积分,积分为正数时表示增加积分,为负数时表示减少积分
    def update_credit(self, credit):
        user = dbsession.query(Users).filter_by(userid=session.get('userid')).one()
        user.credit += credit
        dbsession.commit()
```

用户注册时需要赠送 50 积分,所以需要定义 Credit 模型类,并设计积分明细功能。

```python
from flask import session
from sqlalchemy import Table
from common.database import dbconnect
import time, random

dbsession, md, DBase = dbconnect()

class Credit(DBase):
    __table__ = Table("credit", md, autoload=True)

    def insert_detail(self, type, target, credit):
        now = time.strftime('%Y-%m-%d %H:%M:%S')
        credit = Credit(userid=session.get('userid'), category=type, target=target,
                        credit=credit, createtime=now, updatetime=now)
        dbsession.add(credit)
        dbsession.commit()
```

其次,定义完模型类的代码后,在 user 控制器中定义后端注册接口并进行校验。

```python
import hashlib
from model.users import Users
from flask import session, request

# 无论注册是成功还是失败,都响应给前端一个字符串以标识注册状态
```

```python
@user.route('/user', methods=['POST'])
def register():
    user = Users()
    username = request.form.get('username').strip()
    password = request.form.get('password').strip()
    ecode = request.form.get('ecode').lower().strip()
    if ecode != session.get('ecode'):
        return 'ecode-error'
    # 注册时继续验证邮箱地址的正确性
    elif not re.match('.+@.+\..+', username) or len(password) < 5:
        return 'up-invalid'
    elif len(user.find_by_username(username)) > 0:
        return 'user-repeated'
    else:
        # 对密码进行MD5加密并保存
        password = hashlib.md5(password.encode()).hexdigest()
        result = user.do_register(username, password)
        try:
            # 注册成功后，保存以下3个变量到Session中供后续代码使用
            session['islogin'] = 'true'
            session['userid'] = result.userid
            session['username'] = username
            session['nickname'] = result.nickname
            session['role'] = result.role
            # 同时，为积分详情表添加一条积分明细
            Credit().insert_detail(type='用户注册', target='0', credit=50)
            return 'reg-pass'
        except:
            return 'reg-fail'
```

完成后端注册接口的代码实现后，接口规范同时定义完成。例如，验证码错误的标识为 ecode-error，用户名已经存在的标识为 user-repeated，注册成功的标识为 reg-pass 等。按照 MVC 模式的处理顺序，在完成了模型层和控制器的定义后，需要在公共页面中实现前端注册代码。考虑到后续更多的 JavaScript 代码是公共代码，所以在项目的"/resource/js"目录下创建 woniunote.js 的公共源代码，并在 base.html 中进行引用。

```
<script type="text/javascript" src="/js/woniunote.js"></script>
```

引用完成后，将 5.5.4 节中的 truncate 函数和 doSendMail 函数写入 woniunote.js 代码中，同时在该 JavaScript 源代码中实现注册的前端处理，代码如下。

```javascript
function doReg(e) {
    if (e != null && e.keyCode != 13) {
        return false;
    }

    var regname = $.trim($("#regname").val());
    var regpass = $.trim($("#regpass").val());
    var regcode = $.trim($("#regcode").val());
    if (! regname.match(/.+@.+\..+/) || regpass.length < 5) {
        bootbox.alert({title:"错误提示", message:"注册邮箱不正确或密码少于5位."});
        return false;
    }
    else {
        // 构建Post请求的正文数据
        var param = "username=" + regname;
        param += "&password=" + regpass;
```

```
                    param += "&ecode=" + regcode;
                    // 利用jQuery框架发送Post请求,并获取后端注册接口的响应内容
                    $.post('/user', param, function (data) {
                        if (data == "ecode-error") {
                            bootbox.alert({title:"错误提示", message:"验证码无效."});
                            $("#regcode").val('');         // 清除验证码文本框中的值
                            $("#regcode").focus();         // 使验证码文本框获取焦点以供用户输入
                        }
                        else if (data == "up-invalid") {
                            bootbox.alert({title:"错误提示", message:"用户名和密码不能少于5位."});
                        }
                        else if (data == "user-repeated") {
                            bootbox.alert({title:"错误提示", message:"该用户名已经被注册."});
                            $("#regname").focus();
                        }
                        else if (data == "reg-pass") {
                            bootbox.alert({title:"信息提示", message:"恭喜你,注册成功."});
                            // 注册成功,延迟1s刷新当前页面
                            setTimeout('location.reload();', 1000);
                        }
                        else if (data == "reg-fail") {
                            bootbox.alert({title:"错误提示", message:"注册失败,请联系管理员."});
                        }
                    });
                }
```

最后,需要在注册框的元素处添加响应事件,并响应验证码文本框的回车事件,代码如下。

```
<div class="form-group row">
    <label for="regmcode" class="col-4">  邮箱验证码: </label>
    <input type="text" id="regmcode" class="form-control col-4" placeholder="请输入邮箱验证码" onkeyup="doReg(event)"/>
    <button type="button" class="btn btn-primary col-3" onclick="doSendMail(this)">
    发送邮件</button>
</div>

<button type="button" class="btn btn-primary" onclick="doReg(null)">注册</button>
```

5.6.4 更新选项

至此,还没有完全实现登录注册功能。即使已经完成注册,在分类导航区域中显示的仍然是"登录""注销"两个选项。此处选项的显示需要通过模板引擎进行判断,未登录时显示"登录""注册"选项,登录成功后显示"账户名""用户中心""注销"选项。以下代码演示了修改分类导航区域中的几个与登录和权限相关的选项的动态处理过程。

```
<div class="navbar-nav ml-auto">
    {% if session.get('islogin') == 'true' %}
    <a class="nav-item nav-link" href="/ucenter">欢迎你:
        {{session.get('nickname')}}</a>   
    <a class="nav-item nav-link" href="/ucenter">用户中心</a>  
    <a class="nav-item nav-link" href="/logout">注销</a>
    {% else %}
    <a class="nav-item nav-link" href="#" onclick="showLogin()">登录</a>
    <a class="nav-item nav-link" href="#" onclick="showReg()">注册</a>
    {% endif %}
```

```
</div>

<!-- 由于登录和注册都会弹出模态框，只是显示不同的选项卡，所以需要单独进行处理 -->
// 显示模态框中的"登录选项卡"
function showLogin() {
    $("#login").addClass("active");
    $("#reg").removeClass("active");
    $("#loginpanel").addClass("active");
    $("#regpanel").removeClass("active");
    $('#mymodal').modal('show');
}

// 显示模态框中的"注册选项卡"
function showReg() {
    $("#login").removeClass("active");
    $("#reg").addClass("active");
    $("#loginpanel").removeClass("active");
    $("#regpanel").addClass("active");
    $('#mymodal').modal('show');
}
```

5.6.5 登录验证

在已经清楚注册的整个过程及代码逻辑后，实现登录功能就非常简单了。首先，为 user 控制器添加处理登录的接口。

V5-6 登录验证与自动登录

```
@user.route('/login', methods=['POST'])
def login():
    user = Users()
    username = request.form.get('username').strip()
    password = request.form.get('password').strip()
    vcode = request.form.get('vcode').lower().strip()
    if vcode != session.get('vcode'):
        return 'vcode-error'
    else:
        # 对密码进行MD5加密并进行验证
        password = hashlib.md5(password.encode()).hexdigest()
        result = user.find_by_username(username)
        # 如果根据用户名找到唯一数据且密码可以与之匹配，则登录成功
        if len(result) == 1 and result[0].password == password:
            session['islogin'] = 'true'
            session['userid'] = result[0].userid
            session['username'] = username
            session['nickname'] = result[0].nickname
            session['role'] = result[0].role
            # 为积分详情表增加1分的登录明细，同时修改用户表的总积分
            Credit().insert_detail(type='正常登录', target='0', credit=1)
            user.update_credit(1)

            return 'login-pass'
        else:
            return 'login-fail'
```

其次，在 woniunote.js 代码中完成前端的登录处理。

```
function doLogin(e) {
    if (e != null && e.keyCode != 13) {
        return false;
```

```
    }
    var loginname = $.trim($("#loginname").val());
    var loginpass = $.trim($("#loginpass").val());
    var logincode = $.trim($("#logincode").val());
    if (loginname.length < 5 || loginpass.length < 5) {
        bootbox.alert({title:"错误提示", message:"用户名或密码少于5位."});
        return false;
    }
    else {
        // 构建Post请求的正文数据
        var param = "username=" + loginname;
        param += "&password=" + loginpass;
        param += "&vcode=" + logincode;
        // 利用jQuery框架发送Post请求,并获取后端登录接口的响应内容
        $.post('/login', param, function (data) {
            if (data == "vcode-error") {
                bootbox.alert({title:"错误提示", message:"验证码无效."});
                $("#logincode").val('');        // 清除验证码文本框中的值
                $("#logincode").focus();        // 使验证码文本框获取焦点以供用户输入
            }
            else if (data == "login-pass") {
                bootbox.alert({title:"信息提示", message:"恭喜你,登录成功."});
                // 注册成功,延迟1s刷新当前页面
                setTimeout('location.reload();', 1000);
            }
            else if (data == "login-fail") {
                bootbox.alert({title:"错误提示", message:"登录失败,请确认用户名和
                                密码是否正确."});

            }
        });
    }
}
```

最后,为"登录"按钮和验证码图片添加 onclick 响应事件以调用 doLogin 函数。完成登录或成功注册后,分类导航区域便会出现"注销"选项,链接到 logout 接口,所以需要在 user 控制器中实现 logout 接口。

```
@user.route('/logout')
def logout():
    session.clear()        # 清空所有Session变量
    return redirect(url_for('index.home'))     # 跳转到首页
```

登录和注销的两个接口 login 和 logout 现在并不满足 RESTful 的接口规范。如果要强制满足 RESTful 的接口规范,那么可以这样设计:接口名称为 session,登录时向该接口发送 Post 请求,注销时向该接口发送 Delete 请求。

5.6.6 自动登录

默认情况下,Flask 的 Session 有效期为浏览器打开期间,即只要用户不关闭浏览器,那么 Session 变量将一直有效。其实现原理为浏览器将 Session ID 值保存在内存中,只要浏览器关闭,内存就被回收,下一次登录时,服务器端由于无法获取到浏览器通过 Cookie 机制保存的 Session ID 而视浏览器为一个新的用户在访问,进而会为其生成一个新的 Session ID。

要实现用户自动登录,必须使浏览器关闭后依然能够保存 Cookie,所以服务器端在生成 Cookie 时,

需要为其设置有效期。用户登录成功后,只要在 Cookie 的有效期内再次打开浏览器,就无须再次登录。这也是大家访问某个网站时的常见场景,可以很好地提升用户体验。

整个自动登录的实现过程可以通过以下 3 步来完成。

(1)用户首次登录或注册成功后,服务器端除了保存 Session 变量外,还需要为浏览器生成 2 条 Cookie 变量,用于保存正确的用户名和密码,通过响应中的 Set-Cookie 字段通知浏览器保存这 2 条 Cookie 变量。

(2)生成 2 条 Cookie 值,需要为其设置有效期,如 30 天,以便于浏览器将 2 条 Cookie 保存于硬盘中而非内存中。

(3)用户下一次打开首页时,在首页的 home 接口中读取浏览器的 Cookie 值并进行登录验证。对于同一个站点来说,只要持久化保存着 Cookie 变量的值,那么浏览器发送的每一个请求均会把 Cookie 变量作为请求头发送回服务器,服务器以此获取到保存于浏览器端的 Cookie 变量,即可完成登录验证。这种原理同样适用于依靠浏览器保存其他信息。

由于 Cookie 保存在浏览器端,所以存在安全隐患。例如,存在用户 A,如果其他人使用 A 的计算机时获取到这些 Cookie,其中保存着用户名和密码,那么其他人就可以使用 A 的账号进行登录。即使进行了加密,也可以将加密过的字符串发送给服务器,服务器对其进行解密后,其本质是一样的。所以,通常不建议在公共计算机中保存 Cookie 信息。

自动登录的具体代码实现如下。首先,在登录的时候向浏览器写入 Cookie 并设定有效期,重构 login 接口代码如下。

```python
@user.route('/login', methods=['POST'])
def login():
    user = Users()
    username = request.form.get('username').strip()
    password = request.form.get('password').strip()
    vcode = request.form.get('vcode').lower().strip()
    if vcode != session.get('vcode'):
        return 'vcode-error'
    else:
        # 对密码进行MD5加密并进行验证
        password = hashlib.md5(password.encode()).hexdigest()
        result = user.find_by_username(username)
        # 如果根据用户名找到唯一数据且密码可以与之匹配,则登录成功
        if len(result) == 1 and result[0].password == password:
            session['islogin'] = 'true'
            session['userid'] = result[0].userid
            session['username'] = username
            session['nickname'] = result[0].nickname
            session['role'] = result[0].role
            # 重新定义响应内容,并在响应头中设置2条Cookie变量
            response = make_response('login-pass')
            # Cookie的max_age即为有效期,单位为秒,30天即30×24×3600s
            response.set_cookie('username', username, max_age=30*24*3600)
            # 注意,此处保存的密码为已经经过MD5加密的密码
            response.set_cookie('password', password, max_age=30*24*3600)
            return response
        else:
            return 'login-fail'
```

当用户第一次发送登录请求成功后,Cookie 便会通过登录的响应头的 Set-Cookie 字段通知浏览器保存该 Cookie 值,保存时间为 30 天。图 5-10 所示为登录成功后的响应情况。

```
▼ General
    Request URL: http://127.0.0.1:5000/login
    Request Method: POST
    Status Code: ● 200 OK
    Remote Address: 127.0.0.1:8888
    Referrer Policy: no-referrer-when-downgrade
▼ Response Headers    view source
    Content-Length: 10
    Content-Type: text/html; charset=utf-8
    Date: Sun, 16 Feb 2020 08:38:49 GMT
    Server: Werkzeug/0.16.1 Python/3.7.4
    Set-Cookie: username=woniu; Expires=Tue, 17-Mar-2020 08:38:49 GMT; Max-Age=2592000; Path=/
    Set-Cookie: password=e10adc3949ba59abbe56e057f20f883e; Expires=Tue, 17-Mar-2020 08:38:49 GMT; Max-Age=2592000; Path=/
    Set-Cookie: session=eyJpc2xvZ2luIjoidHJ1ZSIsInVzZXJpZCI6bnVsbCwidXNlcm5hbWUiOiJ3b25pdSIsInJjb2R1IjoiMXZ5ZCJ9.Xkj_mQ.1K
    Vary: Cookie
```

图 5-10　登录成功后的响应情况

其次，重构首页的 home 接口，实现自动登录。

```
@index.route('/')
def home():
    # 从请求中获取浏览器的Cookie值，用于实现自动登录的判断
    # 当前处于非登录状态，且Cookie中有值时才实现登录
    if session.get('islogin') is None:
        username = request.cookies.get('username')
        password = request.cookies.get('password')
        if username != None and password != None:
            user = Users()
            result = user.find_by_username(username)
            if len(result) == 1 and result[0].password == password:
                session['islogin'] = 'true'
                session['userid'] = result[0].userid
                session['username'] = username
                session['nickname'] = result[0].nickname
                session['role'] = result[0].role
            else:
                pass

    article = Article()
    result = article.find_limit_with_users(0, 10)
    total = int(article.get_total_count() / 10) + 1
    return render_template('index.html', result=result, page=1, total=total)
```

此时，打开浏览器，手动登录一次。关闭浏览器，重新打开浏览器访问"蜗牛笔记"博客系统，依然处于登录状态。但是存在一个新的问题，用户注销后，再次打开浏览器时依然处于登录状态，注销功能失效，因为注销功能并没有清除已经生成的有效期为 30 天的 Cookie，所以需要修改 logout 接口的代码，手动清除 Cookie。

```
@user.route('/logout')
def logout():
    session.clear()        # 清空所有Session变量
    # 清除Cookie的意思是指通过响应通知浏览器该Cookie变量的有效期为0
    # 由于redirect函数无法实现重定向并清除Cookie，因此这里要自定义重定向响应
    # 定义重定向响应的关键是在响应头中添加Location字段并设置状态码为302
    response = make_response('蜗牛笔记自定义响应，随便看看，会跳转的!', 302)
    response.headers["Location"] = url_for('index.home')
    response.delete_cookie('username')                  # 删除username
    response.set_cookie('password', '', max_age=0)      # 效果相同
```

```
return response                                                    # 跳转到首页
```

手动清除 Cookie 时，要么使用 delete_cookie，要么使用 set_cookie 并设置有效期为 0，其本质是一致的。由于 Flask 的 redirect 函数并不能响应 Cookie 字段给浏览器，所以上述代码利用 HTTP 中的重定向机制（即 Location 字段和 302 状态码）手动实现了重定向。通过上述代码，相信读者能够更进一步地理解 redirect 函数的原理。

至此，用户的自动登录功能已经基本完成，但是自动登录功能只有在用户打开首页时才能生效。如果用户没有访问首页，而是直接通过 URL 地址阅读某篇文章或者查看分类，则不会经过 home 接口，无法实现自动登录。所以，要完整地实现自动登录功能，应该在拦截器中进行，这样可以明确指定哪些接口可以实现自动登录。以下代码用于通过拦截器为所有接口实现自动登录。

```python
# 在main.py中增加拦截器以实现自动登录，访问静态资源文件和登录注册接口时除外
@app.before_request
def before():
    url = request.path
    pass_list = ['/user', '/login', '/logout']
    # 以下的请求不实现自动登录
    if url in pass_list or url.endswith('.png') or url.endswith('.jpg') or \
            url.endswith('.js') or url.endswith('.css'):
        pass
    # 只有用户没有登录，且不属于上述请求，才能实现自动登录
    elif session.get('islogin') is None :
        username = request.cookies.get('username')
        password = request.cookies.get('password')
        if username != None and password != None:
            user = Users()
            result = user.find_by_username(username)
            if len(result) == 1 and result[0].password == password:
                session['islogin'] = 'true'
                session['userid'] = result[0].userid
                session['username'] = username
                session['nickname'] = result[0].nickname
                session['role'] = result[0].role
    else:
        pass
```

拦截器会在发送每一个请求之前执行，所以这样就完成了全站自动登录的功能。此时，可以删除 index.py 中首页访问接口中的自动登录代码，其功能完全不受影响。

5.6.7 找回密码

有了登录注册功能的实现基础，再结合邮箱验证码，实现用户找回密码的功能便不再是问题。因为用户的邮箱地址是唯一的，即使填写了其他人的邮箱地址，也无法收到邮箱验证码。所以，当用户忘记密码后，完全可以基于用户的邮箱地址重设密码。为此，可以在登录注册的模态框中添加"找回密码"选项卡，并根据用户的邮箱地址和邮箱验证码让用户输入新密码以完成密码重设。图 5-11 所示为找回密码的页面设计。

找回密码的操作流程与用户注册类似，只要验证注册邮箱地址存在且邮箱验证码正确，用户输入新密码替换之前的密码后，即可完成密码的重置过程。前后端代码只需要稍做修改便可以实现，所以本节不再详细讲解代码的实现过程。

图 5-11 找回密码的页面设计

第6章

文章阅读功能开发

本章导读

■ 本章将实现"蜗牛笔记"博客系统的文章阅读功能,包括文章展示、积分阅读、文章收藏、关联推荐、用户评论和其他评论等。

学习目标

(1)深入理解Flask框架各个模块的功能。
(2)灵活运用JavaScript及jQuery前端框架。
(3)深入理解Ajax异步请求的发送与处理。
(4)能够正确处理带HTML标签的文章内容。
(5)基于Flask和前端代码完整实现文章阅读功能。

6.1 文章展示功能

6.1.1 开发思路

V6-1 文章阅读与
积分消耗

文章展示功能就是简单的文章标题和内容展示,当用户单击某一篇文章的超链接后,根据 URL 地址中的文章编号查询数据库中对应的文章,并通过 Jinja2 模板引擎进行渲染。其开发步骤同样满足 MVC 的三步走模式:在模型类中,从文章表中查询出对应文章;通过控制器将文章渲染给模板页面;在模板页面中填充相应内容。

其实,只要把网站的框架构建好,数据库中有完整的数据,前端页面完成静态设计,那么剩下的工作主要是处理数据库的增删改查操作、实现控制器接口方法、渲染模板页面内容。所有的网站、框架、编程语言都在解决这几个核心问题。其无非是基于 MVC 进行更多的扩展,包括如何更加方便地处理数据库,如何提高数据库的执行效率更高,如何提升系统的性能,如何提高代码的重用性,使用前端模板引擎还是使用后端模板引擎,是否使用前后端分离开发等。而这些扩展都是建立在 MVC 的核心环节之上的,所以,理解了 MVC 的开发模式后,再继续学习更深入的技术将会容易很多。

6.1.2 代码实现

首先,在 Article 模型类中通过文章编号来查询文章。

```
# 根据ID查询文章表中的唯一数据,并返回该行记录
def find_by_id(self, articleid):
    row = dbsession.query(Article, Users.nickname).join(Users,
                Users.userid == Article.userid).filter(
                Article.hidden == 0, Article.drafted == 0, Article.checked == 1,
                Article.articleid == articleid).first()
    # 结果集格式为(<model.article.Article object at 0x11B39770>, '强哥'),注意取值
    return row

# 每阅读一次文章,阅读次数就会增加1
def update_read_count(self, articleid):
    article = dbsession.query(Article).filter_by(articleid=articleid).one()
    article.readcount += 1
    dbsession.commit()
```

其次,在 article 控制器中创建文章阅读接口。

```
@article.route('/article/<int:articleid>')
def read(articleid):
    try:
        result = Article().find_by_id(articleid)
        if result is None:
            abort(404)    # 如果文章编号不正确,则直接跳转到404页面
    except:
        abort(500)    # 出现异常时直接转到500页面
    Article().update_read_count(articleid)    # 增加1次阅读次数
    return render_template('article-user.html', result=result)
```

最后,在 article-user.html 模板页面中填充相应字段的内容。

```
<!-- 继承base.html模板页面 -->
{% extends 'base.html' %}

{% block content %}
<div class="container" style="margin-top: 20px;">
```

```
        <div class="row">
            <div class="col-sm-9 col-12" style="padding: 0 10px;" id="left">
                <div class="col-12 article-detail row">
                    <div class="col-9 title">
                        {% set article = result[0] %}
                        {{article.headline}}
                    </div>
                    <div class="col-3 favorite">
                        <label>
                         <span class="oi oi-heart" aria-hidden="true"></span> 收藏本文
                        </label>
                    </div>
                    <div class="col-lg-12 col-md-12 col-sm-12 col-xs-12 info">
                        作者：{{result.nickname}}   类别：
                        {{article_type[article.type|string]}}   
                        日期：{{article.createtime}}   
                        阅读：{{article.readcount}} 次   消耗积分：
                        {{article.credit}} 分
                    </div>
                    <div class="col-12 content" id="content">
                        {{article.content | safe}}
                    </div>
           ……………… 省略中间大量代码 ………………
            <!-- 不要忘记引用side.html -->
            {% include 'side.html' %}
        </div>
</div>
{% endblock %}
```

6.2 积分阅读功能

6.2.1 开发思路

对于某些文章，作者可能期望用户花费一些积分才能进行阅读，通常有两种设计方案：一是在文章列表中单击时即询问用户是否愿意花费积分；二是对需要花费积分才能阅读的文章只显示一部分内容，单击按钮消耗积分后才能阅读全文。本节采用第二种方案，因为让用户试读一段后再决定是否消耗积分的用户体验更好。

要完成这个积分阅读的过程，需要作者在发布文章时设置消耗多少积分。目前还没有实现文章发布功能，所以暂时通过修改数据库来实现。当用户单击某一篇文章的超链接时，可以阅读文章的一部分内容，需要对文章进行截取处理。但是因为文章内容是 HTML 格式的，如果截取得不对，则文章内容的 HTML 格式将被破坏从而导致整个页面布局错乱。例如，有如下内容，如果只简单地截取前 50 个字符，那么标签<p>是无法完成闭合的。

```
<p style="color: red; font-size: 20px">归根结底就是叫你花足够多的时间去钻研某一领域的知识，这样你就能成为一个高手</p>
```

所以，需要在截取部分文章内容时进行判断，直到找到一个闭合的标签为止。UEditor 插件在编辑文章内容时均使用<p></p>标签标识段落，所以可以使用</p>标签来进行查找。截取完成后将文章的前一部分内容显示出来，再显示一个按钮用来阅读全文。单击"阅读全文"按钮后，再加载文章的剩余内容。此时，需要有一个标记用来记录剩余文章从哪里开始，再利用 Ajax 获取剩余内容，并将其接到现有内容后面进行完整显示。同时，要在后端记录一笔用户的积分消耗明细，并从用户表中扣除用户的积分。

6.2.2 代码实现

首先，对 article 控制器中的 read 接口进行重构。

```python
# 文章阅读接口，可以处理积分阅读和免费阅读操作
@article.route('/article/<int:articleid>')
def read(articleid):
    try:
        result = Article().find_by_id(articleid)
        if result is None:
            abort(404)    # 如果文章编号不正确，则直接跳转到404页面
    except:
        abort(500)    # 出现异常时直接跳转到500页面
    article = result[0]

    # 由于直接修改article.content的值会导致数据表内容的修改
    # 所以将result中的值取出来保存到字典中，不直接操作result中的article对象
    dict = {}
    for k, v in article.__dict__.items():
        if not k.startswith('_sa_instance_state'):
            dict[k] = v
    dict['nickname'] = result.nickname

    position = 0
    if dict['credit'] > 0:    # 表示是积分阅读的文章
        content = dict['content']    # 获取文章内容
        temp = content[0:int(len(content)/2)]    # 截取文章前面一半的内容
        position = temp.rindex('</p>')+4    # 在前面的内容中查找最后一个</p>标签的位置
        dict['content'] = temp[0:position]

    Article().update_read_count(articleid)    # 增加1次阅读次数

    # 需要将position渲染给前端页面，以便于阅读全文时确定从哪个位置开始加载
    return render_template('article-user.html', article=dict, position=position)
```

由于对模板变量进行了变更，所以需要重新渲染 article-user.html 模板页面。

```html
<div class="col-9 title">
    {{article.headline}}
</div>
<div class="col-3 favorite">
    <label>
        <span class="oi oi-heart" aria-hidden="true"></span> 收藏本文
    </label>
</div>
<div class="col-lg-12 col-md-12 col-sm-12 col-xs-12 info">
    作者：{{article.nickname}}   
    类别：{{article_type[article.type|string]}}   
    日期：{{article.createtime}}   
    阅读：{{article.readcount}} 次   消耗积分：{{article.credit}} 分
</div>
<div class="col-12 content" id="content">
    {{article.content | safe}}
</div>
```

同时，为了实现阅读全文的功能，还需要在 article 控制器中添加一个接口 read_all，代码如下。

```python
# 为article控制器添加read_all接口
@article.route('/readall', methods=['POST'])
```

```python
def read_all():
    position = int(request.form.get('position'))
    articleid = request.form.get('articleid')
    article = Article()
    result = article.find_by_id(articleid)
    content = result[0].content[position:]   # 读取文章剩余内容

    # 为积分详情表添加阅读文章的消耗明细
    Credit().insert_detail(type='阅读文章', target=articleid, credit=-1*result[0].credit)
    # 同步更新用户表，剩余积分减去当前消耗的积分
    Users().update_credit(credit=-1*result[0].credit)

    return content
```

其次，在 article-user.html 文章内容的后半部分增加"阅读全文"按钮。

```html
<!-- 只有需要消耗积分的文章才显示"阅读全文"按钮 -->
{% if article.credit > 0 %}
<div class="col-12 readall">
    {% if session.get('islogin') == 'true' %}
    <button class="col-sm-10 col-12" onclick="readAll()">
        <span class="oi oi-data-transfer-download" aria-hidden="true"></span>
        阅读全文（消耗积分：{{article['credit']}} 分）
    </button>
    <!-- 如果用户未登录，则提示应先登录 -->
    {% else %}
    <button class="col-sm-10 col-12" onclick="showLogin()">
        <span class="oi oi-data-transfer-download" aria-hidden="true"></span>
        你还未登录，点此登录后可阅读全文
    </button>
    {% endif %}
</div>
{% endif %}
```

最后，在 article.html 页面中利用 jQuery 实现 readAll 函数的功能。

```html
<script type="text/javascript">
    function readAll() {
        var param = 'articleid={{article.articleid}}&position={{position}}';
        $.post('/readall', param , function (data) {
            $("#content").append(data);
            $(".readall").hide();    // 读取完成后隐藏阅读全文按钮
        });
    }
</script>
```

6.2.3 重复消耗积分

6.2.2 节的代码虽然已经完成了积分阅读的整体功能，但是仍存在一个问题，即用户每次阅读同一篇文章时都需要花费一次积分，这会导致用户的不满。所以需要对其进行限制，确保每个用户访问花费积分的文章时，只会消耗一次积分，再次阅读同一篇文章时，将不再消耗积分，也不再显示"阅读全文"按钮。

首先，在 Credit 模型类中添加一个方法，用于判断用户是否已经消耗积分。

```python
# 判断用户是否已经消耗了积分
def check_payed_article(self, articleid):
    result = dbsession.query(Credit).filter_by(userid=session.get('userid'),
                    target=articleid).all()
    if len(result) > 0:
```

```python
            return True      # 表示已经消耗了积分,无须继续消耗
    else:
        return False
```

其次,更新文章的 read 接口,如果用户已经消耗过积分,则不再截取内容。

```python
# 文章阅读接口,可以处理积分阅读和免费阅读操作
@article.route('/article/<int:articleid>')
def read(articleid):
    try:
        result = Article().find_by_id(articleid)
        if result is None:
            abort(404)
    except:
        abort(500)
    article = result[0]

    # 由于直接修改article.content的值会导致数据表内容的修改
    # 所以将result中的值取出来保存到字典中,不直接操作result中的article对象
    dict = {}
    for k, v in article.__dict__.items():
        if not k.startswith('_sa_instance_state'):
            dict[k] = v
    dict['nickname'] = result.nickname

    # 如果用户已经消耗了积分,则不再截取文章内容
    payed = Credit().check_payed_article(articleid)
    if not payed:
        position = 0
        if dict['credit'] > 0:    # 表示是积分阅读的文章
            content = dict['content']    # 获取文章内容
            temp = content[0:int(len(content)/2)]    # 截取文章前面一半的内容
            position = temp.rindex('</p>')+4  # 在截取内容中查找最后一个</p>标签的位置
            dict['content'] = temp[0:position]

    Article().update_read_count(articleid)    # 增加1次阅读次数

    # 需要将position渲染给前端页面,以便于阅读全文时确定从哪个位置开始加载
    return render_template('article-user.html', article=dict, payed=payed,
                           position=position)
```

同时,需要修改 article-user.html 页面,根据模板变量 payed 的值来决定是否显示"阅读全文"按钮。

```html
<!-- 只有需要消耗积分的文章且用户并未消耗过时才显示"阅读全文"按钮 -->
{% if article.credit > 0 and payed == False %}   <!-- 添加payed==False的判断 -->
<div class="col-12 readall">
    {% if session.get('islogin') == 'true' %}
    <button class="col-sm-10 col-12" onclick="readAll()">
        <span class="oi oi-data-transfer-download" aria-hidden="true"></span>
            阅读全文(消耗积分:{{article['credit']}} 分)
    </button>
    <!-- 如果用户未登录,则提示应先登录 -->
    {% else %}
    <button class="col-sm-10 col-12" onclick="showLogin()">
        <span class="oi oi-data-transfer-download" aria-hidden="true"></span>
            你还未登录,点此登录后可阅读全文
    </button>
    {% endif %}
```

```
</div>
{% endif %}
```

最后，优化代码。事实上，当开发一个系统时，漏洞将会无处不在。例如，这里仍然存在一个漏洞，即是否消耗积分的判断并没有将代码更新到 read_all 接口中。如果不通过前端页面，而是直接向 read_all 接口发送请求，那么用户的积分仍然会被重复消耗。所以需要同步地在 read_all 接口中对用户是否已经消耗过积分进行判断，没有消耗时才更新积分。优化后的代码如下。

```
@article.route('/readall', methods=['POST'])
def read_all():
    position = int(request.form.get('position'))
    articleid = request.form.get('articleid')
    article = Article()
    result = article.find_by_id(articleid)
    content = result[0].content[position:]    # 读取文章剩余内容

    # 添加是否已经消耗积分的判断
    payed = Credit().check_payed_article(articleid)
    if not payed:
        # 为积分详情表添加阅读文章的消耗明细
        Credit().insert_detail(type='阅读文章', target=articleid,credit=-1*result[0].credit)
        # 同步更新用户表，剩余积分减去当前消耗的积分
        Users().update_credit(credit=-1*result[0].credit)

    return content
```

6.3 文章收藏功能

6.3.1 开发思路

V6-2 文章收藏与关联推荐

文章收藏功能用于当登录用户对某篇文章比较感兴趣时，为以后继续阅读提供一个方便的入口。该功能需要处理以下几个基本问题。

（1）只有登录用户才能收藏文章，所以需要判断用户是否已经登录。

（2）如果文章已经收藏，则无法再次收藏；如果用户已经取消收藏，则无法再次取消。需要使用 JavaScript 代码来解除相应的单击事件。

（3）为了不影响用户阅读文章，收藏功能使用 Ajax 提交请求，不在页面中做任何刷新。

6.3.2 代码实现

首先，创建 Favorite 模型类，并添加文章收藏和取消收藏等方法。

```
from flask import session
from sqlalchemy import Table
from common.database import dbconnect
import time, random

dbsession, md, DBase = dbconnect()

class Favorite(DBase):
    __table__ = Table("favorite", md, autoload=True)

    # 插入文章收藏数据
    def insert_favorite(self, articleid):
        # 如果是之前已经收藏后来取消收藏的文章，则直接修改其状态
```

```python
        row = dbsession.query(Favorite).filter_by(articleid=articleid,
            userid=session.get('userid')).first()
        if row is not None:
            row.canceled = 0
        else:
            now = time.strftime('%Y-%m-%d %H:%M:%S')
            favorite = Favorite(articleid=articleid, userid=session.get('userid'),
                            canceled=0, createtime=now, updatetime=now)
            dbsession.add(favorite)
        dbsession.commit()

    # 取消文章收藏
    def cancel_favorite(self, articleid):
        row = dbsession.query(Favorite).filter_by(articleid=articleid,
            userid=session.get('userid')).first()
        row.canceled = 1
        dbsession.commit()

    # 判断文章是否已经被收藏
    def check_favorite(self, articleid):
        row = dbsession.query(Favorite).filter_by(articleid=articleid,
            userid=session.get('userid')).first()
        if row is None:
            return False
        elif row.canceled == 1:
            return False
        else:
            return True
```

其次，创建 favorite 控制器，并添加文章收藏和取消收藏两个接口。此处使用 Post 请求处理文章收藏接口，使用 Delete 请求处理取消收藏接口。

```python
from flask import Blueprint, session, request
from model.favorite import Favorite

favorite = Blueprint("favorite", __name__)

# 文章收藏接口
@favorite.route('/favorite', methods=['POST'])
def add_favorite():
    articleid = request.form.get('articleid')
    if session.get('islogin') is None:
        return 'not-login'
    else:
        try:
            Favorite().insert_favorite(articleid)
            return 'favorite-pass'
        except:
            return 'favorite-fail'

# 取消收藏接口
@favorite.route('/favorite/<int:articleid>', methods=['DELETE'])
def cancel_favorite(articleid):
    try:
        Favorite().cancel_favorite(articleid)
        return 'cancel-pass'
    except:
```

```
        return 'cancel-fail'
```
由于在文章阅读页面中进行渲染时要在页面中正确显示收藏按钮是"收藏本文"还是"取消收藏",所以需要重构 article.py 的 read 接口,增加是否已经收藏本文的标识。

```
# 获取文章是否已经被收藏的标识
is_favorited = Favorite().check_favorite(articleid)

# 为模板页面添加是否已经收藏的标识is_favorited
return render_template('article-user.html', article=dict, payed=payed,
        position=position, comment_user=comment_user, is_favorited=is_favorited)
```

完成了模型层和控制器层的操作后,接下来实现前端页面交互。由于需要根据收藏情况重新显示选项名称,所以需要对文章的收藏选项定义识别属性。由于"收藏本文"选项在标题栏右侧和文章内容下方均有显示,所以为了操作方便,将其识别属性定义为 class 而非 id。

```
<div class="col-12 favorite">
    <!-- 同时,处理"编辑内容"按钮,只有作者可以进行编辑 -->
    {% if article.userid == session.get('userid') %}
    <label>
        <span class="oi oi-task" aria-hidden="true"></span> 编辑内容
    </label>   
    {% endif %}

    {% if is_favorited == True %}
    <label class="favorite-btn" onclick="cancelFavorite({{article.articleid}})">
        <span class="oi oi-circle-x" aria-hidden="true"></span> 取消收藏
    </label>
    {% else %}
    <label class="favorite-btn" onclick="addFavorite({{article.articleid}})">
        <span class="oi oi-heart" aria-hidden="true"></span> 收藏本文
    </label>
    {% endif %}
</div>
```

最后,编写 JavaScript 代码实现文章收藏和取消收藏两个功能的请求提交。

```
// 发送文章收藏请求
function addFavorite(articleid) {
    $.post('/favorite', 'articleid=' + articleid, function (data) {
        if (data == 'not-login') {
            bootbox.alert({title:"错误提示", message:"你还没有登录,不能收藏文章."});
        }
        else if (data == 'favorite-pass') {
            bootbox.alert({title:"信息提示", message:"文章收藏成功,
                    可在我的收藏中查看."});
            // 修改当前元素的内容
            $(".favorite-btn").html('<span class="oi oi-heart"
                    aria-hidden="true"></span> 感谢收藏');
            // 解除当前元素的单击事件,使其无法进行任何单击操作
            $(".favorite-btn").attr('onclick', '').unbind('click');
        }
        else if (data == 'favorite-fail') {
            bootbox.alert({title:"错误提示", message:"收藏文章出错,请联系管理员."});
        }
    });
}

// 由于jQuery没有封装$.delete,所以通过$.ajax发送Delete请求
function cancelFavorite(articleid) {
```

```javascript
$.ajax({
    url: '/favorite/' + articleid,
    type: 'delete',        // 发送Delete请求
    success: function (data) {
        if (data == 'not-login') {
            bootbox.alert({title:"错误提示", message:"你还没有登录，
                不能取消收藏文章."});
        }
        else if (data == 'cancel-pass') {
            bootbox.alert({title:"信息提示", message:"取消收藏成功."});
            $(".favorite-btn").html('<span class="oi oi-heart
                aria-hidden="true"></span> 欢迎再来');
            $(".favorite-btn").attr('onclick', '').unbind('click');
        }
        else if (data == 'cancel-fail') {
            bootbox.alert({title:"错误提示", message:"取消收藏出错，
                请联系管理员."});
        }
    }
});
```

6.4 关联推荐功能

6.4.1 开发思路

　　文章的关联推荐功能的实现主要是使当前文章中的上一篇文章和下一篇文章显示出来，这是比较简单的做法。当然，目前互联网的很多系统的关联推荐功能比较强大，可以根据当前文章的标题或内容与其他文章的相似度来判断哪些文章是与当前文章强关联的，进而实现关联推荐。其中使用到的技术不算太复杂，但是需要掌握很多自然语言处理的知识，主要包括内容的分词与相似度计算等，本节对此不做详细介绍。

　　要定位当前文章的上一篇和下一篇文章，最简单的方法是根据当前的文章编号进行加减 1 操作以得到上一篇和下一篇文章的编号，进而实现访问。但是这种方案存在两个问题：如果上一个编号被删除了，则将跳转到 404 页面；如果上一个编号的文章正好被管理员隐藏起来不允许展示，那么就会出现找不到文章内容的情况。所以这种解决方案不可行。

　　那么应该如何确定当前文章的上一篇和下一篇文章的编号呢？只需要在数据库中进行两次查询即可，第一次查询所有小于当前文章的编号中的最大的一个，就可以得到上一篇文章的编号；第二次查询所有大于当前文章的编号中的最小的一个，就可以得到下一篇文章的编号。

6.4.2 代码实现

　　首先，在 Article 模型类中定义两个新的方法，用于查询上一篇和下一篇文章的编号和标题，并以字典形式返回。

```python
# 根据文章编号查询文章标题
def find_headline_by_id(self, articleid):
    row = dbsession.query(Article.headline).filter_by(
        articleid=articleid).first()
    return row.headline
```

```python
# 查询当前文章的上一篇和下一篇文章的编号和标题
def find_prev_next_by_id(self,articleid):
    dict = {}       # 以字典形式保存相关信息并返回

    # 查询比当前文章编号小的文章编号中的最大的一个，其即为上一篇文章
    row = dbsession.query(Article).filter(Article.hidden == 0, Article.drafted == 0,
                  Article.checked == 1, Article.articleid<articleid).\
                  order_by(Article.articleid.desc()).limit(1).first()
    # 如果没有查询到比当前编号更小的文章编号，则说明其为第一篇文章，其上一篇文章依然是当前文章
    if row is None:
        prev_id = articleid
    else:
        prev_id = row.articleid

    dict['prev_id'] = prev_id
    dict['prev_headline'] = self.find_headline_by_id(prev_id)

    # 查询比当前文章编号大的文章编号中的最小的一个，其即为下一篇文章
    row = dbsession.query(Article).filter(Article.hidden == 0, Article.drafted == 0,
                  Article.checked == 1, Article.articleid > articleid).\
                  order_by(Article.articleid).limit(1).first()
    # 如果没有查询到比当前编号更大的文章编号，则说明其为最后一篇文章，其下一篇文章依然是当前文章
    if row is None:
        next_id = articleid
    else:
        next_id = row.articleid

    dict['next_id'] = next_id
    dict['next_headline'] = self.find_headline_by_id(next_id)

    return dict
```

其次，重构 article 控制器中的 read 接口，添加关联推荐的两篇文章的编号，并将其渲染到模板页面中。

```python
# 获取当前文章的上一篇和下一篇文章
prev_next = Article().find_prev_next_by_id(articleid)

# 将关联推荐的两篇文章的数据prev_next传递给模板页面
return render_template('article-user.html', article=dict, payed=payed,
            position=position, comment_user=comment_user,
            is_favorited=is_favorited, prev_next=prev_next)
```

最后，在 article-user.html 模板页面中，利用模板变量进行填充，相关代码如下。

```html
<div class="col-12 article-nav">
    <div>版权所有，转载本站文章请注明出处：蜗牛笔记，
http://www.woniunote.com/article/{{article.articleid}}</div>
    <div>上一篇：
        <a href="{{prev_next.prev_id}}">{{prev_next.prev_headline}}</a>
    </div>
    <div>下一篇：
        <a href="{{prev_next.next_id}}">{{prev_next.next_headline}}</a>
    </div>
</div>
```

关联推荐功能的效果如图 6-1 所示。

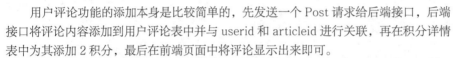

图 6-1　关联推荐功能的效果

6.5　用户评论功能

V6-3　发表评论和显示评论

6.5.1　开发思路

用户评论功能的添加本身是比较简单的，先发送一个 Post 请求给后端接口，后端接口将评论内容添加到用户评论表中并与 userid 和 articleid 进行关联，再在积分详情表中为其添加 2 积分，最后在前端页面中将评论显示出来即可。

但是，在开发一个系统时，太过简单的处理通常会存在一些风险。由于用户发表评论即可获取积分，也就是说，用户可以通过发表大量的评论来获取足够的积分，这显然是存在风险的。一方面，积分阅读的文章将变得毫无门槛；另一方面，用户可能通过这个发表评论的接口不断向系统发起请求以操纵数据库，甚至导致系统瘫痪。处理好这两个方面的问题，才是用户评论功能开发的关键所在。

要解决以上潜在问题，只需要结合评论用户的 ID 和日期限制评论行为即可。对于用户发表的每一条评论，都在用户评论表中记录了其 userid 和 createtime，所以限制同一用户同一天内只能发表 5 条评论是很容易实现的。

6.5.2　发表评论

首先，定义 Comment 模型类，并添加按文章读取评论、添加评论和检查是否超出当天的评论限制 3 个方法。

```
from flask import session, request
from sqlalchemy import Table
from common.database import dbconnect
import time

dbsession, md, DBase = dbconnect()

class Comment(DBase):
    __table__ = Table("comment", md, autoload=True)

    # 新增一条评论
    def insert_comment(self, articleid, content, ipaddr):
        now = time.strftime('%Y-%m-%d %H:%M:%S')
        comment = Comment(userid=session.get('userid'),articleid=articleid,
                    content=content, ipaddr=ipaddr, createtime=now, updatetime=now)
        dbsession.add(comment)
        dbsession.commit()

    # 根据文章编号查询所有评论
    def find_by_articleid(self, articleid):
        result = dbsession.query(Comment).filter_by(articleid=articleid, hidden=0).all()
        return result

    # 根据用户ID和日期查询是否已经超过每天只能发表5条评论的限制
```

```python
def check_limit_per_5(self):
    start = time.strftime("%Y-%m-%d 00:00:00")   # 当天的起始时间
    end = time.strftime("%Y-%m-%d 23:59:59")     # 当天的结束时间
    result = dbsession.query(Comment).filter(Comment.userid==
        session.get('userid'), Comment.createtime.between(start, end)).all()
    if len(result) >= 5:
        return True      # 返回True时表示当天已经不能再发表评论
    else:
        return False
```

由于添加评论后需要更新文章的回复数量（即 replycount 字段）的值，所以要同步为 Article 模型类添加一个新的方法，用于更新 replycount 字段的值。

```python
# 当发表或者回复评论后，为replycount字段的值加1
def update_replycount(self, articleid):
    row = dbsession.query(Article).filter_by(articleid=articleid).first()
    row.replycount += 1
    dbsession.commit()
```

其次，添加 comment 控制器，并添加新增评论的接口，同时在 main.py 中注册该模块。

```python
from flask import Blueprint, request
from model.comment import Comment
from model.credit import Credit
from model.users import Users
from model.article import Article

comment = Blueprint("comment", __name__)

# 遵循RESTful风格的接口，用于新增评论
@comment.route('/comment', methods=['POST'])
def add():
    articleid = request.form.get('articleid')
    content = request.form.get('content')
    ipaddr = request.remote_addr

    # 如果评论的字数低于5个或多于1000个，则视为不合法
    if len(content) < 5 or len(content) > 1000:
        return 'content-invalid'

    comment = Comment()
    # 没有超出限制才能发表评论
    if not comment.check_limit_per_5():
        try:
            comment.insert_comment(articleid=articleid, content=content, ipaddr=ipaddr)
            # 评论成功后，同步更新积分详情表的明细、用户表的积分和文章表的回复数
            Credit().insert_detail(type='添加评论', target=articleid, credit=2)
            Users().update_credit(2)
            Article().update_replycount(articleid)
            return 'add-pass'
        except:
            return 'add-fail'
    else:
        return 'add-limit'
```

最后，在 article-user.html 页面中，为用户添加评论增加 JavaScript 函数。

```javascript
function addComment(articleid) {
    var content = $.trim($("#comment").val());
    if (content.length < 5 || content.length > 1000) {
```

```
            bootbox.alert({title:"错误提示", message:"评论内容为5~1000字."});
            return false;
        }
        var param = 'articleid=' + articleid + '&content=' + content;
        $.post('/comment', param, function (data) {
            if (data == 'content-invalid') {
                bootbox.alert({title:"错误提示", message:"评论内容为5~1000字."});
            }
            else if (data == 'add-limit') {
                bootbox.alert({title:"错误提示", message:"当天已用完5条评论的限额."});
            }
            else if (data =='add-pass') {
                location.reload();
            }
            else {
                bootbox.alert({title:"错误提示", message:"发表评论出错，请联系管理员."});
            }
        });
    }
```

由于用户需要登录后发表评论才能享受积分，所以需要在前端页面中做适当处理，以便于让用户清楚地知道应该做什么，能不能发表评论。图 6-2 所示为用户在登录和未登录状态下的发表评论页面截图。

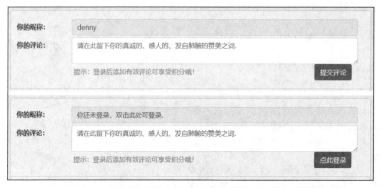

图 6-2　用户在登录和未登录状态下的发表评论页面截图

下述 article-user.html 中的代码展示了如何根据登录与否显示不同的评论页面，其重点在于利用模板引擎的判断语法对 Session 变量进行判断，进而渲染出不同的页面。

```
<div class="col-12 row add-comment ">
    <div class="col-sm-2 col-12">
        <label for="nickname">你的昵称：</label>
    </div>
    <div class="col-sm-10 col-12" style="padding: 0 0 0 10px;">
        {% if session.get('islogin') == 'true' %}
        <input type="text" class="form-control" id="nickname"
            value="{{session.get('nickname')}}" readonly/>
        {% else %}
        <input type="text" class="form-control" id="nickname" value="你还未登录，双
            击此处可登录." ondblclick="showLogin()" readonly/>
        {% endif %}
    </div>
</div>
<div class="col-12 row">
    <div class="col-sm-2 col-12">
```

```html
            <label for="comment">你的评论：</label>
        </div>
        <div class="col-sm-10 col-12" style="padding: 0 0 0 10px;">
            <textarea id="comment" class="form-control" placeholder="请在此留下你的真
                诚的、感人的、发自肺腑的赞美之词."></textarea>
        </div>
</div>
<div class="col-12 row" style="margin-bottom: 20px;">
        <div class="col-2"></div>
        <div class="col-sm-8 col-12" style="text-align: left; color: #888888;">提示：登录后
            添加有效评论可享受积分哦！</div>
        <div class="col-sm-2 col-12" style="text-align: right;">
            {% if session.get('islogin') == 'true' %}
            <button type="button" class="btn btn-primary"
                onclick="addComment('{{article.articleid}}')">
                提交评论</button>
            {% else %}
            <button type="button" class="btn btn-primary" onclick="showLogin()">
                点此登录</button>
            {% endif %}
        </div>
</div>
```

6.5.3 显示评论

完成用户评论的发表后，还需要在页面中将其显示出来。所以需要在查询文章时连接查询用户表和用户评论表，同时将评论内容、评论者昵称及评论者头像等信息全部显示出来。

首先，需要为 Comment 模型类添加与用户的关联查询功能。

```python
# 查询评论与用户信息，注意评论也需要分页
def find_limit_with_user(self, articleid, start, count):
    result = dbsession.query(Comment, Users).join(Users, Users.userid==
        Comment.userid).filter(Comment.articleid==articleid, Comment.hidden==0)\
        .order_by(Comment.commentid.desc()).limit(count).offset(start).all()
    return result
```

其次，重构 article 控制器中的 read 接口，将评论渲染出来。

```python
# 显示文章对应的评论
comment_user = Comment().find_limit_with_user(articleid, 0, 50)

# 为当前文章渲染评论
return render_template('article-user.html', article=dict, payed=payed,
                    position=position, comment_user=comment_user)
```

前端正常显示和填充对应位置的内容后，要注意对用户角色进行判断，如哪些用户角色可以点赞，哪些用户角色可以回复，哪些用户角色可以删除。

```html
{% for comment, user in comment_user %}
<div class="col-12 list row">
    <div class="col-2 icon">
        <img src="/avatar/{{user.avatar}}" class="img-fluid" style="width: 70px;"/>
    </div>
    <div class="col-10 comment">
        <div class="col-12 row" style="padding: 0px;">
            <div class="col-sm-6 col-12 commenter">
                <!-- 显示用户昵称 --> {{user.nickname}}
                   {{comment.createtime}}</div>
            <div class="col-sm-6 col-12 reply">
```

```html
                <!-- 文章作者、管理员和评论者只能回复和隐藏，不能点赞-->
                {% if article.userid == session.get('userid') or
                      session.get('role') == 'admin' or
                      comment.userid == session.get('userid') %}
                <label onclick="gotoReply('{{comment.commentid}}')">
                <span class="oi oi-arrow-circle-right" aria-hidden="true"></span>回复
                </label>   
                <label onclick="hideComment(this, '{{comment.commentid}}')">
                    <span class="oi oi-delete" aria-hidden="true"></span>隐藏
                </label>

                {% else %}        <!-- 其他用户只能回复和点赞，不能隐藏 -->
                {# 如果设计为匿名用户，不能点赞，则继续判断是否为登录状态 #}
                {# {% elif session.get('islogin') != None %} #}
                <label onclick="gotoReply('{{comment.commentid}}')">
                <span class="oi oi-arrow-circle-right" aria-hidden="true"></span>回复
                </label>   
                <label onclick="agreeComment(this, '{{comment.commentid}}')">
                    <span class="oi oi-chevron-bottom" aria-hidden="true"></span>
                    赞成(<span>{{comment.agreecount}}</span>)
                </label>   
                <label onclick="opposeComment(this, '{{comment.commentid}}')">
                    <span class="oi oi-x" aria-hidden="true"></span>
                        反对(<span>{{comment.opposecount}}</span>)
                </label>
                {% endif %}
            </div>
        </div>
        <div class="col-12 content">
            {{comment.content}}
        </div>
    </div>
</div>
{% endfor %}
```

最后，完成上述代码的调试后，使用管理员或作者权限登录，评论区效果如图 6-3 所示。

图 6-3　管理员或作者权限的评论区效果

6.5.4 回复评论

回复评论是评论区的主要互动形式之一，回复评论是一个看似简单但比较难处理的功能，既需要解决用户发表回复的操作方便性问题，又要解决回复评论的展示问题。按照前面的显示评论的处理方式，无法正确显示回复的评论，所以需要对代码进行重构。

要发表回复，必须先设计一个发表回复的文本域使用户能够输入文字。由于发表评论正好已经有一个文本域供用户输入，所以完全可以借助这个现成的文本域进行评论的回复，通过 JavaScript 代码来对"发表评论"按钮进行处理，例如，页面中设计两个按钮——"发表评论""回复评论"，由代码基于用户行为来决定显示哪一个按钮。

当用户在某一条原始评论中单击右侧的"回复"按钮后，将隐藏"发表评论"按钮，而显示"回复评论"按钮。这一交互过程可以在 gotoReply 函数中实现，比较简单。回复评论最关键的问题是，如何获取当前正在回复的那一条评论的编号，必须将该编号提交给后端才能正确存储原始评论和回复评论之间的关系。在上述模板页面中单击评论右侧的"回复"按钮时，将评论编号作为参数传递给 gotoReply 函数，但是问题在于 gotoReply 函数并不是直接向后端发起请求，而只是将"回复评论"按钮显示出来，而"回复评论"按钮才真正实现评论的回复功能。那么回复评论时如何知道 gotoReply 函数中的参数值是什么呢？其实，这也是经常在网页交互的过程中遇到的问题，即借助一个临时变量来进行值的中转。通常而言，解决方案有两种，一是使用 JavaScript 的页面全局变量在不同函数之间进行修改和引用；二是使用一个隐藏的 DIV 元素作为临时中转，将值保存在 DIV 中。本节采用全局变量的方案来实现。

首先，在 Comment 模型类中实现回复评论的数据处理过程。

```
# 新增一条回复，将原始评论的ID作为新评论的replyid字段进行关联
def insert_reply(self, articleid, commentid, content, ipaddr):
    now = time.strftime('%Y-%m-%d %H:%M:%S')
    comment = Comment(userid=session.get('userid'), articleid=articleid,
                content=content, ipaddr=ipaddr, replyid=commentid,
                createtime=now, updatetime=now)
    dbsession.add(comment)
    dbsession.commit()
```

其次，在 comment.py 中添加 reply 接口用于接收回复评论的数据。代码的处理方式与发表评论几乎一样，只是增加了 replyid 的值。

```
@comment.route('/reply', methods=['POST'])
def reply():
    articleid = request.form.get('articleid')
    commentid = request.form.get('commentid')
    content = request.form.get('content').strip()
    ipaddr = request.remote_addr

    # 如果评论的字数低于5个或多于1000个，则视为不合法
    if len(content) < 5 or len(content) > 1000:
        return 'content-invalid'

    comment = Comment()
    # 没有超出限制才能发表评论
    if not comment.check_limit_per_5():
        try:
            comment.insert_reply(articleid=articleid, commentid=commentid,
                        content=content, ipaddr=ipaddr)
            # 评论成功后，同步更新积分详情表的明细、用户表的积分和文章表的回复数
            Credit().insert_detail(type='回复评论', target=articleid, credit=2)
```

```
                Users().update_credit(2)
                Article().update_replycount(articleid)
                return 'reply-pass'
            except:
                return 'reply-fail'
        else:
            return 'reply-limit'
```

再次,重新绘制前端发表评论的页面,为按钮添加 ID 属性,并增加"回复评论"按钮。

```
<div class="col-sm-2 col-12" style="text-align: right">
    {% if session.get('username') != None %}
    <button type="button" class="btn btn-primary"
        onclick="addComment('{{article.articleid}}')" id="submitBtn">提交评论
    </button>
    <!-- "回复评论" 按钮默认设置为隐藏 -->
    <button type="button" class="btn btn-primary"
        onclick="replyComment('{{article.articleid}}')" style="display: none;"
        id="replyBtn">回复评论
    </button>
    {% else %}
    <button type="button" class="btn btn-primary" onclick="showLogin()">
        点此登录</button>
    {% endif %}
</div>
```

完成按钮的处理后,接下来实现每一条原始评论中都有的回复评论所触发的 gotoReply 函数的功能。

```
// 定义全局变量,与函数同级,用于中转保存被回复评论的ID
var COMMENTID= 0;

function gotoReply(commentid) {
    $("#submitBtn").hide();        // 隐藏"发表评论"按钮
    $("#replyBtn").show();         // 显示"回复评论"按钮
    $("#nickname").val("请在此回复编号为 " + commentid + " 的评论");
    $("#comment").focus();         // 使文本域获取焦点
    COMMENTID= commentid;  // 修改全局变量的值为当前被回复评论的ID
}
```

当单击某条评论右侧的"回复"按钮时,将触发运行 gotoReply 函数,并将焦点置于文本域中,同时按钮显示为"回复评论",如图 6-4 所示。

图 6-4　回复评论时的页面截图

最后,实现 replyComment 函数的功能,完成正式的评论回复功能,代码如下。

```
function replyComment(articleid) {
    var content = $.trim($("#comment").val());
    if (content.length < 5 || content.length > 1000) {
        bootbox.alert({title: "错误提示", message: "评论内容为5~1000字."});
        return false;
    }
    var param = 'articleid=' + articleid;
    param += '&content=' + content;
```

```
param += '&commentid=' + COMMENTID;
$.post('/reply', param, function (data) {
    if (data == 'content-invalid') {
        bootbox.alert({title: "错误提示", message: "评论内容为5~1000字."});
    }
    else if (data == 'reply-limit') {
        bootbox.alert({title:"错误提示", message:"当天已用完5条评论的限额."});
    }
    else if (data =='reply-pass') {
        location.reload();
    }
    else if (data == 'reply-fail') {
        bootbox.alert({title:"错误提示", message:"回复评论出错，请联系管理员."});
    }
});
}
```

6.5.5 显示回复

回复评论功能完成后，还需要考虑显示回复的问题。显然，目前实现的显示评论的处理方法无法将对应的每条评论的回复都进行正确显示，所以需要设计新的方案来解决这一问题。当查询到一条评论后，必然需要到用户评论表中查询该条评论是否有回复内容，如果有，则需要将其遍历出来。这个查询过程比较复杂，要先根据当前文章编号查询到该文章对应的所有原始评论，再根据每一条原始评论查询其回复的评论。完成这一系列查询过程后，还需要基于模板引擎进行正确的渲染，以确保用户明确知道某条评论是回复的评论还是原始评论。

由于第 2 章设计页面时并没有考虑到回复评论的显示，所以本节先从页面开始进行设计，以便理清思路。首先要考虑如何在显示的时候区分哪些是原始评论，哪些是回复评论。通常来说，可以通过不同的显示风格来进行直观的确定，例如，回复评论的头像设计得小一些，加上一些特殊的回复标识，使用不同的字体进行区分等。图 6-5 所示为评论区带回复的页面设计方案。

图 6-5　评论区带回复的页面设计方案

在页面设计方案中,只需要先在有评论回复的评论中循环遍历所有回复,再利用与原始评论相似的样式表进行设计,同时对头像、点赞和内容进行一些适当的修改即可构成回复评论的页面。从后续的模板页面填充的源代码中可以看到回复评论的样式差异。

完成了评论区页面设计方案后,接下来便是代码实现了。首先想到的方案是先从数据库中查询出所有当前文章的原始评论(查询条件为replyid=0且hidden=0),再循环填充原始评论到评论区,但是回复评论又该如何填充呢?当然,在填充原始评论时,可以每填充一条评论,就继续查询一次数据库,找到对应的回复评论(即 replyid=commentid)。但是如何继续查询呢?显然在模板引擎中无法这样处理。所以,最好的方式就是将原始评论和回复评论一次性查询出来再渲染到模板引擎中,模板引擎根据用户评论表的 replyid 字段的值进行判断和填充,如果 replyid=0 则填充为原始评论,否则填充到对应的原始评论的下方。这种处理方式的核心在于,原始评论必须要与其相应的回复评论进行关联。也就是说,回复评论必须成为原始评论的一部分,才能在模板页面中实现评论遍历时同步进行判断。所以,在控制器中渲染的每一条原始评论必须包含该条评论的所有回复评论。

为了更好地理解这种关联关系,必须重新设计数据结构,例如,前面填充原始评论和用户信息的数据主要通过 Comment 模型类的方法 find_limit_with_user 来进行查询,返回的是一个包含 Comment 和 Users 两个模型对象的列表,数据结构为[0, 0]。

```
[(<__main__.Comment object at 0x11BA1030>, <model.users.Users object at 0x11BA1090>),
(<__main__.Comment object at 0x11BA10D0>, <model.users.Users object at 0x11BA1090>)]
```

上述数据直接可以在模板页面中引用,由于评论已经与用户进行连接查询,所以每一条评论显示出来的用户信息都是正确的。这是一种标准的一对一关系,一条评论必然只对应一个用户,所以使用上述数据结构完全可以处理原始评论的显示。但是要实现原始评论与回复评论的关联,这种数据结构就存在问题了。因为一条原始评论可以有多条回复评论,这种一对多的关系无法一次性完成查询处理。在第 3 章中设计表结构的时候,直接将回复评论保存在用户评论表中,并通过 replyid 字段进行区分和关联。即使不这样设计表结构,将回复评论放到另外一张名为 reply 的表中,也一样是一对多的关系。假设 1 条原始评论对应 3 条回复评论,1 条原始评论对应 1 个用户,同时 3 条回复评论对应 3 个用户,这种复杂的关系很难通过简单的关系型数据库的处理来解决关联问题。

究竟应该怎样来描述原始评论与回复评论,同时与对应的评论用户进行一对一关联,并正确地反应回复评论与原始评论的一对多的关系呢?由于 JSON 的数据结构是允许多层嵌套的,即列表中嵌套字典,字典的值可以继续是列表或字典,其中还可以继续嵌套列表或字典,没有任何层级限制。所以可以考虑使用 JSON 的数据结构来描述这种关系。例如,针对 1 条原始评论和 3 条回复评论,对应 4 个用户数据的这种场景,可以将其数据结构描述为以下形式。

```
[
{原始评论1;对应用户1;ReplyList(新Key):[ {回复评论1;回复用户1},{回复评论2;回复用户2},{回复评论3;回复用户3} ] },
{原始评论2;对应用户2;ReplyList(新Key):[ {回复评论1;回复用户1},{回复评论2;回复用户2},{回复评论3;回复用户3},{回复评论4;回复用户4} ] }
{原始评论3;对应用户3;ReplyList(新Key):[ ]      //  指该条原始评论无回复
]
```

上述数据结构是一个有效的 JSON 格式,也是一个有效的 Python 数据结构。顶层的列表决定了一共有多少条原始评论,每一条原始评论对应一条用户信息,同时,每一条原始评论对应一条 ReplyList 的 Key,该条原始评论的 ReplyList 对应的 Value 又是一个新的列表,其中包含了该条评论的所有回复评论和回复用户信息。利用这种数据结构在模板页面中进行渲染时,模板页面先遍历最顶层的列表,可以渲染出所有原始评论;此后,每渲染一条原始评论时,就对其 ReplyList 进行判断,如果不为空,则继续遍历 ReplyList 的 Key 的列表值,将其中的回复评论渲染在当前原始评论的下方。

现在的问题变成了如何针对一篇文章的评论成功构建出上述数据结构。首先需要查询原始评论(查询条件为 replyid=0 且 hidden=0),为其构建一个列表+字典的数据结构。由于是两张表的连接查询,所以构建出来的标准数据结构为[({Comment 字典}, {Users 字典}), ({}, {})]。为了避免再多一层元组，直接将其构建为[{},{}]，所以构建的时候直接把 Comment 和 Users 两个模型结果放到同一个字典中，不再用元组进行区分。这样的结果就是同一个字典存在相同的 Key，例如，用户评论表和用户表均有 userid、createtime、updatetime 等字段，在这种情况下，后一张表的字段值会覆盖前一张表的字段值。此处第二张表为用户表，其重复字段的值不需要取得，所以可以通过判断 Key 是否存在的方式跳过重复字段。如果需要取得第二个重复的 Key，那么在构建数据结构时，可以对重复的 Key 值进行重命名。当完成了原始评论的数据结构的构建后，接下来是遍历这个列表，针对其中的每一条原始评论，利用 replyid=commentid 的条件继续查询到所有回复评论。这个回复评论又是一个 Comment 和 Users 的连接查询结果，同样将其构建为列表+字典的数据结构,将该列表+字典赋值给原始评论的一个新的 Key 值。

在 4.3.10 节中，演示了将 SQLAlchemy 的结果集转换为 JSON 数据结构的处理过程，但是只是针对一个模型类的结果集进行处理。与这种处理方式类似，现在为了能够成功地处理用户评论表和用户表的连接查询结果，需要先将 Comment 和 Users 两个模型类的数据提取到一个列表+字典的数据结构中，从而方便地进行遍历和修改。

首先，在 utility.py 中设计一个新的公共函数 model_join_list，用于将两张表的连接查询结果保存到列表+字典对象中。

```python
# 将SQLAlchemy连接查询两张表的结果集转换为[{},{}]
def model_join_list(result):
    list = []  # 定义列表，用于存放所有行
    for obj1, obj2 in result:
        dict = {}
        for k1, v1 in obj1.__dict__.items():
            if not k1.startswith('_sa_instance_state'):
                if not k1 in dict:  # 如果字典中已经存在相同的Key，则跳过
                    dict[k1] = v1
        for k2, v2 in obj2.__dict__.items():
            if not k2.startswith('_sa_instance_state'):
                if not k2 in dict:  # 如果字典中已经存在相同的Key，则跳过
                    dict[k2] = v2
        list.append(dict)
    return list
```

其次，在 Comment 模型类中添加两个方法，用于查询原始评论和回复评论。出于后续针对评论进行分页的考虑，这里要继续对分页提供支持。

```python
# 查询原始评论与对应的用户信息，带分页参数
def find_comment_with_user(self, articleid, start, count):
    result = dbsession.query(Comment, Users).join(Users, Users.userid ==
            Comment.userid).filter(Comment.articleid == articleid,
        Comment.hidden == 0, Comment.replyid == 0) \
        .order_by(Comment.commentid.desc()).limit(count).offset(start).all()
    return result

# 查询回复评论，回复评论不需要分页
def find_reply_with_user(self, replyid):
    result = dbsession.query(Comment, Users).join(Users,
            Users.userid==Comment.userid)
            .filter(Comment.replyid==replyid, Comment.hidden==0).all()
    return result
```

再次，在 Comment 模型类中进行数据处理，生成一个可以用于渲染到模板页面的数据结构。

```python
# 根据原始评论和回复评论生成一个关联列表
def get_comment_user_list(self, articleid, start, count):
    result = self.find_comment_with_user(articleid, start, count)
```

```
        comment_list = model_join_list(result)    # 原始评论的连接结果
        for comment in comment_list:
            # 查询原始评论对应的回复评论,将其转换为列表并保存到comment_list中
            result = self.find_reply_with_user(comment['commentid'])
            # 为comment_list列表中的原始评论字典对象添加一个新Key,为reply_list
            # 用于存储当前原始评论的所有回复评论,如果无回复评论,则列表值为空
            comment['reply_list'] = model_join_list(result)
        return comment_list          # 将新的数据结构返回给控制器接口
```

完成数据模型类的操作方法实现后,开始对 article 控制器中的 read 接口进行重构,使其能够读取到新的数据并渲染给模板页面。重构后的 read 接口代码如下。

```
# 获取文章对应的原始评论和回复评论
comment_list = Comment().get_comment_user_list(articleid, 0, 50)

# 以JSON数据结构填充评论
return render_template('article-user.html', article=dict, payed=payed,
                        position=position, comment_list=comment_list,
                        is_favorited=is_favorited, prev_next=prev_next)
```

最后,在模板页面中进行渲染。由于待渲染数据采用了全新的数据结构,所以模板页面必须完成修改以符合新的数据结构要求,建议在修改前备份 article-user.html 页面。修改过后的 article-user.html 页面的评论部分的代码如下。

```
{% for comment in comment_list %}
<div class="col-12 list row">
    <div class="col-2 icon">
        <!-- 为原始评论设置70px的大头像,并设置移动端自适应 -->
        <img src="/avatar/{{comment.avatar}}" class="img-fluid"
             style="width: 70px;"/>
    </div>
    <div class="col-10 comment">
        <div class="col-12 row" style="padding: 0px;">
            <!--为PC端设置6行宽度,为移动端设置12行宽度 -->
            <div class="col-sm-6 col-12 commenter">
                <!-- 显示用户昵称 --> {{comment.nickname}}
                   {{comment.createtime}}
            </div>
            <div class="col-sm-6 col-12 reply">
                <!-- 文章作者、管理员和评论者只能回复和隐藏,不能点赞-->
                {% if article.userid == session.get('userid') or
                    session.get('role') == 'admin' or
                    comment.userid == session.get('userid') %}
                <label onclick="gotoReply('{{comment.commentid}}')">
                    <span class="oi oi-arrow-circle-right"
                          aria-hidden="true"></span>回复
                </label>   
                <label onclick="hideComment(this, '{{comment.commentid}}')">
                    <span class="oi oi-delete" aria-hidden="true"></span>隐藏
                </label>

                <!-- 其他用户只能回复和点赞,不能隐藏 -->
                {% else %}
                {# 如果设计为匿名用户,则不能点赞,继续判断其是否为登录状态 #}
                {# {% elif session.get('islogin') != None %}   此处为模板注释#}
                <label onclick="gotoReply('{{comment.commentid}}')">
                    <span class="oi oi-arrow-circle-right"
                          aria-hidden="true"></span>回复
```

```html
            </label>  
            <label onclick="agreeComment(this, '{{comment.commentid}} ')">
                <span class="oi oi-chevron-bottom" aria-hidden="true"></span>
                赞成(<span>{{comment.agreecount}}</span>)
            </label>  
            <label onclick="opposeComment(this, '{{comment.commentid}}')">
                <span class="oi oi-x" aria-hidden="true"></span>
                反对(<span>{{comment.opposecount}}</span>)
            </label>
                {% endif %}
            </div>
        </div>
        <div class="col-12 content">
            {{comment.content}}         <!-- 填充原始评论内容 -->
        </div>
    </div>
</div>

<!-- 在当前评论下方填充回复评论, 只有当前评论有回复时才进行填充 -->
{% if comment['reply_list'] %}
    {% for reply in comment['reply_list'] %}
    <div class="col-12 list row">
        <div class="col-2 icon">
            <!-- 为回复评论设置45px的小头像, 并设置移动端自适应 -->
            <img src="/avatar/{{reply.avatar}}" class="img-fluid"
                style="width: 45px;"/>
        </div>
        <div class="col-10 comment" style="border: solid 1px #ccc;">
            <div class="col-12 row" style="color: #337AB7;">
                <div class="col-sm-7 col-12 commenter" style="color: #337AB7;">
                    <!--若有昵称, 则填充昵称, 否则填充用户名 -->
                    {{reply.nickname}} 回复 {{comment.nickname}}
                       {{reply.createtime}}
                </div>
                <div class="col-sm-5 col-12 reply">
                    <!-- 回复的评论不能继续回复, 但是可以隐藏和点赞 -->
                    {% if article.userid == session.get('userid') or
                        session.get('role') == 'admin' or
                        comment.userid == session.get('userid') %}
                    <label onclick="hideComment(this, '{{comment.commentid}}')">
                        <span class="oi oi-delete" aria-hidden="true"></span>
                        隐藏</label>  
                    {% endif %}
                    <label onclick="agreeComment(this, '{{reply.commentid}}')">
                    <span class="oi oi-chevron-bottom" aria-hidden="true"></span>
                    赞成(<span>{{reply.agreecount}}</span>)
                    </label>  
                    <label onclick="opposeComment(this, '{{reply.commentid}}')">
                        <span class="oi oi-x" aria-hidden="true"></span>
                        反对(<span>{{reply.opposecount}}</span>)
                    </label>
                </div>
            </div>
            <div class="col-12">
                回复内容: {{reply.content}}
```

```
                </div>
            </div>
        </div>
    {% endfor %}
{% endif %}

{% endfor %}
```

6.5.6 评论分页

分页功能已经在文章列表和分类列表的功能中实现了两次，所以其并不是一种新技术，相信读者也已经非常熟悉其实现方式了。但是针对评论区的分页是一个新的问题领域。之前的分页是通过模板引擎进行处理的，会导致整个页面刷新，用户体验不是太好。如果按照之前的分页方式实现文章阅读页面的评论区分页，则其 URL 地址格式类似于 "http://127.0.0.1:5000/article/122-1"，显得不够友好。所以本节将演示利用 Ajax 技术实现分页的方法，这样可以只刷新评论内容而不需要刷新整个页面。

就像通过 Ajax 技术在前端渲染文章推荐栏一样，要实现 Ajax 的无刷新分页，其基本思路是通过 JavaScript 代码而不是模板引擎来动态填充评论内容。这本身并没有使用新的技术，但是需要非常仔细地利用 JavaScript 代码做好字符串拼接，避免拼接过程出现错误而导致一些交互功能无法正常使用。

首先，在 Comment 模型类中，get_comment_user_list 方法已经实现了分页处理，所以在前面的代码中直接手动限制最多显示 50 条评论（article 控制器中的 read 接口处的代码）。无论前端分页还是后端分页，都需要计算总页数，所以要先为 Comment 模型类添加一个方法用于计算某篇文章的原始评论总数。

```python
# 查询某篇文章的原始评论总数
def get_count_by_article(self, articleid):
    count = dbsession.query(Comment).filter_by(articleid=articleid, hidden=0,
                                               replyid=0).count()
    return count
```

前面已经实现了文章阅读页面的评论填充，为了避免对前面的代码进行大的修改，此处仍然将默认的第 1 页评论由模板引擎填充，只需要简单修改 article.py 中的 read 接口的代码，由模板引擎负责在评论区下方生成分页栏即可。这一过程不论是由前端来填充还是由后端来填充本质都是一样的，阅读一篇文章时必然会实现页面刷新。但是当浏览评论的第 2 页或其他页时，不建议再次刷新整个页面。read 接口需修改部分的代码如下。

```python
# 获取文章对应的原始评论和回复评论，并填充分页数量
comment = Comment()
comment_list = comment.get_comment_user_list(articleid, 0, 10)
count = comment.get_count_by_article(articleid)
total = math.ceil(count / 10)

return render_template('article-user.html', article=dict, payed=payed,
                       position=position, comment_list=comment_list,
                       is_favorited=is_favorited, prev_next=prev_next, total=total)
```

其次，在模板页面中填充分页栏，代码的新增部分如下。

```html
<!-- 由于使用Ajax进行分页，因此分页导航时不能再使用超链接 -->
{% if total > 1 %} <!-- 多于1页才有分页栏 -->
<div class="col-12 paginate">
 <label onclick="gotoPage({{article['articleid']}}, 'prev')">上一页</label>  

    {% for i in range(total) %}
 <label onclick="gotoPage({{article['articleid']}}, '{{i+1}}')">{{i + 1}}</label>  
```

```
    {% endfor %}

<label onclick="gotoPage({{article['articleid']}}, 'next')">下一页</label>
</div>
{% endif %}
```

再次,在模板页面的 JavaScript 代码中定义一个全局变量 TOTAL,用于接收分页的总页数,由模板引擎进行填充,供 JavaScript 代码使用。

```
var TOTAL = {{total}};    // 定义总页数,由模板引擎进行填充
```

为了实现前端分页,需要单独为 comment 控制器添加一个分页接口以供前端调用。

```python
# 为了使用Ajax分页,特创建此接口作为演示
# 分页栏已经完成渲染,此接口仅根据前端的页码请求后端对应数据
@comment.route('/comment/<int:articleid>-<int:page>')
def comment_page(articleid, page):
    start = (page - 1) * 10
    comment = Comment()
    list = comment.get_comment_user_list(articleid, start, 10)
    return jsonify(list)
```

后端分页接口开发完成后,可以在浏览器地址栏中直接输入网址 "http://127.0.0.1:5000/comment/7-2" 进行测试,其运行结果如图 6-6 所示。

图 6-6　评论的后端分页接口的运行结果

从图 6-6 中可以看到,只要前端发送不同的页码到后端,后端就可以正确地响应对应页面的评论。完成后端接口的开发后,现在需要进行前端的内容渲染。先在模板页面的评论区的外层定义一个用于动态添加评论列表的 DIV,并设置 ID 属性,以在前端分页时动态地将评论区内容通过 JavaScript 代码渲染出来。

```html
<div id="commentDiv">
<!-- 在此动态地添加评论内容，其中的元素为模板页面之前的评论区内容，添加完成后，并不影响目前评论区第1
页的显示 -->
</div>
```

再为评论栏和分页栏添加 JavaScript 动态填充代码，注意代码中单引号、双引号和"+"连接符的使用，这里建议备份 article-user.html 文件。

```javascript
var PAGE = 1;              // 定义全局变量，用于记录当前页面是哪一页，默认是第1页
var TOTAL = {{total}};     // 定义总页数，由模板引擎进行填充

// 添加gotoPage函数对应的代码
function gotoPage(articleid, type) {
    // 如果当前页面是第1页，则其上一页还是第1页
    if (type == 'prev') {
        if (PAGE > 1)
            PAGE -= 1;
    }
    // 如果当前页面是最后一页，则其下一页还是最后一页
    else if (type == 'next') {
        if (PAGE < TOTAL)
            PAGE += 1;
    }
    else {
        PAGE = parseInt(type);
    }
    fillComment(articleid, PAGE);
}

// 填充分页评论数据，注意其中的DOM元素的拼接操作
function fillComment(articleid, pageid) {
    $("#commentDiv").empty();           // 清空现有评论
    var content = '';                    // 用于拼接评论区元素与内容
    $.get('/comment/' + articleid + '-' + pageid, function (data) {
        var comment = data;
        for (var i in comment) {
            content += '<div class="col-12 list row">';
            content += '<div class="col-2 icon">';
            content += '<img src="/avatar/' + comment[i]['avatar'] + '"'
                    + ' class="img-fluid" style="width: 70px;"/>';
            content += '</div>';
            content += '<div class="col-10 comment">';
            content += '<div class="col-12 row" style="padding: 0px;">';
            content += '<div class="col-sm-6 col-12 commenter">';
            content += comment[i]['nickname'];
            content += '   ' + comment[i]['createtime'];
            content += '</div>';
            content += '<div class="col-sm-6 col-12 reply">';
            <!-- 文章作者、管理员和评论者只能回复和隐藏，不能点赞-->
            <!-- 此处的判断内容由模板引擎进行填充，字符串的比较在外侧加 "" -->
            if ("{{article.userid}}" == "{{session.get('userid')}}" ||
                "{{session.get('role')}}" == "admin" ||
                comment[i]['userid']+"" == "{{session.get('userid')}}") {
                content += '<label onclick="gotoReply(' + comment[i]['commentid'] + ')">';
                content += '<span class="oi oi-arrow-circle-right"
```

```
                    aria-hidden="true"></span>';
            content += '回复</label>   ';
            content += '<label onclick="hideComment(this, ' +
                        comment[i]['commentid'] + ')">';
content += '<span class="oi oi-delete" aria-hidden="true"></span>隐藏</label>';
        }
        else {
        <!-- 其他用户只能回复和点赞，不能隐藏 -->
           content += '<label onclick="gotoReply(' + comment[i]['commentid'] + ')">';
            content += '<span class="oi oi-arrow-circle-right"
                        aria-hidden="true"></span>回复';
            content += '</label>  ';
            content += '<label onclick="agreeComment(this, ' +
                        comment[i]['commentid'] + ')">';
            content += '<span class="oi oi-chevron-bottom"
                        aria-hidden="true"></span>赞成(<span>' +
                        comment[i]['agreecount'] + '</span>)';
            content += '</label>  ';
            content += '<label onclick="opposeComment(this, ' +
                        comment[i]['commentid'] + ')">';
            content += '<span class="oi oi-x" aria-hidden="true"></span>反对
                        (<span>' + comment[i]['opposecount'] + '</span>)';
            content += '</label>';
        }
        content += '</div>';
        content += '</div>';
        content += '<div class="col-12 content">';
        content += comment[i]['content'];     <!-- 填充原始评论内容 -->
        content += '</div>';
        content += '</div>';
        content += '</div>';

        <!-- 在当前评论下方填充回复评论，只有当前评论有回复时才进行填充 -->
        if (comment[i]['reply_list'].length > 0) {
            var reply = comment[i]['reply_list'];
            for (var j in reply) {
                content += '<div class="col-12 list row">';
                content += '<div class="col-2 icon">';
                content += '<img src="/avatar/' + reply[j]['avatar'] + '"
                            class="img-fluid" style="width: 45px;"/>';
                content += '</div>';
                content += '<div class="col-10 comment" style="border: solid 1px
                            #ccc;">';
                content += '<div class="col-12 row" style="color: #337AB7;">';
                content += '<div class="col-sm-7 col-12 commenter"
                            style="color: #337AB7;">';
                <!-- 填充用户昵称 -->
                content += reply[j]['nickname'];
                content += ' 回复 ';
                content += comment[i]['nickname'];
                content += '   ';
                content += reply[j]['createtime'];
                content += '</div>';
```

```
                    content += '<div class="col-sm-5 col-12 reply">';
                    <!-- 回复的评论不能继续回复,但是可以隐藏和点赞 -->
                    if ("{{article.userid}}" == "{{session.get('userid')}}" ||
                        "{{session.get('role')}}" == "admin" ||
                        reply[j]['userid']+"" == "{{session.get('userid')}}") {
                        content += '<label onclick="hideComment(this, ' +
                            reply[j]['commentid'] + ')">';
                        content += '<span class="oi oi-delete"
                            aria-hidden="true"></span>隐藏';
                        content += '</label>  ';
                    }
                    content += '<label onclick="agreeComment(this, ' +
                        reply[j]['commentid'] + ')">';
                    content += '<span class="oi oi-chevron-bottom"
                        aria-hidden="true"></span>赞成(<span>' +
                        reply[j]['agreecount'] + '</span>)';
                    content += '</label>  ';
                    content += '<label onclick="opposeComment(this, ' +
                        reply[j]['commentid'] + ')">';
                    content += '<span class="oi oi-x" aria-hidden="true"></span>
                        反对(<span>' + reply[j]['opposecount'] + '</span>)';
                    content += '</label>';
                    content += '</div>';
                    content += '</div>';
                    content += '<div class="col-12">';
                    content += '回复内容:' + reply[j]['content'];
                    content += '</div>';
                    content += '</div>';
                    content += '</div>';
                }
            }
        }
        $("#commentDiv").html(content);        // 填充到评论区
    });
}
```

　　这里简单解释一下上述代码的逻辑。首先,由于后端使用模板引擎进行填充,所以在 JavaScript 代码中可以直接填充模板变量的值。因为模板引擎在后端进行渲染,是先于 JavaScript 代码执行的,所以无论是在 HTML 页面中还是在 JavaScript 代码中,模板变量的值都会先被替换掉,再响应给前端交给浏览器处理。所以才有在 JavaScript 代码中引用{{article.articleid}}模板变量或者通过 "if ("{{article.userid}}" == "{{session.get('userid')}}")" 来判断当前用户是否为文章作者这样的处理方式。

　　另外,虽然是通过 JavaScript 代码来动态填充评论区域,但是其实只是把模板引擎的判断逻辑转换为 JavaScript 代码的判断逻辑,将模板页面中的元素和布局等内容通过 JavaScript 代码拼接成字符串,并一次性填充到某个 DIV 元素中而已。读者可以通过在浏览器中查看页面源代码的方式,看到通过模板引擎渲染的页面和通过 JavaScript 代码渲染的页面的源代码有何不同。简单来说,如果通过模板引擎渲染,那么在浏览器中看到的源代码就是网页本身显示的内容;如果通过 JavaScript 代码渲染,那么在浏览器中看到的页面源代码将不是渲染完成后的页面代码,而是大量 JavaScript 代码。这也是 Ajax 请求对搜索引擎不友好的原因。

　　使用 jQuery 进行动态分页时,其核心就是字符串的拼接一定要正确,特别是中间的单引号、双引号、字符串和变量的混合调用,很容易把顺序搞错,如把字符串当作变量名,把变量名变成了字符串等。当然，通过这种拼接的方式填充内容时，其代码的可维护性是比较差的。除非必须使用，否则不建议优先使用这一方式。评论区 Ajax 分页效果如图 6-7 所示。

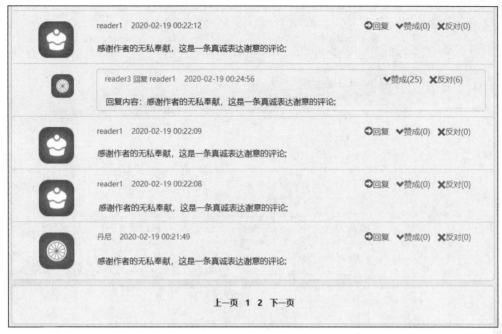

图 6-7　评论区 Ajax 分页效果

6.5.7　Vue 重构分页

通过 6.5.6 节对评论进行分页处理的 JavaScript 代码可以看出，通过 jQuery 进行前端渲染的过程比较烦琐。由于评论的动态渲染过程完全是通过拼接字符串的方式进行的，导致代码的可读性较差，也缺乏层次感，维护起来比较麻烦。而通过 Jinja2 模板引擎进行数据渲染时，代码的可读性和层次感更强。事实上，在前端进行渲染时，目前业界比较流行使用模板引擎而不是字符串拼接。在 5.5.5 节中已经讲解了 Vue 前端模板引擎的用法，本节将直接使用 Vue 进行评论分页数据填充。根据 Vue 的处理流程，先对 article-user.html 模板页面中使用 Jinja2 模板引擎填充的评论页面进行少量修改，以满足 Vue 模板风格，代码如下。

```
<!-- 定义Vue模板内容，注意DIV的层次关系不能混乱 -->
<div id="commentDiv">
<div v-for="comment in commentList">    <!-- 循环标签不能与绑定元素在同一层 -->
<div class="col-12 list row">
<div class="col-2 icon">
    <img v-bind:src="'/avatar/' + comment['avatar']" class="img-fluid"
    style="width: 70px;"/>
</div>
<div class="col-10 comment">
    <div class="col-12 row" style="padding: 0px;">
        <div class="col-sm-6 col-12 commenter">
            ${comment['nickname']}   ${comment['createtime']}
        </div>
        <!-- 使用Vue的v-if标签进行判断时，要注意不同变量类型的取值方式 -->
        <!-- 如果由Jinja2进行填充，则按后端模板方式取值；否则，按照Vue方式取值 -->
        <!-- 通常不推荐使用这类混用的方式，因为Vue通常用于前后端分离开发 -->
```

```html
                    <div class="col-sm-6 col-12 reply"
                        v-if="{{article['userid']}}=={{session.get('userid')}} ||
                            '{{session.get('role')}}' == 'admin' ||
                            comment.userid=={{session.get('userid')}}">
                        <!-- 文章作者、管理员和评论者只能回复和隐藏，不能点赞-->
                        <label v-bind:onclick="'gotoReply(' + comment['commentid'] + ')'">
                            <span class="oi oi-arrow-circle-right" aria-hidden="true"></span>回复
                        </label>  
                        <!-- v-bind也可以直接简写如下 -->
                        <label :onclick="'hideComment(this, ' + comment.commentid + ')'">
                            <span class="oi oi-delete" aria-hidden="true"></span>隐藏
                        </label>
                    </div>
                    <div class="col-sm-6 col-12 reply" v-else>
                        <label :onclick="'gotoReply(' + comment.commentid + ')'">
                            <span class="oi oi-arrow-circle-right" aria-hidden="true"></span>回复
                        </label>   
                        <label v-bind:onclick="'agreeComment(this, ' + comment['commentid'] + ')'">
                            <span class="oi oi-chevron-bottom" aria-hidden="true"></span>
                            赞成(<span>${comment['agreecount']}</span>)
                        </label>   
                        <label v-bind:onclick="'opposeComment(this, ' + comment['commentid'] + ')'">
                            <span class="oi oi-x" aria-hidden="true"></span>
                            反对(<span>${comment['opposecount']}</span>)
                        </label>
                    </div>
                </div>
                <div class="col-12 content">
                    ${comment.content}       <!-- 填充原始评论内容 -->
                </div>
        </div>
    </div>

    <!-- 在当前评论下方填充回复评论，只有当前评论有回复时才进行填充 -->
    <!-- 此处使用v-show代替v-if，其作用是一致的 -->
    <!-- 对comment.reply_list进行判断，当前不为空时才进行回复评论的遍历 -->
    <div class="col-12 list row" v-show="comment.reply_list" v-for="reply in
comment.reply_list">
        <div class="col-2 icon">
            <!-- 为回复评论设置45px的小头像，并设置移动端自适应 -->
            <img v-bind:src="'/avatar/' + reply.avatar" class="img-fluid"
                style="width: 45px;"/>
        </div>
        <div class="col-10 comment" style="border: solid 1px #ccc;">
            <div class="col-12 row" style="color: #337AB7;">
                <div class="col-sm-7 col-12 commenter" style="color: #337AB7;">
                    ${reply.nickname} 回复 ${comment.nickname}
                       ${reply.createtime}
                </div>
                <div class="col-sm-5 col-12 reply"
                    v-if="{{article['userid']}}=={{session.get('userid')}} ||
                        '{{session.get('role')}}' == 'admin' ||
                        comment.userid=={{session.get('userid')}}">
                    <!-- 回复的评论不能继续回复，但是可以隐藏和点赞 -->
                    <label v-bind:onclick="'hideComment(this, ' + reply.commentid + ')'">
```

```html
                    <span class="oi oi-delete" aria-hidden="true"></span>
                    隐藏</label>  
                <label onclick="'agreeComment(this, ' + reply.commentid + ')'">
                    <span class="oi oi-chevron-bottom" aria-hidden="true"></span>
                    赞成(<span>${reply.agreecount}</span>)
                </label>  
                <label onclick="'opposeComment(this, ' + reply.commentid + ')'">
                    <span class="oi oi-x" aria-hidden="true"></span>
                    反对(<span>${reply.opposecount}</span>)
                </label>
            </div>
            <div class="col-sm-5 col-12 reply" v-else>
                <label onclick="'agreeComment(this, ' + reply.commentid + ')'">
                    <span class="oi oi-chevron-bottom" aria-hidden="true"></span>
                    赞成(<span>${reply.agreecount}</span>)
                </label>  
                <label onclick="'opposeComment(this, ' + reply.commentid + ')'">
                    <span class="oi oi-x" aria-hidden="true"></span>
                    反对(<span>${reply.opposecount}</span>)
                </label>
            </div>
        </div>
        <div class="col-12">
            回复内容：${reply.content}
        </div>
    </div>
</div>

</div>
</div>
```

上述 Vue 模板页面只是对 article-user.html 中由 Jinja2 渲染的模板页面进行了 Vue 语法替换，本质上没有任何代码逻辑的调整。完成上述模板页面的处理后，需要重构 fillComment 函数，并利用 Vue 的语法规则进行数据填充。同时，由于使用 Vue 模板语法替换了 Jinja2 模板，所以当访问文章时，第 1 页评论并不会默认显示，需要在页面加载时交由 Vue 进行首页评论的填充。

```javascript
<!-- 数据绑定部分 -->
// 定义Vue实例v为全局变量，只实例化一次，分页时重新绑定数据即可
var v = new Vue({
    el: '#commentDiv',
    delimiters: ['${', '}'],       // 定义Vue的分隔符，以便于与Jinja2的分隔符区分开
    data: {commentList: []}
});

// 填充分页评论数据，将JSON数据交给Vue进行渲染
function fillComment(articleid, pageid) {
    $.get('/comment/' + articleid + '-' + pageid, function (comment_list) {
        // 此处重新为v赋值，不能在此处实例化Vue，否则每次都是新实例，无法渲染分页
        v.commentList = comment_list;
    });
}

// 使页面加载时即填充第1页评论
window.onload = function () {
    fillComment('{$article.articleid}', '1');
};
```

事实上，在上述代码中，混合使用了 Jinja2 和 Vue 模板语法，也就是说，页面中既有后端模板引擎的填充，又有前端模板引擎的填充。编者并不推荐使用这种混合方式，其在某种层面上依然存在代码可维护性较差的问题。Vue 目前在 SPA 单页应用开发或较纯粹的前后端分离开发上应用较多，本书的重点在于 Flask 框架本身的应用而非前端应用，所以 Vue 部分的代码仅供演示，请读者注意这类场景，避免不必要的代码调试。

6.6 其他评论功能

6.6.1 用户点赞

除了回复功能外，用户点赞功能也是评论区的重要互动形式。用户点赞功能主要是针对评论内容和回复内容的一种简单的互动，包括赞成和反对。其通过 Ajax 向后端接口发起请求完成数据库更新，并在前端同步展示当前评论的点赞数量。但是这只是最基本的功能，要完整实现点赞功能，还需要考虑对前端用户的限制。例如，一个用户针对一个评论只能点赞一次；如果用户已经赞成该评论，则不能再反对该评论；如果用户反对该评论，则赞成数量要减 1。所以，数据库中需要专门创建一张表用于保存点赞的历史记录，以便进行判断。

首先，建立点赞记录表的数据字典（见表 6-1）并在 MySQL 数据库中创建该表。

表 6-1　点赞记录表（opinion）的数据字典

字段名称	字段类型	字段约束	字段说明
opinionid	int(11)	自增长、主键、不为空	点赞记录表唯一编号
commentid	int(11)	用户评论表外键、不为空	关联用户评论表信息
userid	int(11)	用户表外键、不为空，如果是匿名点赞，则 userid=0（默认值）	关联用户表信息
type	tinyint	0 表示反对，1 表示赞成	记录用户对某条评论的意见
ipaddr	varchar(30)	字符串、最为长 30 位	记录点赞者的 IP 地址
createtime	datetime	时间日期类型	该条数据的新增时间
updatetime	datetime	时间日期类型	该条数据的修改时间

完成了表的创建后，接下来要创建 Opinion 模型类并根据业务封装相应的操作数据库的方法。例如，在"蜗牛笔记"博客系统中，只允许用户对某条评论发表一次意见，且只允许在赞成和反对之间二选一，后期不允许进行修改。由于匿名用户也可以点赞，但是匿名用户并没有 userid，所以点赞记录表中可以记录 userid 为 0 来进行区分。但是这样又产生了新的问题，对于一个登录用户，可以通过 userid 和 commentid 来限制其只能对一条评论点赞一次，但是如果是匿名用户，则 userid 都是 0，显然无法进行有效限制。此时，便可以通过 IP 地址和 commentid 字段确定这个匿名用户是否点赞了多次。就像用户评论表中记录了一个 IP 地址一样，虽然系统中并没有用上这个 IP 地址，但是根据业务逻辑的变化，它在其他方面是有用的。基于以上逻辑，完成 Opinion 模型类并封装如下方法供控制器层调用。

```
from flask import session, request
from sqlalchemy import Table
from common.database import dbconnect
import time, random

dbsession, md, DBase = dbconnect()
```

```python
class Opinion(DBase):
    __table__ = Table("opinion", md, autoload=True)

    # 插入点赞记录
    def insert_opinion(self, commentid, type, ipaddr):
        now = time.strftime('%Y-%m-%d %H:%M:%S')
        if session.get('userid') is None:
            userid = 0
        else:
            userid = session.get('userid')
        opinion = Opinion(commentid=commentid, userid=userid, type=type,
                          ipaddr=ipaddr, createtime=now, updatetime=now)
        dbsession.add(opinion)
        dbsession.commit()

    # 检查某个用户（含匿名用户）是否已经对评论进行了点赞，已点赞时返回True
    def check_opinion(self, commentid, ipaddr):
        is_checked = False
        if session.get('userid') is None:   # 匿名用户
            result = dbsession.query(Opinion).filter_by(commentid=commentid,
                      ipaddr=ipaddr).all()
            if len(result) > 0:
                is_checked = True
        else:
            userid = session.get('userid')
            result = dbsession.query(Opinion).filter_by(commentid=commentid,
                      userid=userid).all()
            if len(result) > 0:
                is_checked = True
        return is_checked
```

由于需要同步更新用户评论表中的 agreecount 和 opposecount 字段的值，所以需要为 Comment 模型类添加一个新的方法。

```python
# 更新用户评论表的点赞数量，包括赞成和反对
def update_agree_oppose(self, commentid, type):
    row = dbsession.query(Comment).filter_by(commentid=commentid).first()
    if type == 1:    # 表示赞成
        row.agreecount += 1
    elif type == 0:
        row.opposecount += 1
    dbsession.commit()
```

其次，为 comment 控制器添加一个接口，用于接收用户的点赞请求。

```python
@comment.route('/opinion', methods=['POST'])
def do_opinion():
    commentid = request.form.get('commentid')
    type = int(request.form.get('type'))
    ipaddr = request.remote_addr

    # 判断是否已经点赞
    opinion = Opinion()
    is_checked = opinion.check_opinion(commentid, ipaddr)
    if is_checked:
        return 'already-opinion'    # 已经点赞，不能再次点赞
    else:
        opinion.insert_opinion(commentid, type, ipaddr)
        Comment().update_agree_oppose(commentid, type)
```

```
                return 'opinion-pass'
```

完成了后端接口和数据库的处理后，相当于点赞的业务逻辑已经实现。现在来实现前端代码，由于前端在最开始填充数据时赞成和反对分别使用了 agreeComment 和 opposeComment 两个方法，而这两个方法会向后端请求同一个 opinion 接口，只是为了方便前端通过 JavaScript 代码及时填充对应的赞成和反对数量而设计。

前端 article-user.html 页面中的 JavaScript 代码如下。

```javascript
function agreeComment(obj, commentid) {
    var param = "type=1&commentid=" + commentid;
    $.post('/opinion', param, function (data) {
        // 赞成成功后，将赞成数+1并填充到页面中
        if (data == 'opinion-pass') {
            // 获取当前元素下的第2个span标签元素
            var element = $(obj).children('span').eq(1);
            // 获取赞成数量，并将其转换为整数
            var count = parseInt(element.text());
            element.text(count+1);
        }
    })
}

function opposeComment(obj, commentid) {
    var param = "type=0&commentid=" + commentid;
    $.post('/opinion', param, function (data) {
        // 反对成功后，将反对数量-1并填充到页面中
        if (data == 'opinion-pass') {
            // 获取当前元素下的第2个span标签元素
            var element = $(obj).children('span').eq(1);
            // 获取反对数量，并将其转换为整数
            var count = parseInt(element.text());
            element.text(count+1);
        }
    })
}
```

上述 JavaScript 代码在处理回显数字时，使用了一种比较简单的方式，即直接让现有的点赞数量加 1 或减 1，这个点赞数量是直接在前端进行计算的。这样的处理方式存在一定问题，例如，若一个用户正在点赞的同时另一个用户也在对同一条评论点赞，那么后端数据库会同时记录 2 条数据，而当前某个用户只能够看到点赞数量增加了 1 条。如果要实时显示正确的点赞数量，则数量不应该直接通过在前端页面中计算，而应该从后端数据库中实时获取数量并响应给前端，前端页面再进行填充。但是这样会增加一次数据库查询，而这种查询本质上意义不大，因为点赞数量的实时性要求不强。当用户下一次整体刷新页面时，必然可以看到实时的数据。

6.6.2 隐藏评论

隐藏评论的后端功能实现并不复杂，就是将原始评论的 hidden 字段修改为 1。但是需要考虑的是，如果该条评论已经有回复，其是否接受隐藏？"蜗牛笔记"博客系统按照不接受隐藏的逻辑来实现。另外，关于前端实时隐藏的问题，就像点赞一样，点赞完马上可以看到点赞数量的变化，而这种变化本身并不实时体现数据库的变化。隐藏评论也一样，如果实时对其进行处理，那么当用户隐藏完评论后，应该刷新整个页面以看到实时数据，但是这样又会增加数据库的查询压力。所以，遵循点赞功能的设计思路，当用户隐藏评论成功后，前端直接将该条评论内容删除，并不再请求新的评论数据，也不再刷新页面。

后端 Comment 模型类和控制器的代码实现如下。

```python
# Comment模型类用于添加数据处理方法
def hide_comment(self, commentid):
    # 如果评论已经有回复，且回复未全部隐藏，则不接受隐藏操作
    # 返回'Fail'表示不满足隐藏条件，隐藏成功时返回'Done'
    result = dbsession.query(Comment).filter_by(replyid=commentid, hidden=0).all()
    if len(result) > 0:
        return 'Fail'
    else:
        row = dbsession.query(Comment).filter_by(commentid=commentid).first()
        row.hidden = 1
        dbsession.commit()
        return 'Done'

# comment控制器用于添加隐藏评论的接口，使用Delete请求进行处理
@comment.route('/comment/<int:commentid>', methods=['DELETE'])
def hide_comment(commentid):
    result = Comment().hide_comment(commentid)
    if result == 'Done':
        return 'hide-pass'
    else:
        return 'hide-limit'
```

前端代码实现如下。

```javascript
function hideComment(obj, commentid) {
    bootbox.confirm("你确定要隐藏这条评论吗？", function(result) {
        if (result) {
            $.ajax({
                url: '/comment/' + commentid,
                type: 'delete',      // 发送Delete请求
                success: function (data) {
                    if (data == 'hide-pass') {
                        // 通过父类选择器找到当前评论的顶层元素，并隐藏该元素
                        $(obj).parent().parent().parent().parent().hide();
                    } else if (data == 'hide-limit') {
                        bootbox.alert({title: "错误提示",
                                    message: "带回复的评论无法隐藏."});
                    }
                }
            });
        }
    });
}
```

在后端接口返回隐藏成功的消息后，前端代码直接利用 jQuery 的父类选择器将当前评论的信息从页面中隐藏起来。这样给用户的直观感受就是这条评论被删除了。在一个 Web 应用系统中，并不是每做一件事情都需要后端来处理。为了提升用户体验，减少后端服务器的压力，通常会将一些非重要功能尽可能交给前端优先处理，这样可以更好地利用浏览器端的运算资源。

第 7 章

文章发布功能开发

学习目标

（1）熟练运用UEditor实现文章在线编辑功能。
（2）理解并运用文件上传和图片压缩技术。
（3）对用户权限的基本功能实现有完整的理解。
（4）基于Flask和前端代码完整实现文章发布功能。

本章导读

■文章发布功能是一个博客系统的核心功能，主要包括文章的在线编辑及相应选项的设置，包括图片的上传、压缩以及缩略图的设计等功能。本章主要讲解文章发布模块的所有核心功能的设计与代码实现。

第 7 章 文章发布功能开发

7.1 权限管理功能

7.1.1 开发思路

V7-1 权限处理及 UE 前后端对接

一个系统的权限设计可以很简单，也可以很复杂，主要基于系统的业务流程来决定。例如，最简单的权限设计只需要根据不同的用户角色对某些功能接口或前端页面进行限制和开放即可，这种情况不需要额外设计专门的权限控制表。但是这种情况下的权限控制是比较死板的，大多属于硬编码。

而更复杂的权限控制需要设计更多的表，用于控制用户、角色和操作 3 个关键要素。这 3 个关键要素通常属于多对多的关系，例如，一个用户可以属于多个角色，一个角色可以对应多个操作；反之，一个操作可以对应多个角色，一个角色可以对应多个用户。要建立这种权限控制系统，至少需要用 5 张数据库表来存储数据，其中，3 张表用于保存用户角色和操作，2 张表用于建立用户与角色、角色与操作之间的多对多的关系。

这只是在数据库中的权限体现，在系统的开发过程中，还需要考虑基于这些权限控制来决定用户可以看到哪些页面，能够完成哪些操作，哪些交互功能需要被隐藏起来，相对来说比较复杂，也给权限的开发和测试工作带来了一定的难度。一旦接口层的控制没有做好，即使前端页面将无权限的操作隐藏起来，如果直接向对应接口发送数据，也很有可能可以绕开权限的控制。例如，在"蜗牛笔记"博客系统的"隐藏评论"功能中，后端接口本身并没有对用户是否登录和是否有权限隐藏进行校验。只要用户绕开页面，直接向后端发送 Delete 请求给接口"http://127.0.0.1:5000/comment/19"，编号为 19 的评论就会被直接隐藏，存在很大安全隐患。这是开发过程中一定要注意的地方。图 7-1 所示为使用 Fiddler 工具在未登录情况下隐藏了编号为 19 的评论。

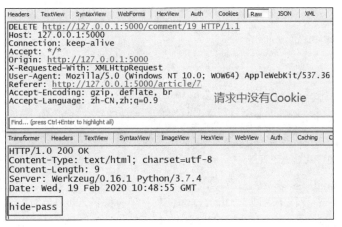

图 7-1 使用 Fiddler 工具在未登录情况下隐藏了编号为 19 的评论

虽然通过前端页面进行了用户角色和权限的判断，只有管理员、文章作者和评论者自己可以隐藏评论，但是后端接口没有同步实现相同的判断，导致的结果就是虽然前端页面无法显示，但是后端接受了任意用户隐藏评论的请求。同时，在"蜗牛笔记"博客系统的页面中交互时，使用了大量的 Ajax 处理请求，导致在 JavaScript 代码中暴露了很多接口，也会造成一些系统的安全性问题。此时，如果后端接口没有做好管控，那么系统将很容易被破坏。

另外，权限的控制还可以更细，如控制到表中的某一列。例如，一个用户有权限查看客户表的数据，但是不能查看客户的电话号码，这种情况就是对某一列的权限控制，需要对权限控制系统进行更加详细的设计。

"蜗牛笔记"作为一套博客系统，主要由 3 种角色构成：管理员、作者、普通用户。博客系统的功能模块相对不多，表结构也相对简单，目前还没有出现 3 张表关联的情况。所以，对于"蜗牛笔记"博客系统来说，在设计用户表时考虑到了权限控制的问题，为用户表设计了用于区分不同用户权限的列。这属于最简单的权限控制，即一个用户对应一个角色，每个角色拥有不同的操作。例如，在"蜗牛笔记"博客系统中，只有作者有发帖的权限，普通用户有投稿的权限，管理员有审核的权限，所有角色均有发表评论的权限。这一系列的设计必须在开发之前明确，以便进行在开发过程中不出现混乱，也便于通过前端页面和后端接口进行测试时有详细的设计规格以供参考。

很多时候，开发者为了控制好权限，会在每一个接口都进行权限处理，比较麻烦，会降低开发效率。基于"蜗牛笔记"博客系统简单的权限控制特点和 Flask 框架本身所提供的技术支撑，可以通过以下两种方案来实现其权限管理功能。

（1）将所有"蜗牛笔记"博客系统的后端接口列出来，利用 Flask 的拦截器进行权限控制，这样只需要在拦截器中对所有接口进行判断即可。如果权限不正确，则可以专门设计一个权限不足的页面以明确告知用户这是非法操作。

（2）通过拦截器进行权限控制后，在一些关键的接口层进行二次判断，以确保权限控制不会出错。二次判断不需要对全部接口都实现一遍，因为拦截器已经做过拦截处理，出现问题的概率不大。

7.1.2 代码实现

下面来实现在一个接口中对权限的控制。例如，文章发布功能必然会新增一个 Post 请求的接口，接口路径为/article，在 article 控制器中，可以通过对当前用户的角色进行判断来确定能否发布文章。

```python
# 新增文章
@article.route('/article', methods=['POST'])
def add_article():
    headline = request.form.get('headline')
    content = request.form.get('content')
    # 如果用户未登录，则不能发布文章
    if session.get('userid') is None:
        return 'perm-denied'
    else:
        # 如果用户已经登录，但是角色不对，则不能发布文章
        user = Users().find_by_userid(session.get('userid'))
        if user.role == 'editor':
            # 权限合格，可以执行发布文章的代码
            return 'post-pass'
        else:
            return 'perm-denied'
```

这是在接口内部进行权限的判断，由于一个系统的接口有很多，如果要对每一个接口都进行这样的判断，显然不太现实。此时，直接在全局拦截器中进行不同接口的统一判断就很方便，代码的可维护性也会大大提升。以下代码对拦截器进行了重构，增加了对接口权限的判断。

```python
# 全局拦截器，对于不满足要求的请求进行拦截处理
@app.before_request
def before():
    url = request.path
    pass_list = ['/user', '/login', '/logout']
    # 以下请求不实现自动登录
    if url in pass_list or url.endswith('.png') or
            url.endswith('.jpg') or url.endswith('.js') or url.endswith('.css'):
        pass
    # 如果用户没有登录，且不属于上述请求，则实现自动登录
```

```python
        elif session.get('islogin') is None :
            username = request.cookies.get('username')
            password = request.cookies.get('password')
            # 如果用户没有登录，但是浏览器有Cookie，则尝试登录
            if username != None and password != None:
                user = Users()
                result = user.find_by_username(username)
                if len(result) == 1 and result[0].password == password:
                    session['islogin'] = 'true'
                    session['userid'] = result[0].userid
                    session['username'] = username
                    session['nickname'] = result[0].nickname
                    session['role'] = result[0].role
            # 如果用户为游客，则拦截下列接口，游客不能使用这些接口
            else:
                deny_list = ['/readall', '/prepost', '/article', '/comment', '/reply', '/favorite']
                # 针对 /comment/19 这种隐藏可变接口，需引入re正则表达式模块进行判断
                import re
                # /comment/\d+$表示匹配 /comment/且后面跟1位以上数字并以此结尾
                if url in deny_list or re.match('/comment/\d+$', url):
                    # 当权限不足时，直接渲染无权限的页面给用户而不是进一步处理请求
                    return render_template('no-perm.html')

        # 如果用户已经登录，则根据角色判断哪些接口可以使用
        else:
            role = session.get('role')
            # /article为新增文章或用户投稿接口，/prepost为编辑发布文章接口
            if role != 'editor' and (url == '/article' or url=='/prepost'):
                return render_template('no-perm.html')
```

上述代码完整演示了通过拦截器对特定的接口进行权限过滤的实现方法。基于上述代码，再使用接口测试工具向 "http://127.0.0.1:5000/comment/19" 发送无 Cookie 请求时，将无法实现隐藏。

但是，全局拦截器通常只能进行一些比较通用的判断，无法进行更加细致的业务逻辑判断。对于隐藏评论功能来说，只要是登录账户便可以进行隐藏，仍存在问题，权限控制并不正确。只有管理员、评论者或文章作者才有权限隐藏评论，对于这类特定的权限判断操作，建议在接口代码中进行更加细致的判断。重构 hide 接口代码如下。

```python
# 在Comment模型类中定义一个新的方法，根据评论ID查询文章ID和评论者ID
def find_article_commenter_by_id(self, commentid):
    row = dbsession.query(Comment).filter_by(commentid=commentid).first()
    articleid = row.articleid
    commenterid = row.userid
    return articleid, commenterid

# 隐藏评论，使用Delete请求进行处理，并对用户权限进行判断
@comment.route('/comment/<int:commentid>', methods=['DELETE'])
def hide_comment(commentid):
    comment = Comment()
    # 根据评论关联的articleid和userid找到对应的文章作者和评论者
    articleid, commenterid = comment.find_article_commenter_by_id(commentid);

    # 根据文章编号找到对应的文章作者编号
    editorid = Article().find_by_id(articleid)[0].userid;
    userid = session.get('userid')
```

```python
# 如果当前登录用户不是管理员、文章作者及评论者，则无法隐藏评论
if session.get('role') != 'admin' and editorid != userid and commenterid != userid:
    return 'perm-denied'

result = Comment().hide_comment(commentid)
if result == 'Done':
    return 'hide-pass'
else:
    return 'hide-limit'
```

7.2 文章编辑功能

7.2.1 UEditor 插件

UEditor 是由百度 Web 前端研发部开发的所见即所得的富文本 HTML 在线编辑器，具有轻量、可定制和注重用户体验等特点，且基于 MIT 协议开源，允许自由使用和修改代码。UEditor 插件主要使用 JavaScript 进行开发，所以其既可以作为一个独立的前端插件来编辑文本；又可以通过 Ajax 请求与后端接口进行对接，完成上传图片或文件以及获取图片列表等操作。

在 2.4.2 节中已经简单地演示了 UEditor 的用法，绘制了一个简单的文章发布页面，如图 7-2 所示。

图 7-2 文章发布页面

通过上述页面可以看到 UEditor 的功能非常强大，尤其在是文章排版方面，本节将主要介绍 UEditor 其他方面的功能和设置。

首先，UEditor 的工具栏是可以定制顺序和按钮数量的。例如，目前实现的发表评论的文本域没有任何多余功能，仅能输入纯文本。如果要使用 UEditor 来进行回复，则评论区会显得特别臃肿。所以，可以通过 UEditor 插件的定制按钮功能将几个常用的文本格式化功能应用于评论区。图 7-3 所示为发表评论的编辑器运行效果。

图 7-3 发表评论的编辑器运行效果

上述评论页面便是对 UEditor 进行按钮定制的效果。要定制 UEditor 的按钮，只需要在初始化时将需要的按钮列举出来即可。具体的实现代码如下。

```javascript
<script type="text/javascript" src="/ue/ueditor.config.js"></script>
<script type="text/javascript" src="/ue/ueditor.all.min.js"> </script>
<script type="text/javascript" src="/ue/lang/zh-cn/zh-cn.js"></script>
<script type="text/javascript">
    var ue = UE.getEditor('comment', {
        initialFrameHeight: 150,          // 编辑器初始高度
        autoHeightEnabled: true,          // 根据内容自动调整高度
        toolbars: [ [                     // 指定工具栏图标
                    'fontfamily',         // 字体
                    'fontsize',           // 字号
                    'paragraph',          // 段落格式
                    '|',                  // 可利用竖线作为工具栏分隔符
                    'justifyleft',        // 居左对齐
                    'justifycenter',      // 居中对齐
                    'justifyright',       // 居右对齐
                    'forecolor',          // 字体颜色
                    'bold',               // 加粗
                    '|',
                    'formatmatch',        // 格式刷
                    'horizontal',         // 分隔线
                    'link',               // 超链接
                    'unlink',             // 取消超链接
                    'simpleupload',       // 单图上传
                    'insertimage',        // 多图上传
                    'emotion',            // 表情
                    'spechars',           // 特殊字符
                    '|',
                    'fullscreen',         // 全屏
                    'autotypeset',        // 自动排版
                    'removeformat',       // 清除格式
                    'insertcode',         // 代码语言
                  ] ]
    });
</script>
```

需要注意的是，UEditor 虽然是一个第三方插件，但是由于其内容被渲染在了页面中，所以页面中的 CSS 样式会被 UEditor 和其按钮继承。如果 UEditor 的样式不正确，则可能是由于继承了当前页面的样

式而导致的。

其次，对于 UEditor 插件中的取值和赋值，不再适用 JavaScript 的常规方法，而必须使用其自带接口。取值时使用 UE.getEditor("content").getContent()方法，而向编辑区赋值时要调用 setContent('content')方法才能正确处理。例如，在修改一篇文章内容时，必须先将文章内容载入 UEditor，此时需要对其进行赋值。

最后，简单列举一些 UEditor 的内置实用功能：可以查看编辑器的 HTML 源代码，可以预览当前内容的效果，也可以最大化编辑器以获得类似 Word 的编辑体验。最为重要的是，只要端接口对接成功，就可以上传图片，并直接将操作系统的图片粘贴到编辑器中，对于排版布局是极其方便的。

7.2.2 后端接口对接

在发布博客文章时，必然涉及图片的处理，在一篇 HTML 文章中，图片的来源通常有两种：直接复制一个在线图片的 URL 地址或者由本地上传一张图片。对于上传图片来说，如果没有服务器端的支持，是不可能上传成功的。所以需要配置好服务器端，才能接收前端编辑器上传的图片。

首先，将 UEditor 目录下的 config.json 文件复制到 WoniuNote 项目下的模板目录 templates 中，确保可以通过正常的地址访问到该文件。因为如果 UEditor 要与后端接口对接，而不是作为一个纯前端插件，那么在上传图片或文件时会先通过指定的接口地址来确定是否可以正常访问 config.json 文件，如果可以正常访问，则正常加载上传组件。这相当于通过此接口进行一个连通性测试，以及读取其中的配置信息。为此，在后端创建一个新的控制器，其名称为 ueditor，用于处理前端编辑器的访问请求。具体的 ueditor 控制器的实现代码如下：

```python
from flask import Blueprint, render_template, session, request, jsonify

ueditor = Blueprint("ueditor", __name__)

@ueditor.route('/uedit', methods=['GET', 'POST'])
def uedit():
    # 根据UEditor的接口定义规则，如果前端参数为action=config，
    # 则表示试图请求后端的config.json文件，请求成功时说明后端接口能正常工作
    param = request.args.get('action')
    if request.method == 'GET' and param == 'config':
        return render_template('config.json')
```

在 main.py 中注册 Blueprint 模块后，在浏览器地址栏中直接输入"http://127.0.0.1:5000/uedit?action=config"进行访问，如果能够正常显示 config.json 的内容，则说明前后端对接接口可以正常工作。根据 UEditor 的官方手册，其 Get 请求使用传统的地址参数进行发送，所以取参数时要使用 request.args.get()方法来获取参数值。完成后端接口初始化后，需要在前端将该接口地址放到初始化代码中。

```html
<script type="text/javascript">
    var ue = UE.getEditor('comment', {
        initialFrameHeight: 150,        // 编辑器初始高度
        autoHeightEnabled: true,        // 根据内容自动调整高度
        serverUrl: '/uedit',            // 指定后端接口地址
        toolbars: [ [ ………… ] ]         // 指定工具栏图标
}
</script>
```

上述准备工作完成后，仍无法实现图片上传，只是图片上传按钮可用而已。要完整实现图片的上传功能，还需要继续对接图片上传的接口。为了简化前后端操作，UEditor 前端只需要指定一个接口地址即可，如何在一个接口中实现各种后端的功能呢？UEditor 的接口规则通过指定 action 地址参数来区分当前所做的操作，例如，action='uploadimage'且请求方法是 Post 时，表示上传图片；action='listimage'

且请求方法是 Get 时，表示获取服务器端的图片列表。图 7-4 所示为 UEditor 中上传文件和图片列表的接口规则，在对接后端接口时需要按照该接口规则进行数据构建。

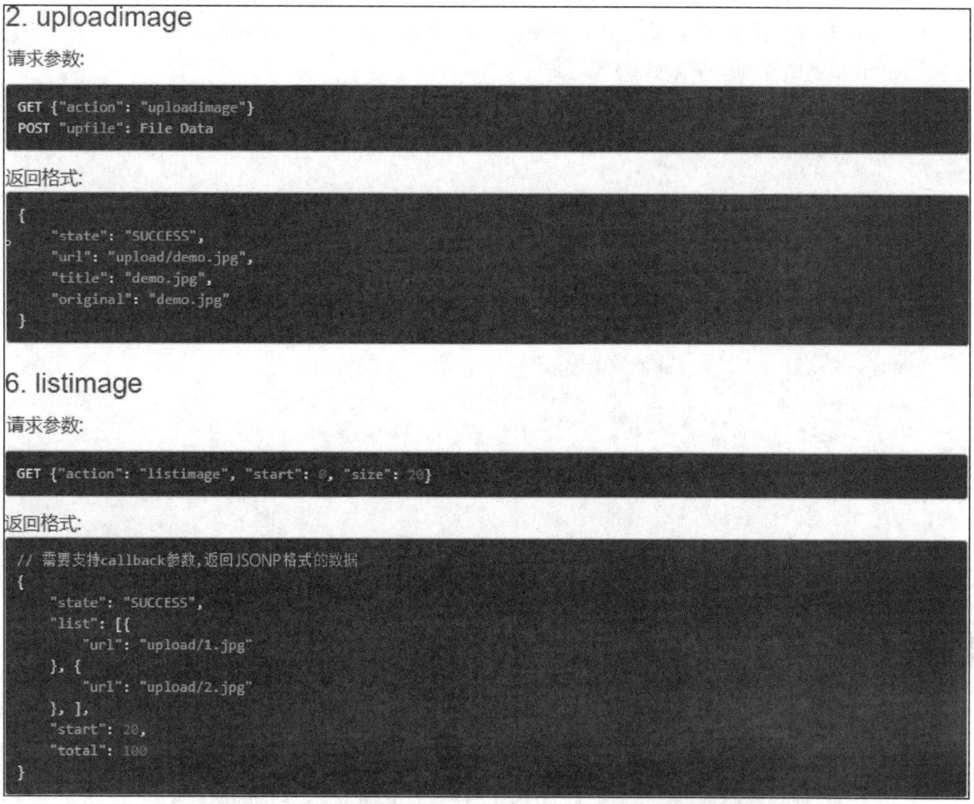

```
2. uploadimage
请求参数:
    GET {"action": "uploadimage"}
    POST "upfile": File Data
返回格式:
    {
        "state": "SUCCESS",
        "url": "upload/demo.jpg",
        "title": "demo.jpg",
        "original": "demo.jpg"
    }

6. listimage
请求参数:
    GET {"action": "listimage", "start": 0, "size": 20}
返回格式:
    // 需要支持callback参数, 返回JSONP格式的数据
    {
        "state": "SUCCESS",
        "list": [{
            "url": "upload/1.jpg"
        }, {
            "url": "upload/2.jpg"
        }, ],
        "start": 20,
        "total": 100
    }
```

图 7-4　UEditor 中上传文件和图片列表的接口规则

清楚了接口规则后，先来实现图片上传的功能。由于图片上传后需要将图片地址返回给编辑器，以便编辑器正常显示该图片，所以接口实现中一定要按照 UEditor 的响应格式正确编码。图片上传功能的具体代码如下。

```python
@ueditor.route('/uedit', methods=['GET', 'POST'])
def uedit():
    # 根据UEditor的接口定义规则，如果前端参数为action=config,
    # 则表示试图请求后端的config.json文件，请求成功时说明后端接口能正常工作
    param = request.args.get('action')
    if request.method == 'GET' and param == 'config':
        return render_template('config.json')

    # 构造上传图片的接口
    elif request.method == 'POST' and request.args.get('action') == 'uploadimage':
        f = request.files['upfile']      # 获取前端图片文件数据
        filename = f.filename
        f.save('./resource/upload/' + filename)  # 保存图片到upload目录下
        result = {}            # 构造响应数据
        result['state'] = 'SUCCESS'
        result["url"] = f"/upload/{filename}"
        result['title'] = filename
        result['original'] = filename
```

```
                return jsonify(result)   # 以JSON数据格式返回响应,以供前端编辑器引用
```

前端编辑器中提供了多图上传功能,在多图上传页面中可以直接浏览服务器端的图片库。这一功能最好不要在评论中开启,仅开放给作者编辑文章使用即可。因为在线浏览服务器端图片会将所有服务器端图片下载到编辑器中,给服务器端的带宽和硬盘读写造成了压力。如果要使用在线浏览图片功能,则需要对接 listimage 接口规则。后端代码实现如下。

```
# 列出所有图片给前端浏览
elif request.method == 'GET' and param == 'listimage':
    list = []
    filelist = os.listdir('./resource/upload')
    # 将所有图片构建成可访问的URL地址并添加到列表中
    for filename in filelist:
        if filename.lower().endswith('.png') or filename.lower().endswith('.jpg'):
            list.append({'url': '/upload/%s' % filename})

    # 根据listimage接口规则构建响应数据
    result = {}
    result['state'] = 'SUCCESS'
    result['list'] = list
    result['start'] = 0
    result['total'] = 50
    return jsonify(result)
```

完成接口的开发后,在编辑器中单击"多图上传"按钮,选择"在线管理"选项卡,即可浏览服务器端 upload 目录下的所有图片,如图 7-5 所示。

图 7-5　在线浏览服务器端的图片

7.3　文章发布功能

7.3.1　开发思路

文章编辑完成后需要发布,其从某种意义上来说就是一个 Post 请求。但是要优化好整个文章发布功能,要考虑的问题是很多的。

首先,要解决的问题是图片压缩,作者发布文章时,并不会关注图片的大小,只是上传文章并确保

V7-2　文章发布与图片处理

文章在前端能正常显示。但是服务器端必须要处理这个问题，否则将会大量消耗服务器端的带宽和硬盘存储空间。而且，当图片过大时，用户阅读文章的加载时间会变长，影响用户体验。在第 5 章中介绍生成验证码的知识时用到的 PIL 库便可以用来调整图片的尺寸以及压缩图片。所以，在 uedit 接口中进行图片上传时，需要对其进行压缩处理。

其次，是文章列表中的缩略图处理，常规处理方式是作者主动上传一个文章封面，但是这样处理会增加作者写文章的负担，所以"蜗牛笔记"博客系统采用的方案是直接在文章内容中查找图片，获取到图片地址后将其作为文章封面。如果图片是作者自己上传的图片（图片地址中的域名以"woniunote"开始的即是本地上传的图片），则直接对该图片进行压缩处理，将其保存到对应的缩略图目录下，并同步将文件名保存到文章表的 thumbnail 字段中。如果文章中的图片是引用的其他网站的图片，则直接将该图片下载到服务器中再进行处理。如果作者的文章中不存在图片，则直接根据文章类型为其指定一张缩略图，可以事先准备好一批缩略图以备使用。

如何知道文章中是否存在图片呢？UEditor 上传图片后，编辑器中生成的 URL 地址格式为"<img src="/upload/image.png" title="image.png" alt="image.png"/>"；而如果引用了外部图片，则通常编辑器中的地址格式为"<img src="http://www.woniuxy.com/page/img/banner/newBank.jpg"/>"。无论图片来源是什么，均以字符串"<img src=""开头，并以""结尾，因此，在 Python 中，可以通过正则表达式来提取地址中被左右字符串包裹着的中间的内容，提取出来的内容即为图片的地址。获取到图片地址后，下载图片或者处理图片都很容易。

7.3.2 图片压缩

图片压缩有两种方式：一种是压缩图片的尺寸，另一种是压缩图片的大小。通常，建议两种压缩方式一起使用。利用 PIL 库进行图片压缩的代码实现如下。

```python
from PIL import Image    # 导入PIL库的Image模块
import os

# 定义原始图片路径
source = 'image/source.jpg'
# 以KB为单位获取图片大小
size = int(os.path.getsize(source) / 1024)
print("原始图片大小为: %d KB" % size)

# 调整图片宽度为1000px
im = Image.open(source)
width, height = im.size
if width > 1000:
    # 等比例缩放
    height = int(height * 1000 / width)
    width = 1000
# 调整当前图片的尺寸（同时会进行压缩）
dest = im.resize((width, height), Image.ANTIALIAS)
# 将图片保存起来并以80%的质量进行压缩（继续压缩）
dest.save('image/new.jpg', quality=80)

size = int(os.path.getsize('image/new.jpg') / 1024)
print("压缩图片大小为: %d KB" % size)
```

运行上述代码，针对编者计算机中的一张图片，其压缩效果非常惊人，压缩比超过了 90%，运行结果如下。

```
原始图片大小为: 3170 KB
压缩图片大小为: 222 KB
```

但是由于图片编码的原因，对于 PNG 格式的图片，PIL 库的 Image 模块只能通过调整图片尺寸来达到压缩的目的，而不能在保存图片时进行第二次压缩。当然，针对 PNG 格式的图片的压缩也有很多解决方案，例如，使用 Python 的 pngquant 库就可以实现图片压缩。其原理是类似的，代码也非常容易理解，这里不再继续演示。其实，无论是 PNG 还是 JPG 格式的图片，通过调整图片尺寸就可以获得非常大的压缩比，基本上已经满足了博客系统的要求。考虑到清晰度的问题，过度压缩也不是一种理想的解决方案。

理解了图片压缩的原理后，下面在 utility.py 公共模块中新增一个压缩图片的函数并进行封装。

```python
# 压缩图片，通过参数width指定压缩后的图片大小
def compress_image(source, dest, width):
    from PIL import Image
    # 如果图片宽度大于1200px，则将其调整为1200px
    im = Image.open(source)
    x, y = im.size        # 获取源图片的宽度和高度
    if x > width:
        # 等比例缩放
        ys = int(y * width /.x)
        xs = width
        # 调整当前图片的尺寸（同时会进行压缩）
        temp = im.resize((xs, ys), Image.ANTIALIAS)
        # 将图片保存起来并以80%的质量进行压缩
        temp.save(dest, quality=80)
    # 如果图片宽度小于指定宽度，则不缩减尺寸，只压缩保存
    else:
        im.save(dest, quality=80)
```

7.3.3 缩略图处理

基于缩略图的实现原理，通过正则表达式先提取内容中的图片地址，再进行处理。现假设用户上传了一篇文章，其中包含 3 张图片，内容如下。

```
<p style="text-align:left;text-indent:28px">
<span style="font-size:14px;font-family:宋体">文章编辑完成后需要发布，其从某种意义上来说就是一个Post请求。但是要优化好整个文章发布功能，要考虑的问题是很多的。</span></p>
<p><img src="/upload/image.png" title="image.png" alt="image.png"/></p>
<p><span style="font-size:14px;font-family:宋体">首先，要解决的问题是图片压缩，作者发布文章时，并不会关注图片的大小，只是上传文章并确保文章在前端能正常显示。</span></p>
<p><img src="http://www.woniuxy.com/page/img/banner/newBank.jpg"/></p>
<p><span style="font-size:14px;font-family:宋体">图片压缩有两种方式：一种是压缩图片的尺寸，另一种是压缩图片的大小。</span><img src="http://ww1.sinaimg.cn/large/68b02e3bgy1g2rzifbr5fj215n0kg1c3.jpg"/>
</p>
```

通过正则表达式解析内容中的图片地址，代码如下。

```
import re

content = '''被查找的内容，此处省略'''

# 正则表达式中<img src="作为左边界，"作为右边界，()作为目标内容的分组
# .+?表示通过非贪婪模式进行查找，即查找同一行中最相邻的左右边界中的内容
pattern = '<img src="(.+?)"'
list = re.findall(pattern, content)    # 根据匹配模式查找content中的所有满足条件的值
print(list)
```

上述代码的运行结果如下。

```
['/upload/image.png', 'http://www.woniuxy.com/page/img/banner/newBank.jpg', 'http://ww1.sinaimg.cn/large/68b02e3bgy1g2rzifbr5fj215n0kg1c3.jpg']
```

当从内容中提取出 3 张图片的地址后,接下来需要对这几张图片进行处理。如果是上传到服务器的图片,则直接到 upload 目录下找到图片的文件名进行压缩处理并复制到对应的缩略图目录 thumb 中即可;如果是外部图片,则利用 Python 的 requests 库将其下载到本地临时目录下,进行压缩处理后保存到 thumb 目录下即可。下述代码完成了解析、压缩图片的全过程,并将其封装到 utility.py 公共模块中供后续调用。

```python
# 解析文章内容中的图片地址
def parse_image_url(content):
    import re
    temp_list = re.findall('<img src="(.+?)"', content)
    url_list = []
    for url in temp_list:
        # 如果图片类型为GIF,则直接跳过,不对其作任何处理
        if url.lower().endswith('.gif'):
            continue
        url_list.append(url)
    return url_list

# 远程下载指定URL地址的图片,并将其保存到临时目录下
def download_image(url, dest):
    import requests
    response = requests.get(url)    # 获取图片的响应
    # 将图片以二进制方式保存到指定文件中
    with open(file=dest, mode='wb') as file:
        file.write(response.content)

# 解析列表中图片的URL地址并生成缩略图,返回缩略图名称
def generate_thumb(url_list):
    # 根据URL地址解析出其文件名和域名
    # 通常建议使用文章内容中的第一张图片来生成缩略图
    # 先遍历url_list,查找其中是否存在本地上传图片,找到即进行处理,代码运行结束
    for url in url_list:
        if url.startswith('/upload/'):
            filename = url.split('/')[-1]
            # 找到本地图片后对其进行压缩处理,设置缩略图宽度为400px即可
            compress_image('./resource/upload/' + filename,
                           './resource/thumb/' + filename, 400)
            return filename

    # 如果在内容中没有找到本地图片,则需要先将网络图片下载到本地再进行处理
    # 直接将第一张图片作为缩略图,并生成基于时间戳的标准文件名
    url = url_list[0]
    filename = url.split('/')[-1]
    suffix = filename.split('.')[-1]    # 取得文件的扩展名
    thumbname = time.strftime('%Y%m%d_%H%M%S.' + suffix)
    download_image(url, './resource/download/' + thumbname)
    compress_image('./resource/download/' + thumbname, './resource/thumb/' +
                   thumbname, 400)

    return thumbname    # 返回当前缩略图的文件名
```

7.3.4 代码实现

完成了上述基础技术和代码封装后,下面来完整实现文章发布功能。

首先,在 article 控制器中创建一个 prepost 接口,以进入文章发布页面,后续在作者的用户中心

可以直接链接到该页面进行文章发布。

```python
@article.route('/prepost')
def prepost():
    return render_template('pre-post.html')

# 在pre-post.html页面中，初始化UEditor，整个页面设计参考第2章中的内容
<script type="text/javascript">
    var ue = UE.getEditor('content', {
        initialFrameHeight: 400,
        autoHeightEnabled: true,
        serverUrl: '/uedit',
    });
</script>
```

其次，为文章发布实现 Article 模型类方法，并为用户投稿和保存草稿功能提供参数。

```python
# 插入一篇新的文章，草稿或投稿通过参数进行区分
def insert_article(self, type, headline, content, thumbnail, credit, drafted=0, checked=1):
    now = time.strftime('%Y-%m-%d %H:%M:%S')
    userid = session.get('userid')
    # 其他字段在数据库中均已设置好默认认值，无须手动插入
    article = Article(userid=userid, type=type, headline=headline, content=content,
                      thumbnail=thumbnail, credit=credit, drafted=drafted,
                      checked=checked, createtime=now, updatetime=now)
    dbsession.add(article)
    dbsession.commit()

    return article.articleid    # 将新的文章编号返回，以便于前端页面跳转
```

再次，继续实现 article 控制器中的新增文章接口，代码如下。

```python
@article.route('/article', methods=['POST'])
def add_article():
    headline = request.form.get('headline')
    content = request.form.get('content')
    type = int(request.form.get('type'))
    credit = int(request.form.get('credit'))
    drafted = int(request.form.get('drafted'))
    checked = int(request.form.get('checked'))

    if session.get('userid') is None:
        return 'perm-denied'
    else:
        user = Users().find_by_userid(session.get('userid'))
        if user.role == 'editor':
            # 权限合格，可以执行发布文章的代码
            # 为文章生成缩略图，优先从内容中查找，查找不到时指定一张缩略图
            url_list = parse_image_url(content)
            if len(url_list) > 0:    # 表示文章中存在图片
                thumbname = generate_thumb(url_list)
            else:
                # 如果文章中没有图片，则根据文章类别指定一张缩略图
                thumbname = '%d.png' % type
            try:
                id = Article().insert_article(type=type, headline=headline,
                    content=content, credit=credit, thumbnail=thumbname,
                    drafted=drafted, checked=checked)
                return str(id)
            except Exception as e:
```

```
                    return 'post-fail'
        # 如果角色不是作者，则只能投稿，不能正式发布文章
        elif checked == 1:
                return 'perm-denied'
        else:
                return 'perm-denied'
```

最后，完成文章发布页面的前端提交代码，即可正常发布文章。

```
function doPost() {
    var headline = $.trim($("#headline").val());
    var contentPlain = UE.getEditor("content").getContentTxt();

    if (headline.length < 5) {
        bootbox.alert({title:"错误提示", message:"标题不能少于5个字"});
        return false;
    }
    else if (contentPlain.length < 100) {
        bootbox.alert({title:"错误提示", message:"内容不能少于100个字"});
        return false;
    }

    var param = "headline=" + headline;
        param += "&content=" +
                 encodeURIComponent(UE.getEditor("content").getContent());
        param += "&type=" + $("#type").val();
        param += "&credit=" + $("#credit").val();
        param += "&drafted=0&checked=1";
    $.post('/article', param, function (data) {
        if (data == 'perm-denied') {
            bootbox.alert({title:"错误提示", message:"权限不足，无法发布文章。"});
        }
        else if (data == 'post-fail') {
            bootbox.alert({title:"错误提示", message:"文章发布失败，请联系管理员。"});
        }
        else if (data.match(/^\d+$/)) {
            bootbox.alert({title:"信息提示", message:"恭喜你，文章发布成功。"});
            setTimeout(function () {
                location.href = '/article/' + data;
            }, 1000);
        }
        else {
            bootbox.alert({title:"错误提示", message:"文章发布失败，可能没有权限。"});
        }
    });
}
```

由于在编辑器中上传图片时，会直接将图片提交到 uedit 接口中，所以需要为该接口重构代码，以确保上传的图片是经过压缩的。重构后的 uedit 接口代码如下。

```
# 构造上传图片的接口，并对图片进行压缩处理
elif request.method == 'POST' and request.args.get('action') == 'uploadimage':
    f = request.files['upfile']      # 获取前端图片文件数据
    filename = f.filename
    # 为上传的文件生成统一的文件名
    suffix = filename.split('.')[-1]  # 取得文件的扩展名
    newname = time.strftime('%Y%m%d_%H%M%S.' + suffix)
    f.save('./resource/upload/' + newname)   # 保存图片
```

```
# 对图片进行压缩，以1200px宽度为准，并覆盖原始文件
source = dest = './resource/upload/' + newname
compress_image(source, dest, 1200)

result = {}           # 构造响应数据
result['state'] = 'SUCCESS'
# 系统上线到公网后，域名一定不是127.0.0.1，端口也不再是5000，需要同步修改
result["url"] = f"http://127.0.0.1:5000/upload/{newname}"
result['title'] = filename
result['original'] = filename

return jsonify(result)    # 以JSON数据格式返回响应，以供前端编辑器引用
```

上述代码完成后，以作者权限的用户登录"蜗牛笔记"博客系统并直接访问"http://127.0.0.1:5000/prepost"即可发布文章。读者可以对文章发布、图片压缩、缩略图生成、积分消耗等功能进行整合测试。

7.4 其他发布功能

7.4.1 草稿箱

草稿箱是提供给作者的一个临时保存文章的渠道，由于未正式发布，所以用户将无法浏览到该文章。在文章发布页面中专门提供了草稿箱的功能，用于保存文章草稿。草稿本身其实也是一篇文章，只是不正式发布而已，在第 3 章中设计表结构时已经考虑到了这一问题，直接通过 drafted 字段来标识是否为草稿。在所有针对文章的查询过程中，都是通过添加条件来过滤草稿的。所以作者在编辑文章时，如果要保存草稿，那么其本质是向文章表插入一篇文章，只是将该篇文章标识为草稿而已。

但是这样保存草稿的方式存在严重的问题，因为每保存一次草稿，就向文章表中插入一条新的记录，而发布文章时还会插入一篇新的文章，导致文章表中存在多条无效数据。同时，如果用户保存了草稿后没有正式发布，回到了其他页面，则用户将没有入口回到编辑页面再次编辑自己的草稿。所以，一旦作者保存了第一篇草稿，后续的所有保存、发布操作都应该基于这篇草稿进行，而不是新插入一条记录。同时，需要为作者提供一个入口以继续编辑草稿。

确保一篇草稿从反复保存到最后正式发布均操作的是同一条记录，就是实现草稿箱功能的核心。要想明确后端在处理文章时知道这是一篇新的草稿或已经保存过的草稿，并在正式发布时知道这是一篇草稿，且已经在数据库中保存了内容，则需要修改 drafted 标识。

当用户第一次保存草稿时，将会插入一条新的记录，并生成一个新的 articleid，如果将这一编号返回给前端，在后续提交请求时，在参数中带上该 articleid，则后端可根据这个编号来判断是新的文章还是已经存在的文章。

首先，重构后端的方法，为 Article 模型类添加修改文章的方法。

```
# 根据文章编号更新文章的内容，可用于文章编辑或草稿修改，以及草稿的发布
def update_article(self, articleid, type, headline, content, thumbnail, credit, drafted=0, checked=1):
    now = time.strftime('%Y-%m-%d %H:%M:%S')
    row = dbsession.query(Article).filter_by(articleid=articleid).first()
    row.type = type
    row.headline = headline
    row.content = content
    row.thumbnail = thumbnail
    row.credit = credit
```

```
        row.drafted = drafted
        row.checked = checked
        row.updatetime = now         # 修改文章的更新时间
        dbsession.commit()
        return articleid             # 继续将文章编号返回调用处
```

其次，重构文章发布接口 add_article，对前端传来的参数进行判断，如果参数中不带 articleid，则表明这是一篇新文章，与之前的处理方式一致；如果参数中带有 articleid，则进行文章的内容更新而不是新增。

```
# 新增文章和草稿
@article.route('/article', methods=['POST'])
def add_article():
    headline = request.form.get('headline')
    content = request.form.get('content')
    type = int(request.form.get('type'))
    credit = int(request.form.get('credit'))
    drafted = int(request.form.get('drafted'))
    checked = int(request.form.get('checked'))
    articleid = int(request.form.get('articleid'))

    if session.get('userid') is None:
        return 'perm-denied'
    else:
        user = Users().find_by_userid(session.get('userid'))
        if user.role == 'editor':
            # 权限合格，可以执行发布文章的代码
            # 为文章生成缩略图，优先从内容中查找，查找不到时指定一张缩略图
            url_list = parse_image_url(content)
            if len(url_list) > 0:   # 表示文章中存在图片
                thumbname = generate_thumb(url_list)
            else:
                # 如果文章中没有图片，则根据文章类别指定一张缩略图
                thumbname = '%d.png' % type

            article = Article()
            # 判断articleid是否为0，如果为0，则表示是新数据
            if articleid == 0:
                try:
                    id = article.insert_article(type=type, headline=headline,
                        content=content, credit=credit, thumbnail=thumbname,
                        drafted=drafted, checked=checked)
                    return str(id)
                except Exception as e:
                    return 'post-fail'
            else:
                # 如果是已经添加过的文章，则进行修改操作
                try:
                    id = article.update_article(articleid=articleid, type=type,
                        headline=headline, content=content, credit=credit,
                        thumbnail=thumbname, drafted=drafted, checked=checked)
                    return str(id)
                except:
                    return 'post-fail'

        # 如果角色不是作者，则只能投稿，不能正式发布文章
        elif checked == 1:
```

```
                return 'perm-denied'
        else:
                return 'perm-denied'
```

再次,在处理前端操作时,需要额外定义一个 JavaScript 全局变量,用于临时保存服务器端返回的 articleid,并随下一次请求发送给后端接口。同时,重构前端的 doPost 函数,并为保存草稿增加一个新的函数,具体代码如下。

```
var ARTICLEID = 0;  // 定义全局变量,用于临时保存articleid

// 正式发布
function doPost() {
    var headline = $.trim($("#headline").val());
    var contentPlain = UE.getEditor("content").getContentTxt();

    if (headline.length < 5) {
        bootbox.alert({title:"错误提示", message:"标题不能少于5个字"});
        return false;
    }
    else if (contentPlain.length < 100) {
        bootbox.alert({title:"错误提示", message:"内容不能少于100个字"});
        return false;
    }

    // 发送请求时,参数中带有articleid
    var param = "headline=" + headline;
        param += "&content=" +
                    encodeURIComponent(UE.getEditor("content").getContent());
        param += "&type=" + $("#type").val();
        param += "&credit=" + $("#credit").val();
        param += "&drafted=0&checked=1&articleid=" + ARTICLEID;
    $.post('/article', param, function (data) {
        if (data == 'perm-denied') {
            bootbox.alert({title:"错误提示", message:"权限不足,无法发布文章."});
        }
        else if (data == 'post-fail') {
            bootbox.alert({title:"错误提示", message:"文章发布失败,请联系管理员."});
        }
        else if (data.match(/^\d+$/)) {
            bootbox.alert({title:"信息提示", message:"恭喜你,文章发布成功."});
            setTimeout(function () {
                location.href = '/article/' + data;
            }, 1000);
        }
        else {
            bootbox.alert({title:"错误提示", message:"文章发布失败,可能没有权限."});
        }
    });
}

// 保存草稿
function doDraft() {
    var headline = $.trim($("#headline").val());
    var contentPlain = UE.getEditor("content").getContentTxt();

    if (headline.length < 5) {
        bootbox.alert({title:"错误提示", message:"草稿标题不能少于5个字"});
```

```
            return false;
        }
        else if (contentPlain.length < 10) {
            bootbox.alert({title:"错误提示", message:"草稿内容不能少于10个字"});
            return false;
        }

        var param = "headline=" + headline;
            param += "&content=" +
                    encodeURIComponent(UE.getEditor("content").getContent());
            param += "&type=" + $("#type").val();
            param += "&credit=" + $("#credit").val();
            param += "&drafted=1&checked=1&articleid=" + ARTICLEID;
        $.post('/article', param, function (data) {
            if (data == 'perm-denied') {
                bootbox.alert({title:"错误提示", message:"权限不足,无法保存草稿."});
            }
            else if (data == 'post-fail') {
                bootbox.alert({title:"错误提示", message:"保存草稿失败,请联系管理员."});
            }
            else if (data.match(/^\d+$/)) {
                bootbox.alert({title:"信息提示", message:"恭喜你,草稿保存成功."});
                // 保存草稿后,不跳转页面,重新为全局变量赋值
                ARTICLEID = parseInt(data);
            }
            else {
                bootbox.alert({title:"错误提示", message:"保存草稿失败,可能没有权限."});
            }
        });
    }

<!-- 为"发布文章"和"保存草稿"两个按钮绑定单击事件 -->
<label class="col-1"></label>
<button class="form-control btn-default col-2" onclick="doDraft()">保存草稿</button>
<button class="form-control btn-primary col-2" onclick="doPost()">发布文章</button>
</select>
```

最后,对于草稿箱的入口页面,通过模板引擎对全局变量 ARTICLEID 进行赋值,将文章内容和选项渲染到前端页面中即可完成文章的编辑和加载,对后端接口不需要做任何修改,第 8 章中将详细介绍文章编辑功能,此处不再赘述。

7.4.2 文件上传

文件上传并非"蜗牛笔记"博客系统的功能,而是作为本书的附加内容进行讲解。在很多 Web 系统中,不排除有文件上传的需求。虽然在"蜗牛笔记"博客系统中不存在这样的功能需求,但是假设用户在发表文章时需要上传独立的缩略图,那么应该如何处理?虽然在 UEditor 中配置了图片上传的功能,但是对其前端实现没有专门进行讲解,所以本节将对文件上传进行举例说明。

要实现文件上传,通常有两种方式:一种方式是直接将文件上传按钮放到一个 form 中,在提交表单的时候直接同步提交文件;另一种方式是通过 Ajax 来提交上传请求,这也是目前使用比较多的方式。通过传统的表单提交文件的前端代码如下。

```
<!-- 必须设置表单的enctype属性为multipart/form-data,表示文件上传。
    表单元素必须指定name属性,以供后端接口获取其数据 -->
<form action="/upload" method="post" enctype="multipart/form-data">
    <input type="text" name="headline"/>
```

```html
    <textarea name="content"></textarea>
    <input type="file" name="upfile" />    <!-- 文件上传控件 -->
    <!-- 按钮类型必须为submit才能提交表单 -->
    <input type="submit" value="开始上传" />
</form>
```

基于上述前端代码实现的后端接口如下。

```python
@ueditor.route('/upload', methods=['POST'])
def upload():
    headline = request.form.get('headline')
    content = request.form.get('content')
    file = request.files.get('upfile')
    print(headline, content)     # 可以正常获取表单元素的值
    suffix = file.filename.split('.')[-1]    # 取得文件的扩展名
    # 也可以根据文件的扩展名对文件类型进行过滤,如:
    if suffix.lower() not in ['jpg', 'jpeg', 'png', 'rar', 'zip', 'doc', 'docx']:
        return 'Invalid'
    # 将文件保存到某个目录中
    file.save('./resource/upload/test001.' + suffix)
    return 'Done'
```

上述实现文件上传的方式比较传统,其核心是借助 form 对象的文件上传能力。但是这种上传方式会进行页面跳转,不太适合现在的 Web 系统的要求。以下代码通过利用 Ajax 的方式将重构后的文件上传到前端页面中。

```javascript
function doUpload() {
    var data = new FormData();      // 带附件上传
    data.append("headline",$.trim($("#headline").val()));
    data.append("content",$.trim($("#content").val()));
    <!-- 此处为JavaScript添加文件的方式 -->
    data.append("upfile",$("#upfile").prop("files")[0]);

    $.ajax({
        url: '/upload',
        type: 'POST',
        data: data,        // 指定上传数据
        cache: false,
        processData: false,
        contentType: false,
        success : function(result) {
            if(result == "Done"){
                window.alert('恭喜你,上传成功.');
            }else if (result == 'Invalid') {
                window.alert('文件类型不匹配.');
            }
        },
        error : function(responseStr) {
            window.alert('上传失败');
        }
    });
}
```

上述代码即可实现 Ajax 的无刷新文件上传,同时不需要对后端代码进行任何修改。

第 8 章

后端管理系统开发

学习目标

（1）理解后端管理系统的作用及常用处理手段。
（2）完成管理员和用户的部分后端管理系统的功能开发。
（3）利用短信平台完成短信验证码的处理。

本章导读

■后端管理系统功能模块主要包括具有管理员权限的用户针对整个系统的管理控制，以及用户和作者权限的用户中心。在第 5～7 章中已经对"蜗牛笔记"博客系统的各项功能和实现方式进行了比较全面的讲解，而后端管理系统的实现也是类似的过程，所以本章主要挑选后端管理系统中的几个典型功能进行讲解。

8.1 系统管理

8.1.1 后端系统

所谓后端系统，是相对于系统的前端页面来定义的，并不是每个用户都看得到的系统，可以统称为后端系统。虽然这些后端系统不是对所有人都可见，但是它们在系统的运行过程中起到了重要的作用。对于大多数系统来说，后端系统是必要的，尤其是在对系统的各项数据进行管理、为运营提供支撑等方面。例如，对于一个电子商务网站来说，上架下架、促销推广、进销存管理等一系列配套系统均可以称为后端系统；对于一个游戏来说，后端系统可以及时地提供游戏运营情况，包括玩家管理、装备管理、费用管理等。

对于"蜗牛笔记"博客系统来说，后端系统主要包括系统管理和用户中心。系统管理主要用于管理"蜗牛笔记"博客系统的各项数据，如推荐文章、隐藏文章、管理用户、管理评论、管理收藏、管理积分等；用户中心主要用于非管理员用户管理自己的数据，如个人资料、文章收藏、用户评论、积分消耗等。

事实上，后端管理的核心仍然是数据的增删改查，只是提供了一些页面供用户进行更加方便的操作而已。在极端场景下，不需要后端系统也是没有问题的，直接修改数据库即可。但是，并不是所有的用户都有权限访问数据库，也不是所有管理类用户都知道数据库的操作方法。之所以需要设计后端，既是为了给各类用户提供操作页面，以理解自己在做什么，又是出于业务逻辑和数据安全的需要。数据一直是一个系统最重要的部分，不能直接将数据库暴露出来，所以要通过系统来限制用户行为，限制业务流程。

后端系统通常是一个授权访问的系统，也就是说，并不是每个人都能进入后端系统，所以需要进行权限控制。通常，进行权限控制时必须要控制两个层面：一是前端页面不能让无权限的用户查看，二是后端系统的接口不能让无权限的用户使用。使用拦截器可以解决权限控制问题，但是每一个请求都要通过拦截器进行过滤，会导致系统运行效率的降低。所以建议不要滥用拦截器，适当使用才能提升开发效率。同时，针对一些特殊页面，建议编写专门的代码进行判断，而不是将其放在拦截器中。

8.1.2 前端入口

"蜗牛笔记"博客系统将后端管理系统分为面向用户的"用户中心"和面向管理员的"系统管理"两个子系统。目前，除了登录成功后在分类导航区域中显示了用户中心的入口，还没有实现过系统管理的入口。按照 2.4.3 节中后端页面的设计模板为用户中心和系统管理添加两个模板页面，分别将其命名为 user-center.html 和 system-admin.html，并添加对应的控制器，以对两个页面进行渲染。在登录成功后，基于当前登录用户的角色来渲染不同的选项，具体实现代码如下：

```
# 添加ucenter控制器并实现入口
ucenter = Blueprint("ucenter", __name__)

@ucenter.route('/ucenter')
def user_center():
        return render_template('user-center.html')

#添加admin控制器并实现入口
admin = Blueprint("admin", __name__)

@admin.route('/admin')
def sys_admin():
```

```
        return render_template('system-admin.html')
```

```
# 在前端的base.html页面中进行角色判断，以渲染不同的入口
{% if session.get('role') == 'admin' %}
    <a class="nav-item nav-link" href="/admin">系统管理</a>   
{% else %}
    <a class="nav-item nav-link" href="/ucenter">用户中心</a>   
{% endif %}
```

8.1.3 首页查询

后端文章管理功能主要由编辑文章、文章推荐、文章隐藏、投稿审核几个功能模板构成。除了编辑文章需要打开一个新的编辑页面外，其他操作均可以通过 Ajax 完成。接下来基于 2.4.3 节的系统管理页面设计思路来实现后端首页中文章查询和内容填充的基本功能。

由于系统管理的核心是文章管理，所以将系统管理的首页定义为文章管理模块。首先，为 Article 模型类添加查询除草稿外的所有文章及其总数量（用于分页），代码如下。

```
# 查询文章表中除草稿外的所有数据并返回结果集
def find_all_except_draft(self, start, count):
    result = dbsession.query(Article).filter(Article.drafted==0)
            .order_by(Article.articleid.desc()).limit(count).offset(start).all()
    return result

# 查询除草稿外的所有文章的总数量
def get_count_except_draft(self):
    count = dbsession.query(Article).filter(Article.drafted==0).count()
    return count
```

其次，实现 admin 控制器中的默认首页接口和文章分页，代码如下。

```
from flask import Blueprint, render_template, session, request, jsonify
from model.article import Article
import math

admin = Blueprint("admin", __name__)

# 为系统管理首页填充文章列表，并绘制分页栏
@admin.route('/admin')
def sys_admin():
    pagesize = 50
    article = Article()
    result = article.find_all_except_draft(0, pagesize)
    total = math.ceil(article.get_count_except_draft() / pagesize)
    return render_template('system-admin.html', page=1, result=result, total=total)

# 为系统管理首页的文章列表进行分页查询
@admin.route('/admin/article/<int:page>')
def sys_admin(page):
    pagesize = 50
    start = (page - 1) * pagesize
    article = Article()
    result = article.find_all_except_draft(start, pagesize)
    total = math.ceil(article.get_count_except_draft() / pagesize)
    return render_template('system-admin.html', page=page, result=result, total=total)
```

再次，完成前端页面的重构，为左侧菜单添加超链接，并在右侧上方添加分类搜索和标题搜索功能。

```html
# 为左侧菜单添加正确的超链接
<ul>
    <li><a href="/admin"><span class="oi oi-image"
        aria-hidden="true"></span>  文章管理</a>
    </li>
    <li><a href="/admin/comment"><span class="oi oi-task"
        aria-hidden="true"></span>  评论管理</a>
    </li>
    <li><a href="/admin/user"><span class="oi oi-person"
        aria-hidden="true"></span>  用户管理</a>
    </li>
    <li><a href="/admin/credit"><span class="oi oi-yen"
        aria-hidden="true"></span>  积分管理</a>
    </li>
    <li><a href="/admin/favorite"><span class="oi oi-heart"
        aria-hidden="true"></span>  收藏管理</a>
    </li>
    <li><a href="/admin/recommend"><span class="oi oi-account-login"
        aria-hidden="true"></span>  推荐管理</a>
    </li>
    <li><a href="/admin/hide"><span class="oi oi-eye"
        aria-hidden="true"></span>  隐藏管理</a>
    </li>
    <li><a href="/admin/check"><span class="oi oi-zoom-in"
        aria-hidden="true"></span>  投稿审核</a>
    </li>
</ul>

# 根据article_type字典对象填充分类下拉列表
<select id="type" class="form-control">
    <option value="0">所有分类</option>
    {% for key, value in article_type.items() %}
        <option value="{{key}}">{{value}}</option>
    {% endfor %}
</select>
```

与首页的操作方法类似，循环遍历 result 结果集以填充文章信息并完成分页栏绘制。

```html
# 填充文章列表，并为右侧按钮添加单击事件
<table class="table col-12">
    <thead style="font-weight: bold">
    <tr>
        <td width="10%" align="center">编号</td>
        <td width="50%">标题</td>
        <td width="8%" align="center">浏览</td>
        <td width="8%" align="center">评论</td>
        <td width="24%">操作</td>
    </tr>
    </thead>
    <tbody>
    {% for article in result %}
    <tr>
```

```
            <td align="center">{{article.articleid}}</td>
            <td> <a href="/article/{{article.articleid}}" target="_blank">
                {{article.headline}}</a></td>
            <td align="center">{{article.readcount}}</td>
            <td align="center">{{article.replycount}}</td>
            <td>
                <a href="/edit/{{article.articleid}}" target="_blank">编辑
                </a>   

                <!-- 根据文章的隐藏、推荐和审核3个字段实时显示状态 -->
                <a href="#" onclick="switchRecommend(this, {{article.articleid}})">
                    {% if article.recommended == 0 %} 推荐
                    {% else %} <font color="red">已推</font> {%endif %}
                </a>   
                <a href="#" onclick="switchHide(this, {{article.articleid}})">
                    {% if article.hidden == 0 %} 隐藏
                    {% else %} <font color="red">已隐</font> {%endif %}
                </a>   
                <a href="#" onclick="switchCheck(this, {{article.articleid}})">
                    {% if article.checked == 1 %} 已审
                    {% else %} <font color="red">待审</font> {%endif %}
                </a>
            </td>
        </tr>
        </tbody>
    {% endfor %}
</table>

# 填充下方分页栏
<table class="table col-12">
    <tr>
        <td valign="middle" align="center">
            {% if page == 1 %}
            <a href="/admin/article/1">上一页</a>  
            {% else %}
            <a href="/admin/article/{{page - 1}}">上一页</a>  
            {% endif %}

            {% for i in range(total) %}
            <a href="/admin/article/{{i + 1}}">{{i + 1}}</a>  
            {% endfor %}

            {% if page == total %}
            <a href="/admin/article/{{page}}">下一页</a>
            {% else %}
            <a href="/admin/article/{{page + 1}}">下一页</a>
            {% endif %}
        </td>
    </tr>
</table>
```

系统管理首页截图如图8-1所示。

最后，在Article模型类中实现文章的分类搜索和标题搜索功能。之前的代码都是单独使用一个方法查询总数量以计算页数，其实也可以使两个方法的功能在同一个方法中实现，将结果集和总数量以元组的形式返回。

图 8-1　系统管理首页截图

```
# 按照文章分类进行查询（不含草稿，该方法直接返回用于分页的文章总数量）
def find_by_type_except_draft(self, start, count, type):
    if type == 0:
        result = self.find_all_except_draft(start, count)
        total = self.get_count_except_draft()
    else:
        result = dbsession.query(Article).filter(Article.drafted == 0,
                Article.type == type).order_by(Article.articleid.desc())\
                .limit(count).offset(start).all()
        total = dbsession.query(Article).filter(Article.drafted == 0,
                Article.type == type).count()
    return result, total    # 返回分页结果集和不分页的总数量

# 按照标题进行模糊查询（不含草稿，不分页）
def find_by_headline_except_draft(self, headline):
    result = dbsession.query(Article).filter(Article.drafted == 0,
            Article.headline.like('%' + headline + '%'))\
            .order_by(Article.articleid.desc()).all()
    return result
```

为了响应"分类搜索"和"标题搜索"两个按钮，需要为这两个按钮开发后端接口，代码如下。

```
# 按照文章进行分类搜索的后端接口
@admin.route('/admin/type/<int:type>-<int:page>')
def admin_search_type(type, page):
    pagesize = 50
    start = (page - 1) * pagesize
    result, total = Article().find_by_type_except_draft(start, pagesize, type)
    total = math.ceil(total / pagesize)
    return render_template('system-admin.html', page=page, result=result, total=total)

# 按照文章标题进行模糊查询的后端接口
```

```python
@admin.route('/admin/search/<keyword>')
def admin_search_headline(keyword):
    result = Article().find_by_headline_except_draft(keyword)
    return render_template('system-admin.html', page=1, result=result, total=1)
```

编写前端 JavaScript 调用代码，用于完成后端首页的搜索功能。

```html
<script type="text/javascript">
    // 为了直接展示搜索结果，不需要使用Ajax，而是直接跳转页面
    function doSearchByType() {
        var type = $("#type").val();
        location.href = '/admin/type/' + type + '-1';
    }

    function doSearchByHeadline() {
        var keyword = $("#keyword").val();
        location.href = '/admin/search/' + keyword;
    }
</script>
```

8.1.4 文章处理

文章处理主要包括编辑文章、隐藏文章、推荐文章和审核文章等。由于编辑文章并不是管理员的核心职责，而是作者的主要职责，所以编辑文章功能将放在用户中心的开发中进行讲解。本节主要处理文章的隐藏、推荐和审核。

按照 MVC 的开发顺序，首先，开发 Article 模型类相应的方法，用于处理数据库。文章表中有 3 个字段——hidden、recommended 和 checked，对于文章处理的 3 种方式，其实就是简单地修改这 3 个字段的值而已。由于这 3 个字段均只有 0 和 1 两个取值，类似于一个状态开关，所以实现模型类的方法时采用切换的方式而不是赋值的方式。也就是说，只要调用一次该方法，其值就会被切换一次。具体模型类的实现代码如下：

```python
# 切换文章的隐藏状态：1表示隐藏，0表示显示
def switch_hidden(self, articleid):
    row = dbsession.query(Article).filter_by(articleid=articleid).first()
    if row.hidden == 1:
        row.hidden = 0
    else:
        row.hidden = 1
    dbsession.commit()
    return row.hidden   # 将当前最新状态返回给控制器层

# 切换文章的推荐状态：1表示推荐，0表示正常
def switch_recommended(self, articleid):
    row = dbsession.query(Article).filter_by(articleid=articleid).first()
    if row.recommended == 1:
        row.recommended = 0
    else:
        row.recommended = 1
    dbsession.commit()
    return row.recommended

# 切换文章的审核状态：1表示已审，0表示待审
def switch_checked(self, articleid):
    row = dbsession.query(Article).filter_by(articleid=articleid).first()
    if row.checked == 1:
        row.checked = 0
```

```
    else:
        row.checked = 1
dbsession.commit()
return row.checked
```

其次，完成接口部分的开发，实现与前端请求的对接。

```
# 文章的隐藏切换接口
@admin.route('/admin/article/hide/<int:articleid>')
def admin_article_hide(articleid):
    hidden = Article().switch_hidden(articleid)
    return str(hidden)

# 文章的推荐切换接口
@admin.route('/admin/article/recommend/<int:articleid>')
def admin_article_recommend(articleid):
    recommended = Article().switch_recommended(articleid)
    return str(recommended)

# 文章的审核切换接口
@admin.route('/admin/article/check/<int:articleid>')
def admin_article_check(articleid):
    checked = Article().switch_checked(articleid)
    return str(checked)
```

最后，实现前端按钮调用的功能，并同步修改按钮的值以及时获取到其状态。

```
function switchHide(obj, articleid) {
    $.get('/admin/article/hide/' + articleid, function (data) {
        if (data == '1') {
            $(obj).html('<font color="red">已隐</font>');
        }
        else {
            $(obj).text('隐藏');
        }
    });
}

function switchRecommend(obj, articleid) {
    $.get('/admin/article/recommend/' + articleid, function (data) {
        if (data == '1') {
            $(obj).html('<font color="red">已推</font>');
        }
        else {
            $(obj).text('推荐');
        }
    });
}

function switchCheck(obj, articleid) {
    $.get('/admin/article/check/' + articleid, function (data) {
        if (data == '0') {
            $(obj).html('<font color="red">待审</font>');
        }
        else {
            $(obj).text('已审');
        }
    });
}
```

8.1.5 接口权限

系统管理模块还有很多其他功能，但是其实现方式大同小异，没有本质区别，这里将不再演示代码和实现过程，读者可以自行实现。本节需要额外补充的是后端接口对于权限的控制，目前是没有进行任何校验的。也就是说，无论哪个用户，只要知道其接口规则，就完全可以绕过管理员权限进行接口调用。所以需要在拦截器中对系统管理的各个接口进行权限拦截，有权限的用户方可完成调用。

由于系统管理页面及接口功能只有具备管理员权限的用户才能进入，且使用频率相对较低，将其接口权限直接放在全局拦截器中会比较消耗资源，没有太大必要。直接使用模块拦截器针对 admin.py 控制器进行拦截即可。

```python
@admin.before_request
def before_admin():
    if session.get('islogin') != 'true' or session.get('role') != 'admin':
        return 'perm-denied'
```

后续针对用户中心的接口进行权限控制时，也可使用类似的方式。

8.2 用户中心

8.2.1 我的收藏

我的收藏作为用户中心首页，可以完整展现用户收藏的文章，用户可以取消收藏，也可以浏览收藏的文章。其页面风格及功能与系统管理中的文章管理功能非常类似。本节通过实现我的收藏模块的功能，为用户中心的设计和实现定义基调，后续其他板块的功能实现将变得更加高效。

首先，要实现我的收藏的浏览和取消功能，仍然需要定义 Favorite 模型类的查询和切换两个方法，代码如下。

```python
# 为用户中心查询我的收藏添加数据操作方法
def find_my_favorite(self):
    result = dbsession.query(Favorite, Article).join(Article, Favorite.articleid ==
             Article.articleid).filter(Favorite.userid == session.get('userid')).all()
    return result

# 切换收藏和取消收藏的状态
def switch_favorite(self, favoriteid):
    row = dbsession.query(Favorite).filter_by(favoriteid=favoriteid).first()
    if row.canceled == 1:
        row.canceled = 0
    else:
        row.canceled = 1
    dbsession.commit()
    return row.canceled
```

其次，在 ucenter 控制器中实现相应切换和浏览的接口。

```python
from flask import Blueprint, render_template
from model.favorite import Favorite

ucenter = Blueprint("ucenter", __name__)

# 在用户中心首页中浏览我的收藏，不分页
@ucenter.route('/ucenter')
def user_center():
    result = Favorite().find_my_favorite()
```

```python
    return render_template('user-center.html', result=result)

# 切换收藏状态接口
@ucenter.route('/user/favorite/<int:favoriteid>')
def user_favorite(favoriteid):
    canceled = Favorite().switch_favorite(favoriteid)
    return str(canceled)
```

再次，填充用户中心首页内容和实现前端切换收藏状态的 JavaScript 代码。

```
# 填充用户中心首页内容（整体模板与系统管理页面一致）
<table class="table col-12">
    <thead style="font-weight: bold">
    <tr>
        <td width="10%" align="center">编号</td>
        <td width="60%">标题</td>
        <td width="8%" align="center">浏览</td>
        <td width="8%" align="center">评论</td>
        <td width="14%" align="center">操作</td>
    </tr>
    </thead>
    <tbody>
    {% for favorite, article in result %}
    <tr>
        <td align="center">{{article.articleid}}</td>
        <td><a href="/article/{{article.articleid}}"
            target="_blank">{{article.headline}}</a></td>
        <td align="center">{{article.readcount}}</td>
        <td align="center">{{article.replycount}}</td>
        <td align="center">
            <a href="#" onclick="switchFavorite(this, {{favorite.favoriteid}})">
                {%if favorite.canceled == 0 %} 取消收藏
                {% else %} <font color="red">继续收藏</font> {% endif %}
            </a>
        </td>
    </tr>
    </tbody>
    {% endfor %}
</table>

# 对应的switchFavorite函数的代码如下
<script type="text/javascript">
    function switchFavorite(obj, favoriteid) {
        $.get('/user/favorite/' + favoriteid, function (data) {
            if (data == '1') {
                $(obj).html('<font color="red">继续收藏</font>');
            }
            else {
                $(obj).text('取消收藏');
            }
        });
    }
</script>
```

最后，基于上述代码实现的用户中心首页截图如图 8-2 所示。

用户中心的我的文章、我的积分、我的评论、个人资料等模块的代码实现与上述代码完全类似，这里不再赘述。

图 8-2　用户中心首页截图

8.2.2 发布文章

如果登录用户的角色是作者，那么需要在用户中心为其绘制一个新的选项——发布文章，进而实现文章发布的入口。所以首页要重构用户中心的左侧菜单栏，根据用户的角色来判断是否需要显示"发布文章"选项，代码如下。

```
<ul>
    <li><a href="/ucenter"><span class="oi oi-heart"
        aria-hidden="true"></span>  我的收藏</a>
    </li>
    {% if session.get('role') == 'user' %}
    <li><a href="/user/post"><span class="oi oi-zoom-in"
        aria-hidden="true"></span>  我要投稿</a>
    </li>
    <!-- 普通用户投稿，作者角色直接发布文章和编辑草稿 -->
    {% elif session.get('role') == 'editor' %}
    <li><a href="/prepost"><span class="oi oi-zoom-in"
        aria-hidden="true"></span>  发布文章</a>
    </li>
    <li><a href="/user/draft"><span class="oi oi-book"
        aria-hidden="true"></span>  我的草稿</a>
    </li>
    {% endif %}
    <li><a href="/user/article"><span class="oi oi-shield"
        aria-hidden="true"></span>  我的文章</a>
    </li>
    <li><a href="/user/comment"><span class="oi oi-task"
        aria-hidden="true"></span>  我的评论</a>
    </li>
    <li><a href="/user/info"><span class="oi oi-person"
        aria-hidden="true"></span>  个人资料</a>
    </li>
    <li><a href="/user/credit"><span class="oi oi-account-login"
```

```
                aria-hidden="true"></span>  我的积分</a>
        </li>
</ul>
```

在第 7 章中已经实现了文章发布的功能，所以在用户中心中按照角色正确绘制好入口选项即可，不需要额外的处理。

8.2.3 我要投稿

为了让所有用户都可以为博客投稿，必须要为用户设计一个投稿的入口。用户投稿与发布文章在核心操作上是基本一致的，但是要体现出差距。这是因为用户投稿需要奖励用户积分，且用户投稿的内容必须要经过审核，所以文章表的 checked 字段必须设置为 0。作为普通用户投稿时，建议不提供保存草稿的功能。

在绘制用户投稿的前端页面时，不需要提供保存草稿的功能，在提交请求时，直接将 checked 设置为 0。基于 pre-post.html 进行修改，生成一个用户投稿的新页面，将其命名为 user-post.html，提交 Ajax 请求的代码修改如下。

```
function doUserPost() {
    var headline = $.trim($("#headline").val());
    var contentPlain = UE.getEditor("content").getContentTxt();

    if (headline.length < 5) {
        bootbox.alert({title:"错误提示", message:"标题不能少于5个字"});
        return false;
    }
    else if (contentPlain.length < 100) {
        bootbox.alert({title:"错误提示", message:"内容不能少于100个字"});
        return false;
    }

    var param = "headline=" + headline;
        param += "&content=" +
                encodeURIComponent(UE.getEditor("content").getContent());
        param += "&type=" + $("#type").val();
        param += "&credit=" + $("#credit").val();
        param += "&drafted=0&checked=0&articleid=0";    // 必须将checked设置为0
    $.post('/article', param, function (data) {
        if (data == 'perm-denied') {
            bootbox.alert({title:"错误提示", message:"权限不足，无法投稿."});
        }
        else if (data == 'post-fail') {
            bootbox.alert({title:"错误提示", message:"投稿失败，请联系管理员."});
        }
        else if (data.match(/^\d+$/)) {
            bootbox.alert({title:"信息提示", message:"投稿成功，审核后即可发布."});
            setTimeout(function () {
                location.href = '/user/article';    // 跳转到我的文章页面
            }, 1000);
        }
        else {
            bootbox.alert({title:"错误提示", message:"投稿失败，可能没有权限."});
        }
    });
}
```

同时，重构后端的新增文章接口，添加针对用户投稿的处理代码。

```python
# 新增正式文章和用户投稿，并处理草稿
@article.route('/article', methods=['POST'])
def add_article():
    headline = request.form.get('headline')
    content = request.form.get('content')
    type = int(request.form.get('type'))
    credit = int(request.form.get('credit'))
    drafted = int(request.form.get('drafted'))
    checked = int(request.form.get('checked'))
    articleid = int(request.form.get('articleid'))

    # 为文章生成缩略图，优先从内容中查找，查找不到时指定一张缩略图
    # 无论是正式发布、草稿还是用户投稿，其缩略图都采用一样的处理方式
    url_list = parse_image_url(content)
    if len(url_list) > 0:  # 表示文章中存在图片
        thumbname = generate_thumb(url_list)
    else:
        # 如果文章中没有图片，则根据文章类别指定一张缩略图
        thumbname = '%d.png' % type

    if session.get('userid') is None:
        return 'perm-denied'
    else:
        user = Users().find_by_userid(session.get('userid'))
        if user.role == 'editor' and checked == 1:
            # 权限合格，可以执行发布文章的代码
            article = Article()
            # 判断articleid是否为0，如果为0，则表示是新数据
            if articleid == 0:
                try:
                    id = article.insert_article(type=type, headline=headline,
                        content=content, credit=credit, thumbnail=thumbname,
                        drafted=drafted,checked=checked)
                    return str(id)
                except Exception as e:
                    return 'post-fail'
            else:
                # 如果是已经添加过的文章，则进行修改操作
                try:
                    id = article.update_article(articleid=articleid, type=type,
                        headline=headline, content=content, credit=credit,
                        thumbnail=thumbname, drafted=drafted, checked=checked)
                    return str(id)
                except:
                    return 'post-fail'

        # 如果角色不是作者，则只能投稿，不能正式发布文章
        elif user.role == 'user' and checked == 0:
            try:
                id = Article().insert_article(type=type, headline=headline,
                    content=content, credit=credit, thumbnail=thumbname,
                    drafted=drafted, checked=checked)
                return str(id)
            except Exception as e:
                return 'post-fail'
```

```
        else:
            return 'perm-denied'
```

用户完成投稿后，可以通过"我的文章"选项查看稿件的审核状态，也可以继续编辑文章。同时，后端在对文章进行审核时，如果审核通过，则需要为用户增加 200 积分作为奖励。这些操作均为已经详细演示过的内容，这里不再赘述。

8.2.4 编辑文章

编辑文章在文章阅读页面及后端系统中均可以随时进行，目前的权限是管理员可以编辑任意文章，而文章作者可以编辑自己的文章。无论哪个角色，其编辑页面均可以跳转到同一个，故要做好权限判定。

针对编辑文章的操作，既需要获取文章的原始内容并填充到相应表单元素中，包括文章的类别和积分消耗情况，又需要将文章编号填充到模板页面中，并随编辑请求一起发送到后端接口中进行处理。

在实现草稿箱功能时，已经为 Article 模型类实现了 update_article 方法，完全可以用于文章的编辑处理。所以这里只需要为 article 控制器添加两个接口，用于编辑文章的前端页面渲染和处理文章编辑请求即可，代码如下。

```
# 编辑文章的前端页面渲染
@article.route('/edit/<int:articleid>')
def go_edit(articleid):
    result = Article().find_by_id(articleid)
    return render_template('article-edit.html', result=result)

# 处理文章编辑请求
@article.route('/edit', methods=['PUT'])
def edit_article():
    articleid = int(request.form.get('articleid'))
    headline = request.form.get('headline')
    content = request.form.get('content')
    type = int(request.form.get('type'))
    credit = int(request.form.get('credit'))

    article = Article()
    try:
        row = article.find_by_id(articleid)
        id = article.update_article(articleid=articleid, type=type, headline=headline,
            content=content, credit=credit,thumbnail=row[0].thumbnail,
            drafted=row[0].drafted, checked=row[0].checked)
        return str(id)
    except:
        return 'edit-fail'
```

同时，新建前端页面 article-edit.html，用于加载文章内容和提交编辑请求。

```
{% extends 'base.html' %}
{% block content %}

<div class="container" style="margin-top: 20px; background-color: white; padding: 20px;">
    <div class="row form-group">
        <label for="headline" class="col-1">文章标题</label>
        <input type="text" class="col-11" id="headline" value="{{result[0].headline}}"/>
    </div>
    <div class="row">
        <script id="content" name="content" type="text/plain">
            {{result[0].content | safe}}      <!-- 填充文章内容 -->
        </script>
    </div>
```

```html
    <div class="row form-group" style="margin-top: 20px; padding-top: 10px;">
        <label for="type" class="col-1">类型：</label>
        <select class="form-control col-2" id="type">
<option value="1" {% if result[0].type==1 %} selected {% endif %}>PHP开发</option>
<option value="2" {% if result[0].type==2 %} selected {% endif %}>Java开发</option>
<option value="3" {% if result[0].type==3 %} selected {% endif %}>Python开发</option>
<option value="4" {% if result[0].type==4 %} selected {% endif %}>Web前端</option>
<option value="5" {% if result[0].type==5 %} selected {% endif %}>测试开发</option>
<option value="6" {% if result[0].type==6 %} selected {% endif %}>数据科学</option>
<option value="7" {% if result[0].type==7 %} selected {% endif %}>网络安全</option>
<option value="8" {% if result[0].type==8 %} selected {% endif %}>蜗牛杂谈</option>
        </select>
        <label class="col-1"></label>
        <label for="credit" class="col-1">积分：</label>
        <select class="form-control col-2" id="credit">
<option value="0" {% if result[0].credit==0 %} selected {% endif %}>免费</option>
<option value="1" {% if result[0].credit==1 %} selected {% endif %}>1分</option>
<option value="2" {% if result[0].credit==2 %} selected {% endif %}>2分</option>
<option value="5" {% if result[0].credit==5 %} selected {% endif %}>5分</option>
<option value="10" {% if result[0].credit==10 %} selected {% endif %}>10分</option>
<option value="20" {% if result[0].credit==20 %} selected {% endif %}>20分</option>
<option value="50" {% if result[0].credit==50 %} selected {% endif %}>50分</option>
        </select>
        <label class="col-3"></label>
        <button class="form-control btn-primary col-2" onclick="doEdit()">提交修改
        </button>
    </select>
    </div>
</div>

<script type="text/javascript" src="/ue/ueditor.config.js"></script>
<script type="text/javascript" src="/ue/ueditor.all.min.js"> </script>
<script type="text/javascript" src="/ue/lang/zh-cn/zh-cn.js"></script>
<script type="text/javascript">
    var ue = UE.getEditor('content', {
        initialFrameHeight: 400,
        autoHeightEnabled: true,
        serverUrl: '/uedit',
    });

    // 发布用户投稿
    function doEdit() {
        var headline = $.trim($("#headline").val());
        var contentPlain = UE.getEditor("content").getContentTxt();

        if (headline.length < 5) {
            bootbox.alert({title:"错误提示", message:"标题不能少于5个字"});
            return false;
        }
        else if (contentPlain.length < 100) {
            bootbox.alert({title:"错误提示", message:"内容不能少于100个字"});
            return false;
        }

        // 发送请求时，参数中带有articleid
```

```
        var param = "headline=" + headline;
        param += "&content=" +
                 encodeURIComponent(UE.getEditor("content").getContent());
        param += "&type=" + $("#type").val();
        param += "&credit=" + $("#credit").val();
        param += "&articleid={{result[0].articleid}}";
    $.post('/edit', param, function (data) {
        if (data == 'perm-denied') {
            bootbox.alert({title:"错误提示", message:"权限不足,无法修改."});
        }
        else if (data == 'post-fail') {
            bootbox.alert({title:"错误提示", message:"修改失败,请联系管理员."});
        }
        else if (data.match(/^\d+$/)) {
            bootbox.alert({title:"信息提示", message:"恭喜你,修改文章成功."});
            setTimeout(function () {
                location.href = '/user/article';    // 跳转到我的文章页面
            }, 1000);
        }
        else {
            bootbox.alert({title:"错误提示", message:"修改失败,可能没有权限."});
        }
    });
    }
</script>
{% endblock %}
```

用户中心还有其他功能模块没有实现,但是其功能和原理均无更多需要演示和讲解的地方,只需要按照 MVC 的标准操作步骤完成即可,这里不再赘述。

8.3 短信校验

8.3.1 阿里云账号注册

目前,互联网中运行的系统基本上不再有孤立的系统,专业化分工越来越精细。很多第三方接口和服务应运而生,它们可以使开发者只专注于系统核心业务而无须在一些配套服务上耗费精力。例如,目前市面上比较流行的第三方接口通常会发布基于不同编程语言的软件开发工具包(Software Development Kit,SDK),开发人员只需要简单掌握 SDK 的调用规则便可以将第三方服务集成进来,如短信服务、支付服务、第三方登录、消息推送、实时聊天、语音图像识别等。

本节主要通过阿里云提供的短信服务来为读者演示第三方接口的用法,进而让读者达到举一反三的目的,无论是支付还是消息推送等第三方接口的使用,无一不遵循类似的操作。

要使用阿里云的短信服务,需要先注册一个阿里云的账号并进行实名认证,再向账户充值,充值金额由读者自行决定,充值完成后需要创建一个 AccessKey 用于调用阿里云的各类服务。进入账户控制台,在右上角的用户头像图标处悬停,打开"AccessKey 管理"页面,创建一个 AccessKey,如图 8-3 所示。

在"云通信"的产品类别下找到"短信服务"的入口,并选择"国内消息"选项,完成签名和短信模板的添加。图 8-4 所示为"蜗牛笔记"博客系统为用户注册和找回密码添加的阿里云短信验证码模板。

添加完签名和短信模板后,等待阿里云完成审核即可使用。通常,短信模板需要内置一些自定义变量,以类似"${code}"的风格进行引用,code 是一个变量,可以自定义任意变量名,用于在代码中对其值进行替换。这里,阿里云短信验证码模板详情如图 8-5 所示。

图 8-3　创建一个 AccessKey

图 8-4　阿里云短信验证码模板

图 8-5　阿里云短信验证码模板详情

完成上述操作后，接下来选择"帮助文档"选项，进入短信发送的帮助中心，找到 Python 语言的相关帮助，按照步骤使用 pip 安装阿里云短信对应的 Python 版本的 SDK——aliyun-python-sdk-core，如图 8-6 所示，根据 SDK 的接口规范完成短信验证码的发送即可。

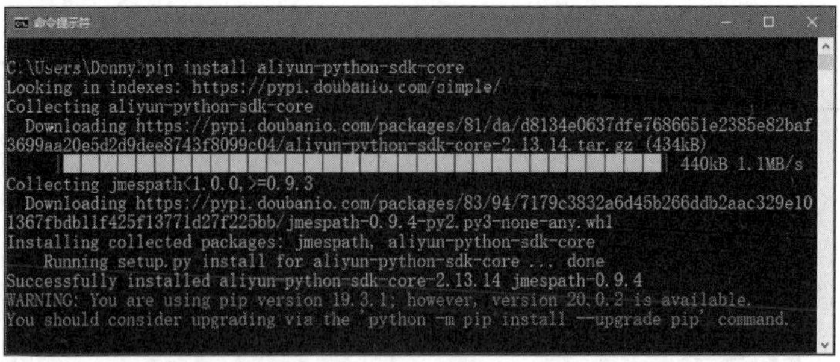

图 8-6 安装阿里云短信对应的 Python 版本的 SDK

8.3.2 测试短信接口

完成了短信账号申请和短信模板的审核，并成功安装了 Python 版本的 SDK 后，即可根据阿里云的短信接口规范来发送短信，具体代码如下。

```python
from aliyunsdkcore.client import AcsClient
from aliyunsdkcore.request import CommonRequest

# 请根据生成的AccessKey正确填写
client = AcsClient('<accessKeyId>', '<accessSecret>', 'cn-hangzhou')

# 这一部分内容不用进行任何修改，原样填写即可
request = CommonRequest()
request.set_accept_format('json')
request.set_domain('dysmsapi.aliyuncs.com')
request.set_method('POST')
request.set_protocol_type('https')  # https | http
request.set_version('2017-05-25')
request.set_action_name('SendSms')

request.add_query_param('RegionId', "cn-hangzhou")           # 服务器所在区域
request.add_query_param('PhoneNumbers', "18812345678")       # 接收者手机号
request.add_query_param('SignName', "蜗牛学院")               # 签名名称
request.add_query_param('TemplateCode', "SMS_184115860")     # 短信模板编号
request.add_query_param('TemplateParam', "{'code':'368926'}")# 字典风格的参数

response = client.do_action(request)
print(str(response, encoding = 'utf-8'))
```

上述代码运行后，编者的手机成功接收到了阿里云验证码短信，其内容如图 8-7 所示。

图 8-7 阿里云验证码短信的内容

事实上，上述代码可以直接通过阿里云的 OpenAPI Explorer 程序生成，其中包括很多阿里云的服务及不同的编程语言，如图 8-8 所示。

图 8-8　阿里云的 OpenAPI Explorer 程序

将上述发送短信验证码的代码封装到 utility.py 中，并传递验证码和接收手机号两个参数。由于用户注册和找回密码对应的模板代码不一样，所以可以再增加一个参数传递，即验证码类型，以根据不同的类型参数采用不同的模板编号。

8.3.3　验证码使用场景

完成了验证码的发送功能的代码实现后，接下来可以利用验证码的场景会非常多。例如，用户注册时不一定只能通过邮箱地址和邮箱验证码来进行处理了，而是可以直接通过手机号码和短信验证码进行处理，找回密码时也可以使用手机号码。另外，如果使用手机号码进行登录，则用户可以不使用密码，而是通过验证码完成登录。类似的场景还有很多，诸如用户的评论被回复的时候，用户投稿审核通过的时候，有新的文章推荐给用户的时候，都可以使用手机短信来通知用户。相比于邮件通知和邮箱验证码来说，手机短信要方便很多，因为用户随时都在使用手机，而不是随时都会打开邮箱查看邮件。

与邮箱验证码的生成过程类似，在编码实现时同样可以生成一个随机的 6 位数字作为验证码，并保存到 Session 变量中，当用户提交验证码时，和 Session 变量中的验证码进行比对即可确定是否正确。由于其实现过程和思路与邮箱验证码十分类似，因此这里不再详细演示和讲解代码及实现过程。

事实上，无论是邮箱验证码还是短信验证码，目前的实施方案中依然存在问题。由于目前的实现思路是将验证码保存到 Session 变量中，而 Session 的默认过期策略是关闭浏览器即过期，也就是说，用户只要不关闭浏览器，则 Session 中的变量的值将会一直保存。在短信模板中告知用户的 5 分钟有效期其实只是一句提醒而已，并不能真正做到 5 分钟即过期，这不是由后端接口来进行控制的，而是由用户什么时候关闭浏览器来决定的。所以通过 Session 来保存验证码并不是很好的解决方案，那么最好的解决方案是什么呢？本书将在第 9 章中给出答案。

第9章

高级功能开发

学习目标

（1）熟练使用Redis命令及Python的Redis框架。
（2）熟练应用缓存技术为系统设计缓存策略并利用代码实现。
（3）深入理解页面静态化的一些处理方式和策略。
（4）理解全文搜索的实现原理并应用于"蜗牛笔记"博客系统中。
（5）熟练使用Python的requests库和多线程技术对系统进行接口和性能测试。

本章导读

■本章作为全书的技术扩展，将基于"蜗牛笔记"博客系统的开发场景讲解目前比较常用的高级开发技术，为企业级应用开发打下坚实的基础，并对系统优化进行更加深入的理解。其中，主要包括 Redis 缓存、页面静态化、全文搜索、接口与性能测试等技术。完成本章的学习后，读者应完全具备将"蜗牛笔记"博客系统上线运行的能力。

9.1 利用 Redis 缓存数据

9.1.1 Redis 数据类型

Redis 是一个开源的使用 ANSI C 语言编写、遵守 BSD 协议、支持网络、可基于内存亦可持久化的日志型、Key-Value 数据库，其提供了多种语言的 API。它通常被称为数据结构服务器，因为其值可以是字符串（String）、哈希（Hash）、列表（List）、集合（Sets）和有序集合（Sorted Sets）等。其中，字符串、列表和集合与 Python 中的数据类型是完全一样的，特性也基本相同；而有序集合是经过排序的集合类型。除此之外，哈希类型与 Python 中的字典类型对应，其值本身也由键值对构成。在所有的 Redis 的数据类型中，字符串是构成所有类型的基础。Redis 中的数据类型的用法及注意事项如表 9-1 所示。

表 9-1 Redis 中的数据类型的用法及注意事项

数据类型	Key	Value	注意事项
字符串	username	蜗牛学院	Redis 没有数字类型，数字类型被归为字符串类型
	password	123457	
哈希	article	Key：articleid Value：123 Key：headline Value：Redis 缓存策略详解	哈希类型的值本身又是一个键值对的字典类型
	comment	Key：content Value：后端架构的性能优化	
列表	headline	Flask 的路由规则解析 jQuery 与 Vue 的应用场景 RESTful 的接口规范研究	列表中的值可以重复，也可以用于保存 JSON 数据
集合	phone	13812345678 18898745613 15578456321	集合的用法与列表类似，只是保存的值不允许重复
有序集合	phone	13812345678 15578456321 18898745613	有序集合也称为 ZSet，值写入后将在排序后被保存

另外，Redis 缓存数据库和 MySQL 数据库类似，一个服务器中可以保存多个数据库，并且可以使用 select 命令切换到不同的数据库。一个 Redis 数据库中可以保存多条 Key，每条 Key 可以对应多条数据。Redis 的常用数据类型和命令的演示如图 9-1 所示。

后续的命令均可以通过上述命令行客户端进行使用。另外，由于需要使用 Python 来处理 Redis 数据库中的数据，所以既要明确两个系统之间的数据类型的对应关系，又要安装 Python 的 Redis 库。在第 1 章中已经对其进行了讲解。

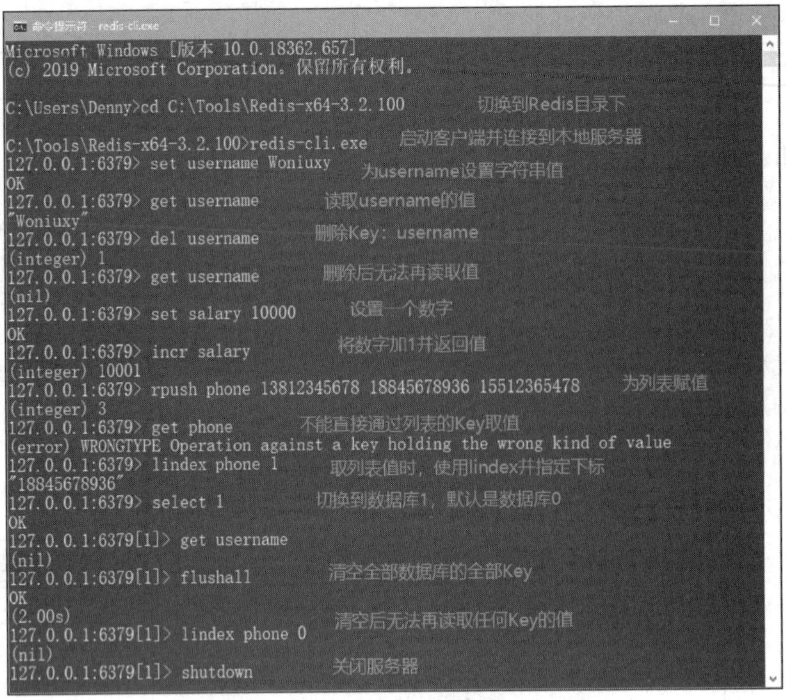

图 9-1 Redis 的常用数据类型和命令

9.1.2 Redis 常用命令

当 Redis 服务器启动后，启动其客户端即可执行 Redis 的常见命令。表 9-2 所示为 Redis 中与 Key 相关的操作命令。

表 9-2　Redis 中与 Key 相关的操作命令

命令	描述	用法
DEL	（1）删除给定的一个或多个 Key； （2）不存在的 Key 将被忽略	DEL Key [Key ...]
EXISTS	检查给定 Key 是否存在	EXISTS Key
EXPIRE	（1）为给定 Key 设置生存时间； （2）对一个已经指定生存时间的 Key 设置执行 EXPIRE，新的值会代替旧的值	EXPIRE Key seconds
KEYS	查找所有符合给定模式 pattern 的 Key。 （1）KEYS *：匹配所有 Key； （2）KEYS h?llo：匹配 hello、hallo、hxllo 等； （3）KEYS h*llo：匹配 hllo、heeeeello 等； （4）KEYS h[ae]llo：匹配 hello 和 hallo	KEYS pattern
MIGRATE	（1）原子性地将 Key 从当前实例传送到目标实例指定的数据库中； （2）原数据库 Key 删除，新数据库 Key 增加； （3）阻塞进行迁移的两个实例，直到发生迁移成功、迁移失败、等待超时三种情况之一	MIGRATE host port Key destination-db timeout [COPY] [REPLACE]

续表

命令	描述	用法
MOVE	（1）将当前数据库的 Key 移动到给定数据中； （2）执行成功的条件为当前数据库有 Key，而给定数据库没有 Key	MOVE Key db
PERSIST	移除给定 Key 的生存时间，将 Key 变为持久数据	PERSIST Key
RANDOMKEY	从当前数据库中随机返回且不删除一个 Key	RANDOMKEY
RENAME	（1）将 Key 的键名修改为新键名； （2）新键名已存在时，RENAME 将覆盖旧值	RENAME Key newkey
TYPE	返回 Key 所存储的值的类型	TYPE Key

表 9-3 所示为 Redis 中与字符串相关的操作命令。

表 9-3　Redis 中与字符串相关的操作命令

命令	描述	用法
SET	（1）将字符串值 Value 关联到 Key； （2）若 Key 已经关联则覆盖，无视类型； （3）若 Key 已有生存时间，则生存时间将被清除	SET Key Value [EX seconds] [PX milliseconds] [NX|XX]
GET	（1）返回 Key 关联的字符串值； （2）若 Key 不存在，则返回 nil； （3）若 Key 存储的不是字符串，返回错误，因为 GET 只用于处理字符串	GET Key
MSET	（1）同时设置一个或多个键值对； （2）若某个给定 Key 已经存在，则 MSET 将覆盖旧值； （3）如果用户不希望发生旧值被覆盖的情况，则可使用 MSETNX 命令，所有 Key 都不存在时才会进行覆盖； （4）MSET 是一个原子性操作，所有 Key 都会在同一时间被设置，不会存在有些更新有些未更新的情况	MSET Key Value [Key Value ...]
MGET	（1）返回一个或多个给定 Key 对应的 Value； （2）若某个 Key 不存在，则这个 Key 返回 nil	MGET Key [Key ...]
SETEX	（1）将 Value 关联到 Key； （2）设置 Key 的生存时间为 seconds，单位为秒； （3）如果 Key 对应的 Value 已经存在，则覆盖旧值； （4）SET 也可以设置生存时间，但是 SETEX 是一个原子操作，即关联值与设置生存时间同一时间完成	SETEX Key seconds Value
SETNX	（1）当 Key 不存在时，将 Key 的值设置为 Value； （2）若给定的 Key 已存在，则 SETNX 不做任何动作	SETNX Key Value
INCR	（1）Key 中存储的数字值+1，返回增加之后的值； （2）若 Key 不存在，则 Key 的值被初始化为 0 并执行 INCR 操作； （3）如果 Key 的值包含错误的类型，或者为字符串类型但不能被表示为数字，则返回错误； （4）值限制在 64 位有符号数字范围之内	INCR Key

续表

命令	描述	用法
DECR	（1）Key 中存储的数字值-1，返回减少之后的值； （2）其余同 INCR 命令	DECR Key
INCRBY	（1）将 Key 所存储的值加上增量，返回增加之后的值； （2）其余同 INCR 命令	INCRBY Key increment
DECRBY	（1）将 Key 所存储的值减去减量，返回减少之后的值； （2）其余同 INCR 命令	DECRBY Key decrement

表 9-4 所示为 Redis 中与哈希相关的操作命令。

表 9-4 Redis 中与哈希相关的操作命令

命令	描述	用法
HSET	（1）将哈希表 Key 中的域 Field 的值设置为 Value； （2）若 Key 不存在，则一个新的哈希表被创建并执行 HSET 操作； （3）若 Field 已经存在，则旧的值被覆盖	HSET Key Field Value
HGET	返回哈希表 Key 中给定域 Field 的值	HGET Key Field
HDEL	（1）删除哈希表 Key 中的一个或多个指定域； （2）不存在的域将被忽略	HDEL Key Field [Field ...]
HEXISTS	查看哈希表 Key 中给定域 Field 是否存在，存在时返回 1，不存在时返回 0	HEXISTS Key Field
HGETALL	返回哈希表 Key 中的所有域和值	HGETALL Key
HINCRBY	（1）为哈希表 Key 中的域 Field 加上增量，返回增加后域的值； （2）其余同 INCR 命令	HINCRYBY Key Field increment
HKEYS	返回哈希表 Key 中的所有域	HKEYS Key
HLEN	返回哈希表 Key 中域的数量	HLEN Key
HMGET	（1）返回哈希表 Key 中的一个或多个给定域的值； （2）如果给定的域不存在于哈希表中，则返回 nil	HMGET Key Field [Field ...]
HMSET	（1）将多个 Field-Value 对设置到哈希表 Key 中； （2）会覆盖哈希表中已存在的域； （3）若 Key 不存在，则一个空哈希表会被创建并执行 HMSET 操作	HMSET Key Field Value [Field Value ...]
HVALS	返回哈希表 Key 中的所有域和值	HVALS Key

表 9-5 所示为 Redis 中与列表相关的常用命令。

表 9-5 Redis 中与列表相关的常用命令

命令	描述	用法
LPUSH	（1）将一个或多个值 Value 插入列表 Key 的表头； （2）如果有多个值，则各个值按从左到右的顺序依次插入表头； （3）若 Key 不存在，则一个空列表会被创建并执行 LPUSH 操作； （4）若 Key 存在但不是列表类型，则返回错误	LPUSH Key Value [Value ...]

续表

命令	描述	用法
LPUSHX	（1）将值 Value 插入列表 Key 的表头，当且仅当 Key 存在且为一个列表时； （2）若 Key 不存在，则不执行任何操作	LPUSHX Key Value
LPOP	移除并返回列表 Key 的头元素	LPOP Key
LRANGE	（1）返回列表 Key 中指定区间内的元素，区间以偏移量 Start 和 Stop 指定； （2）Start 和 Stop 都以 0 为底开始计数； （3）可使用负数下标，-1 表示列表最后一个元素，-2 表示列表倒数第二个元素，以此类推； （4）Start 大于列表最大下标时，返回空列表； （5）Stop 大于列表最大下标时，将 Stop 设置为列表最大下标	LRANGE Key Start Stop
LREM	（1）根据 Count 的值，移除列表中与 Value 相等的元素； （2）Count>0 表示从头到尾搜索，移除与 Value 相等的元素，数量为 Count； （3）Count<0 表示从尾到头搜索，移除与 Value 相等的元素，数量为 Count； （4）Count=0 表示移除表中所有与 Value 相等的元素	LREM Key Count Value
LSET	（1）将列表 Key 下标为 Index 的元素值设置为 Value； （2）当 Index 参数超出范围，或对一个空列表进行 LSET 时，返回错误	LSET Key Index Value
LINDEX	返回列表 Key 中下标为 Index 的元素	LINDEX Key Index
LINSERT	（1）将值 Value 插入列表 Key，位于 Pivot 前面或者后面； （2）若 Pivot 不存在于列表 Key 中，则不执行任何操作； （3）若 Key 不存在，则不执行任何操作	LINSERT key BEFORE|AFTER Pivot Value
LLEN	（1）返回列表 Key 的长度； （2）若 Key 不存在，则返回 0	LLEN Key
LTRIM	对一个列表进行修剪，使列表只返回指定区间内的元素，不在指定区间内的元素都将被移除	LTRIM Key Start Stop
RPOP	移除并返回列表 Key 的尾元素	RPOP Key
RPOPLPUSH	在一个原子时间内，执行以下两个动作。 （1）将列表 Source 中的最后一个元素弹出并返回给客户端； （2）将弹出的元素插入列表 Destination，作为 Destination 的头元素	RPOPLPUSH Source Destination
RPUSH	将一个或多个 Value 插入列表 Key 的表尾	RPUSH Key Value [Value ...]
RPUSHX	（1）将 Value 插入列表 Key 的表尾，当且仅当 Key 存在且为一个列表时； （2）若 Key 不存在，则不执行任何操作	RPUSHX Key Value

除此之外，针对不同的数据类型，Redis 均提供了不同的操作命令，包括针对 Redis 数据库本身的一些操作命令。本书不再一一列举，只挑选几个常用命令进行说明，如表 9-6 所示。

表 9-6　Redis 中的其他常用命令

命令	描述	用法
SADD	（1）将一个或多个成员 Member 加入 Key 中，已存在在集合中的 Member 将被忽略； （2）假如 Key 不存在，则创建一个只包含 Member 做成员的集合； （3）当 Key 不是集合类型时，返回错误	SADD Key Member [Member ...]
SCARD	返回 Key 对应的集合中的成员数量	SCARD key
SREM	移除集合 Key 中的一个或多个成员 Member，不存在的 Member 将被忽略	SREM Key Member [Member ...]
SMEMBERS	（1）返回集合 Key 中的所有成员； （2）不存在的 Key 被视为空集	SMEMBERS Key
ZADD	（1）将一个或多个成员 Member 及其分值 Score 加入有序集 Key 中； （2）如果 Member 已经是有序集合的成员，那么更新 Member 对应的 Score 并重新插入 Member，以保证 Member 在正确的位置上； （3）Score 可以是整数值或双精度浮点数	ZADD Key Score Member [[Score Member] [Score Member] ...]
ZCARD	返回有序集合 Key 的元素个数	ZCARD Key
ZCOUNT	返回有序集合 Key 中 Score 小于等于 Min 且小于等于 Max 的成员的数量	ZCOUNT Key Min Max
ZRANGE	（1）返回有序集合 Key 中指定区间内的成员，成员位置按 Score 递增顺序（从小到大）排列； （2）具有相同 Score 的成员按字典序排列； （3）若需要成员按 Score 递减顺序（从大到小）排列，则使用 ZREVRANGE 命令； （4）下标参数 Start 和 Stop 都以 0 为底，也可以使用负数，-1 表示最后一个成员，-2 表示倒数第二个成员； （5）可通过 WITHSCORES 选项一并返回成员及其 Score	ZRANGE Key Start Stop [WITHSCORES]
ZRANK	（1）返回有序集合 Key 中成员 Member 的排序，有序集合成员按分值 Score 递增顺序排列； （2）排名以 0 为底，即 Score 最小的成员排名为 0； （3）ZREVRANK 命令可将成员按 Score 递减顺序排列	ZRANK Key Member
ZREM	（1）移除有序集合 Key 中的一个或多个成员，不存在的成员将被忽略； （2）当 Key 存在但不是有序集合时，返回错误	ZREM Key Member [Member ...]
SELECT	（1）切换到指定数据库，数据库索引 Index 用数字指定，以 0 作为起始索引值； （2）默认使用数据库 0	SELECT Index
DBSIZE	返回当前数据库的 Key 的数量	DBSIZE

续表

命令	描述	用法
SHUTDOWN	（1）停止所有客户端； （2）如果至少有一个保存点在等待，则执行 SAVE 命令； （3）如果 AOF 选项被启用，则更新 AOF 文件； （4）关闭 Redis 服务器	SHUTDOWN [SAVE|NOSAVE]
FLUSHDB	清空当前数据库中的所有 Key	FLUSHDB
FLUSHALL	清空整个 Redis 服务器的数据（删除所有数据库中的所有 Key）	FLUSHALL

9.1.3　Redis 持久化

Redis 默认将数据保存在内存中，这也是缓存服务器的核心工作机制，但是一旦内存出现故障，数据就会完全丢失。所以 Redis 提供了数据持久化操作，在下一次启动 Redis 时，仍然会加载上一次的数据。目前，Redis 提供了 RDB 和 AOF 两种主要的持久化方式，用户可以基于这两种持久化方案来配置以下 4 种策略。

（1）RDB 持久化方式能够在指定的时间间隔内对数据进行快照存储，这也是 Redis 默认的持久化策略。

（2）AOF 持久化方式能够记录每次对服务器写的操作，当服务器重启的时候会重新执行这些命令来恢复原始的数据。AOF 命令以 Redis 协议将每次写的操作追加保存到文件末尾。由于用户执行的命令可能存在重复，所以可以直接修改 AOF 文件，删除一些重复的命令。

（3）同时开启两种持久化方式。在这种情况下，当 Redis 重启的时候会优先载入 AOF 文件来恢复原始的数据。因为在通常情况下，AOF 文件保存的数据集要比 RDB 文件保存的数据集完整。

（4）不使用任何持久化方式，在配置文件中将其完全关闭。这样可以提升性能，但是针对一些重要的数据，不建议禁用持久化策略。

要配置 Redis 的持久化策略，只需编辑 Redis 目录下的 redis.windows.conf 文件，修改相应配置信息并重启 Redis 服务器即可。例如，下面的配置项表明使用 RDB 进行持久化，在 60s 内只要修改过 1 次，就触发 Redis 将数据保存到硬盘中。

```
save 60 1           # 60s内只要修改过1次Key，就进行持久化

appendonly no       # AOF模式默认关闭，将其设置为yes即可打开
```

修改完配置文件并使用 RDB 后方式，在 60s 内修改或新建 1 次 Key 的值，就会进行持久化，并在 Redis 目录下生成一个 dump.rdb 文件。下一次启动 Redis 服务器时，系统会将该文件中的数据加载到内存中，实现了数据的持久化保存。但是设置修改时间间隔为 60s 只是为了更快地完成实验，在实际的应用过程中，不建议频繁地进行持久化，会降低系统性能。

9.1.4　Redis 可视化工具

由于 Redis 的客户端是一个纯命令行的工具，无法很直观地对数据库进行查看，因此可以安装 Redis Desktop Manager 工具，这样即可进行可视化操作，其运行界面如图 9-2 所示。

从图 9-2 中可以看到，mykey 是 Redis 的哈希类型的 Key，其值对应的也是 Key-Value，而其中的 Value 可以存储任意格式的字符串。例如，图 9-2 中 info 存储的是字典类型的数据，而 branch 存储的是列表类型的数据。事实上，这些数据只是看起来是字典和列表而已，其本质都是一个字符串，只是该字符串在格式上与字典和列表一样，相当于在其值的前后加上了双引号。在 Python 中，可以通过全局函数 eval 来运行这些字符串，直接将其转换为 Python 中对应的数据类型。

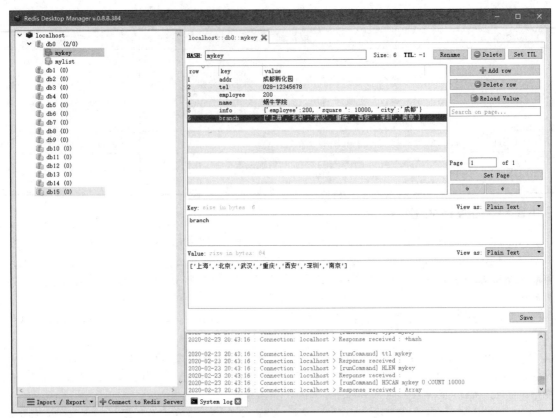

图 9-2　Redis Desktop Manager 运行界面

9.1.5　Python 操作 Redis

事实上，Redis 本身是一个标准的网络服务器，只要遵循 Redis 的通信接口规范，任何一门编程语言都可以很容易地连接到 Redis 服务器上并执行命令。下面的代码利用 Python 通过 Socket 连接到 Redis 服务器，并发送了一批满足 Redis 协议规范的字符串，为 Redis 设置了一个变量 phone 并通过 Get 命令取得其值。

```
import socket                          # 引入Python的socket类

s = socket.socket()
s.connect(('127.0.0.1', 6379))         # 与Redis建立连接，并基于协议规则发送数据包
s.send(b'*3\r\n')                      # *3 表示发送的命令包含3个字符串
s.send(b'$3\r\n')                      # $3 表示接下来发送的字符串有3个字符
s.send(b'set\r\n')
s.send(b'$5\r\n')
s.send(b'phone\r\n')
s.send(b'$11\r\n')                     # $11 表示接下来发送的字符串有11个字符
s.send(b'18812345678\r\n')
r = s.recv(1024)                       # 一条完整的命令发送完成后接收Redis服务器的响应
print(r.decode())                      # 输出 +OK 表示命令成功执行

s.send(b'*2\r\n')
s.send(b'$3\r\n')
s.send(b'get\r\n')
s.send(b'$5\r\n')
```

```
s.send(b'phone\r\n')
r = s.recv(1024)
print(r.decode())                              # 通过get命令读取变量phone的值
```

基于上述代码的实现原理，目前的绝大部分编程语言都封装了专门用于操作 Redis 的库，Python 的 redis 库便是对 Redis 协议的封装。下述代码演示了通过 Python 的 redis 库来操作 Redis 的一些常见用法。

```
import redis

# 指定Redis服务器的IP地址、端口号并和数据库进行连接
red = redis.Redis(host='127.0.0.1', port=6379, db=0)

# 使用连接池进行连接，推荐使用此方式
pool = redis.ConnectionPool(host='127.0.0.1', port=6379, decode_responses=True, db=0)
red = redis.Redis(connection_pool=pool)

# 普通字符串类型的值处理
red.set('myname','qiang')                      # 为myname设置值
red.mset({'age':'20', 'addr':'上海'})          # 同时设置两个字符串
print(red.get('myname'))                       # 获取Key为myname的值
print(red.get('addr'))                         # 获取Key为addr的值
print(red.exists('myname'))                    # 判断Key：myname是否存在

# 常用的针对数据库的操作
print(red.dbsize())                            # 列出当前数据库中Key的数量
print(red.lastsave())                          # 获取最后一次持久化的时间
print(red.__dict__)                            # 输出red对象的信息

# 哈希值的处理
# 一次性为mykey的哈希类型设置多个值
red.hmset(name='mykey', mapping={'addr':'成都孵化园', 'tel':'028-12345678',
'employee':200})
red.hset(name='mykey', key='name', value='蜗牛学院')
# 新增一条哈希值到mykey中
red.hsetnx(name='mykey', key='name', value='蜗牛学院2')  # 在mykey中不存在name时新增
dict = red.hgetall('mykey')                    # 获取mykey的所有值
print(dict)                                    # 输出dict的值
print(type(dict))                              # dict的类型为 <class 'dict'>
print(red.hget(name="mykey",key="addr"))       # 读取mykey中addr字段的值
print(red.hexists(name='mykey', key='name'))   # 判断mykey中是否存在name字段

# 列表的处理（注意，列表不能去重，如果需要去重，则可以使用集合类型）
# 同时为列表phone设置多个值，使用rpush表示在后面追加
red.rpush('phonelist', '13812345678', '15812345678', '18812345678', '19912345678')
red.lpush('phonelist', '15545678925')          # 在列表的开头插入一个新值
len = red.llen('phonelist')                    # 遍历并输出列表中的所有值
# for i in range(len):
#     print(red.lindex('phonelist', i))

# 利用集合类型保存电话号码，可以自动去重
red.sadd('phoneset', '13812345678', '15812345678', '18812345678', '19912345678')
red.sadd('phoneset', '13812345678', '15812345678', '18812345678', '19912345678')
# 即使添加多次，也只会保存不重复的值
phoneset = red.smembers('phoneset')            # 以Python的集合类型返回所有值
for phone in phoneset:
    print(phone)
```

通过上述代码可以看到，Python 中操作 Redis 所使用的命令与 Redis 本身的命令和作用是完全一致的。

9.1.6 利用 Redis 缓存验证码

V9-1 Redis 处理验证码和表数据

在第 5 章和第 8 章中，对于用户注册和登录均使用了验证码。在服务器端，验证码是通过 Session 变量来保存的，但是 Session 变量并不能有效控制验证码的过期时间，所以使用 Redis 来保存验证码便成为一种有效的解决方案，这也是业界通用的一种方案。以下代码演示了如何使用 Redis 的 expire 命令设置有效期。

首先，在 common 包下创建 redisdb.py 源文件，并封装一个 Redis 连接操作。

```
def redis_connect():
    pool = redis.ConnectionPool(host='127.0.0.1', port=6379,
         decode_responses=True, db=0)
    red = redis.Redis(connection_pool=pool)
    return red
```

其次，在 user.py 控制器中，封装一个模拟获取邮箱验证码的操作。

```
from common.redisdb import redis_connect

# 用户注册时生成邮箱验证码并保存到缓存中
@user.route('/redis/code', methods=['POST'])
def redis_code():
    username = request.form.get('username').strip()
    code = gen_email_code()
    red = redis_connect()              # 连接到Redis服务器
    red.set(username, code)
    red.expire(username, 30)           # 设置username变量的有效期为30s
    # 设置好缓存变量的过期时间后，发送邮件完成处理，此处代码省略
    return 'done'
```

最后，完成上述代码定义后，由于没有前端页面配合发送请求，所以可使用 Postman 编辑一个 Post 请求来模拟用户注册时获取邮箱验证码的操作。完成请求模拟后，Redis 服务器将会保存该条以用户注册邮箱为 Key 的验证码，30s 后将其自动删除，进而实现精确的验证码有效期的定义。

基于上述的验证码来模拟注册的代码如下。

```
# 根据用户的注册邮箱到缓存中查找验证码进行验证
@user.route('/redis/reg', methods=['POST'])
def redis_reg():
    username = request.form.get('username').strip()
    password = request.form.get('password').strip()
    ecode = request.form.get('ecode').lower().strip()
    try:
        red = redis_connect()      # 连接到Redis服务器
        code = red.get(username).lower()
        if code == ecode:
            return '验证码正确.'
            # 开始进行注册，此处代码省略
        else:
            return '验证码错误.'
    except:
        return '验证码已经失效.'
```

事实上，Redis 不仅能够通过缓存机制减少数据库的读写，还是高并发系统中不可或缺的一部分，如秒杀系统的订单处理、接口限流、队列处理等，应用场景非常广泛。

9.1.7 Redis 处理数据表

了解了 Redis 的基本用法以后，假设现在要对"蜗牛笔记"博客系统的用户表进行缓存，应该使用什么样的数据结构来存储呢？首先观察用户表中目前的数据，如图 9-3 所示。

userid	username	password	nickname	avatar	qq	role	credit	createtime
1	woniu@woniuxy.com	e10adc3949ba59abbe56e0	蜗牛	1.png	12345678	admin	5028	2020-02-05 12:31:57
2	qiang@woniuxy.com	e10adc3949ba59abbe56e0	强哥	2.png	33445566	editor	517	2020-02-06 15:16:55
3	denny@woniuxy.com	e10adc3949ba59abbe56e0	丹尼	3.png	226658397	user	79	2020-02-06 15:17:30
4	reader1@woniuxy.com	e10adc3949ba59abbe56e0	reader1	8.png	12345678	user	50	2020-02-16 13:50:12
5	reader2@woniuxy.com	e10adc3949ba59abbe56e0	reader2	6.png	12345678	user	77	2020-02-16 14:56:37
6	reader3@woniuxy.com	e10adc3949ba59abbe56e0	reader3	13.png	12345678	user	64	2020-02-16 14:59:12
7	tester@woniuxy.com	e10adc3949ba59abbe56e0	tester	9.png	12345678	user	53	2020-02-23 03:38:34

图 9-3 用户表中目前的数据

针对一张表的数据，由于可以直接将其查询出来并转换为 JSON 数据，所以直接使用一个字符串来进行存储是可行的。只需要将其表名设置为 Key，整个表的数据设置为 JSON 字符串即可。保存整表数据到缓存中的代码如下。

```python
import redis
from common.database import dbconnect
from model.users import Users
from common.redisdb import redis_connect
from common.utility import model_list

red = redis_connect()              # 连接到Redis服务器

# 获取数据库连接信息
dbsession, md, DBase = dbconnect()

# 查询用户表的所有数据，并将其转换为JSON数据
result = dbsession.query(Users).all()
json = model_list(result)

red.set('users', str(json))    # 将整张表的数据保存为JSON字符串
```

用这种方式存储时，将会把整张表的数据当作一个字符串，保存时是没有问题的，但是取值的时候就比较麻烦，无法有效地利用 Redis 的特性进行快速操作。例如，要对用户的登录进行验证，相当于需要把整个表的 JSON 字符串提取出来并转换为 Python 的列表，再遍历整个列表进而实现登录验证，过程相当麻烦。

也就是说，在使用 Redis 进行数据缓存的时候，除了要考虑怎么存（缓存的目的其实不是存，而是取），还要考虑怎么减少对数据库的操作，直接从内存中实现快速取。例如，为了验证用户登录，可以将每一行存储为一个字符串，以每一行的用户名作为 Redis 的 Key。具体实现代码如下。

```python
# 将每一行作为一个Key进行字符串类型存储
red = redis_connect()
result = dbsession.query(Users).all()
user_list = model_list(result)
for user in user_list:
    red.set(user['username'], str(user))

# 将上述数据保存到Redis服务器中后，在user.py控制器中创建测试接口以模拟登录
@user.route('/redis/login', methods=['POST'])
def redis_login():
```

```python
red = redis_connect()
# 通过取值判断用户名的Key是否存在
username = request.form.get('username').strip()
password = request.form.get('password').strip()
password = hashlib.md5(password.encode()).hexdigest()
if red.exists(username):
    # 说明用户名存在，可以开始验证密码了
    value = red.get(username)
    dict = eval(value)  # 将取出来的行转换为字典对象，以便对比密码
    if dict['password'] == password:
        return '登录成功'
    else:
        return '密码错误'
else:
    return "用户名不存在"
```

上述代码在完成了 Redis 的存储后，其用户表的每一行都将使用用户名作为 Key 来保存数据到 Redis 中，其数据结构如图 9-4 所示。

图 9-4　利用用户名作为 Key 的数据结构

通过图 9-4 可以看出，由于 Python 在查询数据库时，会对 createtime 字段这种日期时间类型的数据做特殊处理，导致获取到的数据不是一个字符串类型，而是 "datetime.datetime(2020, 2, 12, 11, 46, 1)" 的格式，这种格式在转换成字典时将无法正常处理，即无法使用 eval 直接处理，即使使用 json.loads 函数也无法正确处理而将其值转换成字典类型。要正确处理 datetime.datetime 数据格式，需要对 model_list 公共函数进行重构，使其将 datetime.datetime 的数据格式转换成一个 "%Y-%m-%d %H:%M:%S" 格式的字符串，代码如下。

```python
from datetime import datetime    # 导入日期时间类型

def model_list(result):
    list = []   # 定义列表用于存放所有行
    for row in result:
        dict = {}  # 定义字典用于存放一行
        for k, v in row.__dict__.items():   # 遍历列名
            if not k.startswith('_sa_instance_state'):    # 跳过内置字段
                # 如果某个字段的值是日期时间类型，则将其转换为字符串
                if isinstance(v, datetime):
                    v = v.strftime('%Y-%m-%d %H:%M:%S')
```

```
                dict[k] = v
        list.append(dict)
    return list
```

重构 model_list 函数后，便可以将日期时间类型的字段值转换为正确的字符串，在后续使用时，就可以通过 eval 或者 json.loads 函数顺利地将其转换为 JSON 格式进行取值判断了。重构后存储于 Redis 中的数据变成了如下格式。

```
{'nickname': '丹尼', 'credit': 79, 'userid': 3, 'avatar': '3.png', 'role': 'user',
'createtime': '2020-02-06 15:17:30', 'username': 'denny@woniuxy.com', 'qq': '226658397',
'updatetime': '2020-02-12 11:46:08', 'password': 'e10adc3949ba59abbe56e057f20f883e'}
```

显然，使用这样的存储形式，在取值时会方便很多，尤其是在用于验证用户登录甚至注册时判断是否重名时。但是，要取得整张表的数据用于前端渲染就会比较麻烦，因为无法确定哪些 Key 是属于用户表的。所以，对于不同的应用场景，使用 Redis 的缓存策略和存储结构也会不同，需要根据实际的业务需求来决定。

要想对整张表进行有效缓存，又快速取到对应的值，其实可以有效地利用 Redis 多数据库的特性，即将每一张表保存到一个独立的数据库中，这样就可以快速实现表的遍历操作。除此之外，也可以有效地使用哈希数据类型来保存数据，即将表名作为 Key，将用户名作为哈希的字段名，将每一行的数据作为一个字典进行存储，代码如下。

```
# 将表名作为Key，将用户名作为哈希的字段名，将每一行的数据作为一个字典进行存储
red = redis_connect()
result = dbsession.query(Users).all()
user_list = model_list(result)
for user in user_list:
    red.hset('users_hash', user['username'], str(user))

# 通过name和key两个参数进行判断后直接取得对应行的数据
@user.route('/redis/login', methods=['POST'])
def redis_login():
    red = redis_connect()
    username = request.form.get('username').strip()
    password = request.form.get('password').strip()
    password = hashlib.md5(password.encode()).hexdigest()

    if red.hexists('users_hash', username):
        dict = eval(red.hget('users_hash', username))
        if dict['password'] == password:
            return '登录成功'
        else:
            return '密码错误'
    else:
        return "用户名不存在"
```

上述代码执行后，对于登录验证也是非常方便的，同时可以很好地将多张表的数据存储于同一个数据库中。利用表名和用户名作为 Key 的哈希结构如图 9-5 所示。

事实上，如果是纯粹为了登录验证，完全没有必要对整张表的全部字段进行缓存。只需要缓存用户名和密码，利用用户名作为 Key、密码作为 Value 进行处理即可。

```
# 为了登录验证，利用哈希数据只缓存用户名和密码
red = redis_connect()
result = dbsession.query(Users.username, Users.password).all()
for username, password in result:
    red.hset('users_login', username, password)

# 直接根据用户名取得密码进行判断
```

```python
@user.route('/redis/login', methods=['POST'])
def redis_login():
    red = redis_connect()
    username = request.form.get('username').strip()
    password = request.form.get('password').strip()
    password = hashlib.md5(password.encode()).hexdigest()

    if red.hexists('users_login', username):
        if red.hget('users_login', username) == password:
            return '登录成功'
        else:
            return '密码错误'
    else:
        return "用户名不存在"
```

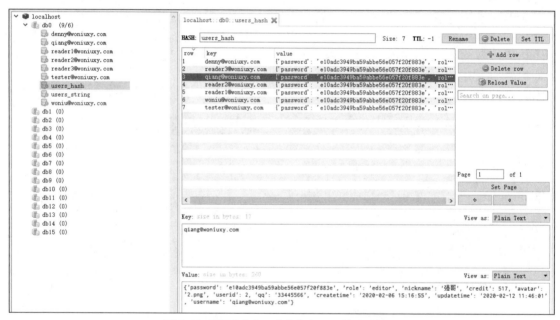

图 9-5 利用表名和用户名作为 Key 的哈希结构

上述代码中之所以没有使用列表和集合，是因为对于登录验证来说，必须要找到登录用户名对应的密码才能进行判断，如果使用列表和集合，没有 Key 来进行关联，那么将无法进行有效验证。理解上述代码的原理后，读者完全可以将其整合到"蜗牛笔记"博客系统的登录验证中。

通过上述缓存数据的演示，相信读者能够理解对于不同的业务处理形式，使用的缓存策略和存储类型都是不一样的。Redis 本身并不会帮助开发人员解决策略问题，这需要开发人员在实际开发过程中根据实际业务需求进行处理。

9.1.8 利用 Redis 重构文章列表

熟悉了 Redis 和基本的存储格式后，现在来看看如何更好地将缓存利用起来，对"蜗牛笔记"博客系统的文章列表进行缓存。

首先，需要设置缓存的数据存储方式，文章列表是用户访问"蜗牛笔记"博客系统时使用最频繁的场景之一，有其实用价值。文章列表要显示除了文章内容之外的几乎所有信息，之前的处理方式是利用模板引擎 Jinja2 的过滤器对文章内容进行截取，

V9-2 Redis 重构首页及策略分析

进而显示文章的摘要内容。这个过程需要读取到文章的全部内容，并对其进行截取和渲染。如果利用 Redis 预先将文章的所有信息及内容摘要直接缓存起来，那么毫无疑问，这个过程将会大大减少数据库的查询工作，进而提升系统性能。当然，直接缓存文章表用于文章列表和文章阅读也是没有问题的。要实现文章列表的缓存，需要先考虑清楚以下 5 个方面的问题。

（1）缓存文章时使用的存储类型。文章列表属于纯粹的查询，不像登录验证一样需要通过用户名进行比对，且文章列表是需要分页的，并不是一次性取出，而能够支持按区间取出的数据类型只有列表和有序集合，为了实现分页和根据文章 ID 进行倒序排列，使用有序集合是一个可行的缓存方案。

（2）对于已经存在的文章，可通过 Python 一次性将文章读取出来，并将内容截取后缓存到 Redis 中。

（3）对于新增的文章，为了与缓存服务器保持数据的同步，应该在新增文章时同步新增到缓存中。

（4）对于修改过的文章，有序集合并没有提供修改的命令，只能先将已有数据删除，再新增。但是对于具体删除哪一条数据，有序集合将无能为力，因为有序集合并不能处理关联，只能简单存储数据。所以，如果不需要同步修改，则可以使用有序集合缓存文章列表；如果需要同步修改，则哈希+有序集合的结合将是一个更好的解决方案。哈希中将 articleid 保存为字段名，可以通过 articleid 取出某一篇文章的数据。同时，利用有序集合将 articleid 保存为集合中的数据并设置 Score 为 articleid。这样，即可先从有序集合中取出分页的 articleid，再根据 articleid 定位到哈希中的相应行的数据，实现同步修改。

（5）由于将数据保存到 Redis 中将不再支持 SQLAlchemy 中的模型对象，所以需要将数据序列化为 JSON 字符串。这就意味着要重构文章列表页面，将只能以 JSON 数据返回给模板页面，所以"蜗牛笔记"博客系统的首页模板页面必须根据 JSON 的数据结构重新填充内容。

由于本节不考虑文章更新和修改的问题，所以仍然采用有序集合进行数据存储。首先，利用 Python 的代码将文章中的数据缓存到 Redis 中，且只缓存文章摘要。

```python
import redis, re
from datetime import datetime
from common.database import dbconnect
from common.utility import model_list
from model.article import Article
from model.users import Users

dbsession, md, DBase = dbconnect()
result = dbsession.query(Article, Users.nickname).join(Users, Users.userid==Article.userid).all()
# result的数据格式为 [ (<__main__.Article object at 0x113F9150>, '强哥'), () ]
# 对result进行遍历处理，最终生成一个标准的JSON数据结构

list = []
for article, nickname in result:
    dict = {}
    for k, v in article.__dict__.items():
        if not k.startswith('_sa_instance_state'):   # 跳过内置字段
            # 如果某个字段的值是日期时间类型，则将其转换为字符串
            if isinstance(v, datetime):
                v = v.strftime('%Y-%m-%d %H:%M:%S')
            # 将文章内容的HTML和不可见字符删除，并截取前面80个字符
            elif k == 'content':
                pattern = re.compile(r'<[^>]+>')
                temp = pattern.sub('', v)
                temp = temp.replace(' ', '')
                temp = temp.replace('\r', '')
                temp = temp.replace('\n', '')
                temp = temp.replace('\t', '')
```

```
                    v = temp.strip()[0:80]
                dict[k] = v
    dict['nickname'] = nickname
    list.append(dict)    # 最终构建一个标准的列表+字典的数据结构

# 将数据缓存到有序集合中
red = redis_connect()
for row in list:
    # zadd的命令参数为(键名,{值:排序依据})
    # 此处以文章表中的每一行数据作为值,以文章编号作为排序依据
    red.zadd('article', {str(row): row['articleid']})
```

完成上述数据的缓存后,Redis中存储的数据如图9-6所示。

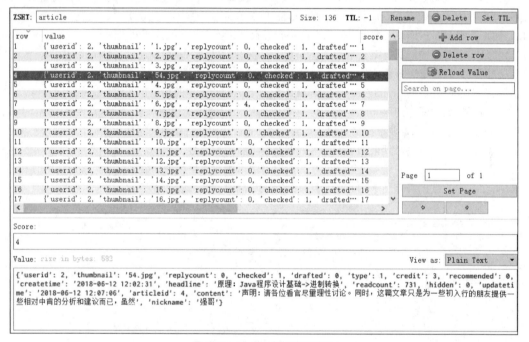

图 9-6　Redis 中存储的数据

其次,重构首页和分页接口,重构代码前,建议保存先前版本的源代码,并使用不同的接口进行访问,以测试其效果。

```
# 重构index控制器中的代码,新增以下两个方法
from common.redisdb import redis_connect

@index.route('/redis')
def home_redis():
    red = redis_connect()
    # 获取有序集合article的总数量
    count = red.zcard('article')
    total = math.ceil(count / 10)
    # 利用zrevrange从有序集合中倒序取出0~9共10条数据,即最新文章
    result = red.zrevrange('article', 0, 9)
    # 由于加载进来的每一条数据都是一个字符串,因此需要使用eval函数将其转换为字典
    article_list = []
    for row in result:
        article_list.append(eval(row))
```

```python
    return render_template('index-redis.html', article_list=article_list,
                           page=1,total=total)

@index.route('/redis/page/<int:page>')
def paginate_redis(page):
    pagesize = 10
    start = (page - 1) * pagesize    # 根据当前页码定义数据的起始位置

    red = redis_connect()
    count = red.zcard('article')
    total = math.ceil(count / 10)
    result = red.zrevrange('article', start, start+pagesize-1)
    article_list = []
    for row in result:
        article_list.append(eval(row))
    # 将相关数据传递给模板页面，从模板引擎中调用
    return render_template('index-redis.html', article_list=article_list, page=page,
                           total=total)
```

最后，重构首页 index-redis.html，基于列表+字典的数据结构重新渲染页面。

```html
<!-- 循环遍历article_list的值，并进行对应位置的数据填充 -->
{% for article in article_list %}
<div class="col-12 row article-list">
    <div class="col-sm-3 col-3 thumb d-none d-sm-block">
        <img src="/thumb/{{article['thumbnail']}}" class="img-fluid" style="width: 210px;
        height: 125px; border-radius: 5px"/>
    </div>
    <div class="col-sm-9 col-xs-12 detail">
        <div class="title">
            <a href="/article/{{article['articleid']}}">{{article['headline']}}</a>
        </div>
        <!-- 填充作者姓名时直接填充nickname字段 -->
        <div class="info">作者：{{article['nickname']}}   
            类别：{{article_type[article.type|string]}}   
            日期：{{article['createtime']}}   
            阅读：{{article['readcount']}} 次   
            消耗积分：{{article['credit']}} 分</div>
        <div class="intro">{{article['content']}}</div>
    </div>
</div>
{% endfor %}

<!-- 分页功能模板代码，使用Jinja2进行数据填充 -->
<div class="col-12 paginate">
    {% if page == 1 %}
    <a href="/redis/page/1">上一页</a>  
    {% else %}
    <a href="/redis/page/{{page - 1}}">上一页</a>  
    {% endif %}

    {% for i in range(total) %}
    <a href="/redis/page/{{i + 1}}">{{i + 1}}</a>  
    {% endfor %}

    {% if page == total %}
```

```
        <a href="/redis/page/{{page}}">下一页</a>
    {% else %}
        <a href="/redis/page/{{page + 1}}">下一页</a>
    {% endif %}
</div>
```

完成上述代码后，直接访问网址"http://127.0.0.1:5000/redis"即可看到从缓存服务器中加载的数据，并实现了分页功能。当新增文章时，只需要重构一下文章新增接口，将新增数据添加到有序集合中即可完成缓存更新。

9.2 首页静态化处理

9.2.1 静态化的价值

V9-3 页面静态化处理技术

为了提升系统性能和处理效率，长期以来，业界在系统架构和优化方面积累了很多宝贵的经验。总结起来，其始终围绕着以下3个方面进行优化。

（1）优化网络：众所周知，网络带宽资源一直容易出现瓶颈，所以压缩文件大小、减少网络请求数量、使用CDN网络等，都是为了减少对网络带宽尤其是对服务器带宽资源的消耗。

（2）优化硬盘：硬盘也非常容易成为系统的瓶颈，一直以来，硬盘的读写速度都无法和内存的读写速度相比，即使是最先进的固态硬盘，其读写速度也只是内存的几十分之一甚至百分之一。所以，为了减少对硬盘的读写，利用好内存是非常重要的优化方式，如 Redis 等缓存服务器就可以很好地解决这类问题。同时，使用硬盘存储阵列或专门的文件服务器等，都可以有效地分担硬盘的处理压力。

（3）优化CPU：CPU是系统中容易出现瓶颈的环节。优化CPU主要是优化代码、优化SQL语句等，以减少对CPU资源的消耗。同时，诸如消息队列的合理运用也可以减少对CPU资源的占用，同步地减少大量的I/O操作。

对页面进行静态化处理，其本质是为了减少对数据库的操作，从而减少硬盘的I/O操作，而由于数据库操作和SQL语句的执行频率降低了，自然对CPU的消耗也会大大降低。那么什么是页面的静态化处理呢？所谓静态化处理就是对页面渲染的过程，从模板引擎动态渲染变成直接访问一个已经渲染好的静态HTML页面，减少了动态渲染的过程，当然也就减少了数据库访问和数据序列化的过程。对于规模比较大的系统而言，静态化处理能够显著提升服务器的处理能力。

9.2.2 首页静态化策略

在9.1.8节中已经使用了Redis对首页的文章列表数据进行了缓存，已经缓解了数据库的压力，但是仍然需要处理Redis的查询工作，并需要将查询结果遍历出来并构建出JSON数据结构，进而利用Jinja2遍历JSON数据并渲染给前端模板页面。这个过程依然显得烦琐，虽然其不再读取数据库，但是代码的处理量依然比较大，并没有减少对CPU资源的消耗。而如果对首页进行静态化处理，则可以完全省略这一处理过程，可以不再读取 Redis，不再构建 JSON，也不再做模板引擎渲染。图9-7所示为系统优化前后的后端处理过程对比。

从图9-7中可以看出，静态化的过程其实就是生成一个HTML静态文件的过程。实际上，前端用户访问到的页面本质上就是一个HTML页面，但是对于后端来说，这个HTML页面的生成方式不同。例如，现在来设计这样一个实验，直接将"蜗牛笔记"博客系统的首页的HTML源代码（在浏览器中查看页面源代码）复制到一个HTML文件中，并保存到项目的template目录下，将其命名为index-static.html。当用户访问首页时，不再做任何处理，直接将这个HTML页面渲染给前端，代码如下。

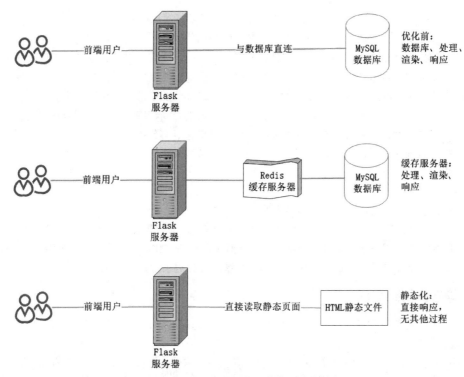

图 9-7 系统优化前后的后端处理过程对比

```
@index.route('/static')
def home_static():
    return render_template('index-static.html')
```

完成上述接口的代码后，直接访问网址"http://127.0.0.1:5000/static"即可打开"蜗牛笔记"博客系统的正常首页，该首页与静态化处理之前的页面内容没有任何区别。而其中没有任何访问数据库或 Redis 的过程，也没有任何构建 JSON 数据和模板引擎渲染页面的过程，这些过程全部省略，用户访问页面时后端只是简单地响应了一个早就生成好的 HTML 页面给用户。这个过程将节省大量后端资源的开销，显著提升系统性能，使系统性能得到质的飞跃。

当然，并不是所有页面的数据都是可以静态化的。如搜索页面，由于用户搜索的是不同的关键字，渲染的结果页面也是不一样的，这种数据无法预先将结果页面静态化。又如，一些后端管理类的页面，由于使用频率不高，也不需要做静态化处理。但是，即使不做静态化处理，也可以有效地利用缓存服务器对数据进行缓存，以降低系统开销。所以，静态化和缓存是不冲突的，它们各自有自己更加擅长的应用场景。

通过上述首页静态化处理的尝试，想必读者已经对静态化有了更加清楚的认知。那么现在来思考一下，上面的静态化处理过程存在什么问题？例如，作者新增加一篇文章时，意味着静态页面并不能及时响应出这篇新文章，除非将静态页面的内容重写。此外，由于文章较多，首页对其进行了分页处理，那么访问第 2 页或后续页面时，其内容仍然没有静态化，并不能很好地达到优化的目的。

所以，在进行页面的静态化处理之前，必须要设计好策略。本节主要通过对首页进行静态化处理来演示整个过程，用于其他页面的静态化时，其原理和策略也是类似的。

首先，分析一下静态化的必要性。对于首页来说，由于需要访问文章列表、渲染内容摘要，还需要排序、分页，且右侧的 3 个文章推荐栏要查询至少 3 次数据库，所以这个过程对数据库的访问是比较频繁的，对首页进行静态化处理也就很有必要了。从数据库查询出来的数据也需要进行处理、渲染，而静态化后这些过程全部可以省略，所以静态化有其必要性。再者，首页主要是一个以浏览为主的页面，而静态化主要应用于这类场景，包括分类浏览等页面，均可以做静态化处理。

其次，静态化的策略如何设计，如何确保更新过的数据能够及时体现在静态化页面中，这也是需要考虑的问题。例如，对于文章列表进行静态化处理时，当有一篇文章发布后，就意味着每一页文章列表的内容都会发生变化，也就意味着所有静态页面必须全部重写。重写静态页面的触发时机也是值得推敲的，常见的策略有定时触发更新、新增时触发更新、用户访问时触发更新、手动更新等策略。

对于"蜗牛笔记"博客系统的文章列表页面，由于文章的更新频率并不高，所以完全可以采用新增时触发更新和用户访问时触发更新相结合的策略。也就是说，当有新的文章发布时，直接将所有文章列表分页后的静态页面文件全部删除；当用户访问时，优先读取某页的静态文件是否存在，如果存在则直接响应，如果不存在，则渲染一次并将渲染后的页面保存起来，当下一个用户访问时，静态页面就已经存在了。

最后，是否需要对所有页面都进行静态化处理？例如，对于文章列表页面，假设有1000篇文章，那么按每页显示10篇文章来计算，就有100页，是否需要对这100页全部进行静态化处理呢？通常没有这个必要，因为很少有用户会浏览到后面的页面，此时可以只静态化前10页。这需要根据具体问题进行具体分析，只要掌握了这些基本原则，设计一套符合系统业务需求的静态化策略并不难。

9.2.3 静态化代码实现

基于9.2.2节对首页和所有文章列表页面进行静态化处理的策略，本节按照下面的3个步骤进行静态化处理。

（1）对已有的文章采用硬编码先静态化一次，以供用户访问，并按照页码将静态化页面的文件名以类似index-1.html、index-2.html的方式进行命名，并保存到template目录下的index-static目录中，用一个目录来统一管理对应的静态化页面。

（2）重构index控制器，对首页和分页接口的代码均进行判断，如果对应页码的静态文件已经存在，则直接响应，否则正常连接数据库进行处理和渲染。

（3）当有新的文章发布时，重构article控制器的文章发布接口的代码，将所有index目录下的静态文件全部删除。这样，当第一个用户访问页面时将直接查询数据库，而当第二个用户访问时，便会直接读取静态文件。

下面的代码演示了步骤（1）的操作，由于静态化的过程依赖于Flask进行操作，所以设计一个新的接口static进行该操作，并在前端页面中通过网址"http://127.0.0.1:5000/static"访问即可使下面的代码成功运行。

```python
@index.route('/static')
def all_static():
    pagesize = 10
    article = Article()
    # 计算一共有多少页，处理逻辑与分页接口一致
    total = math.ceil(article.get_total_count() / pagesize)
    # 遍历每一页的内容，从数据库中将其查询出来并渲染到对应页面中
    for page in range(1, total+1):
        start = (page - 1) * pagesize
        result = article.find_limit_with_users(start, pagesize)

        # 将当前页面正常渲染出来，但不响应给前端，而是将渲染后的内容写入静态文件
        content = render_template('index.html', result=result, page=page, total=total)

        # 将渲染后的内容写入静态文件，content本身就是标准的HTML页面，所以完成了静态化处理
        with open(f'./template/index-static/index-{page}.html', mode='w',
                  encoding='utf-8') as file:
            file.write(content)
```

```
    return '文章列表页面分页静态化处理完成'
```
上述代码执行完成后，在template目录下的index-static目录中，将生成图9-8所示的静态文件。

```
@index.route('/static')
def all_static():
    pagesize = 10
    article = Article()
    # 计算一共有多少页，处理逻辑与分页接口一致
    total = math.ceil(article.get_total_count() / pagesize)
    # 遍历每一页的内容，从数据库中将其查询出来并渲染到对应页面中
    for page in range(1, total+1):
        start = (page - 1) * pagesize
        result = article.find_limit_with_users(start, pagesize)

        # 将当前页面进行正常渲染出来，但是不响应给前端，而是将渲染后的内容写入静态文件中
        content = render_template('index.html', result=result,
                                  article_type=article_type,
                                  page=page, total=total, pagetype='home', type='all')

        # 将渲染后的内容写入静态文件，content本身就是标准的HTML页面，所以完成了静态化处理
        with open(f'./template/index-static/index-{page}.html', mode='w',
                  encoding='utf-8') as file:
            file.write(content)

    return '文章列表页面分页静态化处理完成'
```

图 9-8　静态化处理文件

下面完成步骤（2）的操作，重构首页和分页接口的代码，判断是否存在静态页面，如果存在则直接渲染，否则保持之前的处理逻辑不变，并为当前页面生成一个静态文件。

```
@index.route('/')
def home():
    # 判断是否存在该页面，如果存在则直接响应，否则正常查询数据库
    if os.path.exists('./template/index-static/index-1.html'):
        return render_template('index-static/index-1.html')

    # 下述代码与之前版本保持不变，正常查询数据库
    article = Article()
    result = article.find_limit_with_users(0, 10)
    total = math.ceil(article.get_total_count() / 10)
    content = render_template('index.html', result=result, page=1, total=total)

    # 如果是第一个用户访问，而静态文件不存在，则生成一个静态文件
    with open('./template/index-static/index-1.html', mode='w',
              encoding='utf-8') as file:
        file.write(content)
    return content  # 将页面内容响应给前端页面


@index.route('/page/<int:page>')
def paginate(page):
    # 根据参数page来判断当前分页面对应的静态文件是否存在
    if os.path.exists(f'./template/index-static/index-{page}.html'):
        return render_template(f'index-static/index-{page}.html')

    pagesize = 10
    start = (page - 1) * pagesize      # 根据当前页码定义数据的起始位置

    article = Article()
    result = article.find_limit_with_users(start, pagesize)
    total = math.ceil(article.get_total_count() / pagesize)      # 计算总页数
```

```
# 将相关数据传递给模板页面,从模板引擎中调用
content = render_template('index.html', result=result, page=page, total=total)

# 如果是第一个用户访问,而静态文件不存在,则生成一个静态文件
# if page <= 10:        # 如果只需要生成前10页,则添加一个判断
with open(f'./template/index-static/index-{page}.html', mode='w',
          encoding='utf-8') as file:
    file.write(content)
return content      # 将页面内容响应给前端页面
```

上述代码完成后,首页和所有文章列表的分页面均完成了静态化处理,为了测试上述代码是否生效,可以将查询数据库的代码注释掉,再访问首页和分页,如果能成功访问,则说明静态化工作已经完成。同时,可以先删除 index-static 目录下的已经生成的静态文件,再访问文章列表,确认是否会自动生成一个对应页面的静态文件。

下面完成步骤(3)的操作,重构发布文章的接口,一旦有新文章发布,就将所有静态页面全部删除,待第一个用户访问时再重新生成带有新文章的静态页面。

```
# 篇幅所限,此处截取发布文章接口中的部分代码用于演示
try:
    id = article.insert_article(type=type, headline=headline, content=content,
           credit=credit, thumbnail=thumbname, drafted=drafted, checked=checked)

    # 新增文章成功后,将已经静态化的文章列表页面全部删除,便于生成新的静态文件
    list = os.listdir('./template/index-static/')
    for file in list:
        os.remove('./template/index-static/' + file)

    return str(id)
except Exception as e:
    return 'post-fail'
```

完成上述代码的处理后,首页和文章列表页面的静态化处理已经基本上完成了。当有新的文章发布时,将会清空所有现有静态文件,当用户第一次访问某个页面时,系统会为其生成静态页面,当后续用户再次访问相同页面时,会直接通过静态页面渲染。

9.2.4 静态化代码优化

上述针对文章列表页面的静态化完成后,还存在以下3个问题。

第一个问题是用户登录成功后分类导航区域中的各选项是由模板引擎直接渲染的,而静态化之后这个渲染的过程便没有了。所以登录成功后,用户将看不到新登录的选项,一种处理方式是登录后将静态页面全部删除,但是显然这是不可行的,因为每一个用户都有可能登录,如果都删除静态文件,那么就起不到任何静态化的效果了,同时会加大服务器硬盘的资源消耗。所以可以通过 JavaScript 来进行前端的动态渲染,在页面加载时增加一个 Ajax 请求去获取用户登录后的信息并将其填充到各选项中。下述代码演示了这一过程,以供读者参考。

首先,在 user.py 控制器中新增一个接口,用于将登录后的信息以 JSON 格式响应给前端,由前端负责渲染,这也是首页中唯一需要频繁变化的地方。

```
@user.route('/loginfo')
def loginfo():
    # 没有登录,直接响应一个空JSON给前端,用于前端判断
    if session.get('islogin') is None:
        return jsonify(None)
    else:
        dict = {}
```

```
        dict['islogin'] = session.get('islogin')
        dict['userid'] = session.get('userid')
        dict['username'] = session.get('username')
        dict['nickname'] = session.get('nickname')
        dict['role'] = session.get('role')
        return jsonify(dict)
```

其次,需要将 base.html 模板页面中的登录选项位置的后端渲染代码全部删除,并为其父 DIV 元素指定 ID 属性,以供 JavaScript 代码进行定位和填充数据。

```
<div class="navbar-nav ml-auto" id="loginmenu">
    {# 由于使用前端渲染,所以将模板引擎的渲染代码全部注释掉
    {% if session.get('islogin') == 'true' %}
    <a class="nav-item nav-link" href="/ucenter">欢迎你:
        {{session.get('nickname')}}</a>   
        {% if session.get('role') == 'admin' %}
        <a class="nav-item nav-link" href="/admin">
            系统管理</a>   
        {% else %}
        <a class="nav-item nav-link" href="/ucenter">
            用户中心</a>   
        {% endif %}
    <a class="nav-item nav-link" href="/logout">注销</a>
    {% else %}
    <a class="nav-item nav-link" href="#" onclick="showLogin()">登录</a>
    <a class="nav-item nav-link" href="#" onclick="showReg()">注册</a>
    {% endif %}
    #}
</div>
```

最后,根据登录选项的渲染逻辑,利用 JavaScript 发送 Ajax 请求进行前端渲染。

```
// $(document).ready()是指页面加载即运行该代码
$(document).ready(function () {
    $.get('/loginfo', function (data) {
        content = '';
        if (data == null) {
            content += '<a class="nav-item nav-link" href="#"
                    onclick="showLogin()">登录</a>';
            content += '<a class="nav-item nav-link" href="#"
                    onclick="showReg()">注册</a>';
        }
        else {
            content += '<a class="nav-item nav-link" href="/ucenter">欢迎你: ' +
                    data["username"].split("@")[0] + '</a>   ';
            if (data['role'] == 'admin') {
                content += '<a class="nav-item nav-link" href="/admin">
                        系统管理</a>   ';
            }
            else {
                content += '<a class="nav-item nav-link" href="/ucenter">
                        用户中心</a>   ';
            }
            content += '<a class="nav-item nav-link" href="/logout">注销</a>';
        }
        $("#loginmenu").append(content);
    });
});
```

上述代码成功运行后，首页和文章列表页便是一个静态化和 Ajax 请求相结合的页面，这也是静态化处理难以完全避免的情况，因为不太可能存在一种无论用户如何操作都不需要发生任何变化的页面。

第二个问题就是右侧的文章推荐栏并没有静态化。文章推荐栏是一个公共版块，在第 5 章中，为了更好地重用这个公共版块，直接使用 Ajax 来发送请求进行前端渲染。这个问题恰好与第一个问题相反，如果要完整地静态化首页或所有文章列表页面，则建议取消这个模板页面的前端渲染代码，将渲染交给后端处理。

最后一个问题，文章列表页面中显示了文章的阅读次数，这个数字其实也是动态变化的，静态化处理后，这个数字将不会发生变化。能否使用 Ajax 请求来动态获取这个变化的数字呢？其实大可不必，一来该数字并不是很重要的内容，实时性要求没有那么高；二来可以采用一个定时触发更新的静态化策略，例如，每天凌晨为系统设定一个定时任务来重新生成静态化页面。这也是静态化策略中的一种，即针对一些小的问题，在实时性要求不高的情况下，通过定时任务来定期维护静态页面的更新。

有多种方式可以为系统设定定时任务。例如，可以借助于操作系统定时任务来执行一段代码，在 Windows 中称之为"任务计划"，在 Linux 中则称之为"Cron Job"。也可以直接使用 Python 代码通过"死循环"和时间判断的方式运行定时任务，下面的代码用于设定每天凌晨 2:00 执行任务。

```python
# 通过"死循环"加时间判断的方式来执行定时任务
import os, glob, requests
while True:
    now = time.strftime('%H:%M')
    if now == '02:00':
        # 每天清空index-static缓存目录文件
        list = glob.glob('../template/index-static/*.html')
        for file in list:
            os.remove(file)
        # 清空完成后，调用http://127.0.0.1:5000/static重新生成
        requests.get('http://127.0.0.1:5000/static')
        print('%s: 成功清空缓存文件并重新生成.' % now)
    time.sleep(60)    # 暂停时间不能低于60s，也不能多于120s
```

上述代码中需要注意的是，由于时间是根据分钟来进行判断的，所以暂停时间不能低于 60s，否则可能存在 1 分钟执行多次操作的情况，同时不能多于 120s，否则可能会跳过 02:00 这个时间段而导致任务代码无法执行。

9.3 全文搜索功能

9.3.1 全文搜索

通常，保存在数据库中的数据都是由二维表构成的，其中，列标识了这个字段的具体意义，行标识了一条具体的数据值。这种具备固定格式和定义的数据被称为结构化数据，与之相反的数据则被称为非结构化数据。例如，一个网页、一篇文章、一张图片或一段音乐，这一类型的数据无法用一种固定的格式来描述，所以称之为非结构化数据。目前流行的大数据的概念，其核心便在于对非结构化数据进行分析和处理。

对于结构化数据，可以非常方便地使用 SQL 语句进行查询搜索；但是对于非结构化数据，则并非 SQL 语句所擅长的。例如，在"蜗牛笔记"博客系统中，可以通过模糊查询搜索文章标题，但是如果要模糊查询文章的内容，则其查询效率将极其低下。虽然文章内容只是数据库表中的一列，可以归为结构化数据的范畴，但是文章内容本身是不具备结构化特性的，也很难为文章内容创建数据库索引。而全文搜索技术便可以很好地解决这类问题，尤其是在针对大量非结构化数据的模糊搜索时，更是其强项。

全文搜索的工作过程主要由 3 部分组成：分词、索引、搜索。分词是指将一篇文章的内容通过分词

器对词句进行分隔，变成一个一个的词语。分词完成后，对词语进行索引，明确标识出不同的分词位于哪些文章中，并将索引保存于文件中，进而实现快速搜索。而搜索的过程则是根据索引中的分词进行查找，快速找到哪些文章中存在这个词语。

目前，在 Python 开发环境中，主要使用"结巴分词"对中文进行分词处理，同时使用 Whoosh 模块创建和维护索引。由于在 Flask 中主要对数据库字段进行全文搜索，所以可以使用 Flask-WhooshAlchemyPlus 库或 flask-msearch 库进行处理。Flask-WhooshAlchemyPlus 与 flask-msearch 比较类似，都是对 Flask、SQLAlchemy 和 Whoosh 这 3 个库的集成，专门用于在 Flask 框架中对基于 SQLAlchemy 建模的数据库进行全文搜索。

9.3.2 中文分词处理

分词是全文搜索功能中最为重要的一步，分词的好坏直接决定了搜索结果的质量。对于英文文章来说，由于英文单词都是按照空格分隔开的，所以分词的过程相对简单，按空格切分即可成为一个一个的英文单词。但是对于中文来说，并不存在明确的分隔符来分隔词语或词组，这就导致中文分词和针对中文的全文搜索一直是业界的一大技术难题。例如，对于"北京大学生日"这个词语，可以按照"北京、大学、生日"进行分词，3 个词都是有效的中文词语，也可以按照"北京大学、生日"进行分词，还可以按照"北京、大学生日"进行分词。不同的分词虽然都是合理的，但是表达了完全不一样的意思。所以针对中文的分词需要一个专门的分词词库，在针对一段话或一篇文章进行分词时应按照词库中预先设定好的词语进行拆分。

目前，在 Python 环境中，主流的分词处理器是"jieba 分词"，安装完 jieba 分词库后，在其安装目录下可以看到内置了 dict.txt 文本文件，这就是词库。打开文件"C:\Tools\Python-3.7.4\Lib\site-packages\jieba\dict.txt"，可以看到类似下面的词库标识，其中不仅有词语，还有使用频率和词性。

```
保安 478 nz
保安人员 3 n
保安厅 58 n
保安员 11 n
保安团 73 n
保安大队 3 nt
保安局 8 n
保安服 3 n
保安村 3 nr
保安警察 3 n
保安队 40 n
保定 739 v
保定市 40 n
```

正是因为有了这样的词库，才使得中文分词的准确性大大提升了。也就是说，词库中的词语越多，分词时就会越准确。下面的代码演示了如何使用 jieba 分词库对一段文本进行分词处理。

```
import jieba
text = "四川大学毕业论文或者北京大学生日"

# 精确模式，试图将句子最精确地切开，适合文本分析
process = jieba.cut(text, cut_all=False)
print("[精确模式]: ", "/".join(process))

# 搜索引擎模式：在精确模式的基础上，对长词再次进行切分
process = jieba.cut_for_search(text)
print("[搜索引擎]: ", "/".join(process))

# 全模式：把句子中所有的可以成词的词语都扫描出来
process = jieba.cut(text, cut_all=True)
```

```
print("[全模式]: ", "/".join(process))
```

上述代码的运行结果如下。

[精确模式]：　四川大学/毕业论文/或者/北京大学/生日
[搜索引擎]：　四川/大学/四川大学/毕业/论文/毕业论文/或者/北京/大学/北京大学/生日
[全模式]：　四川/四川大学/大学/大学毕业/毕业/毕业论文/论文/或者/北京/北京大学/大学/大学生/学生/生日

除了全文搜索领域之外，对于很多自然语言处理的场景，如聊天机器人、内容相关性分析、语音识别等，分词都是其中一个很重要的环节。

9.3.3　倒排索引原理

要搞清楚倒排索引的原理，首先要弄明白正向索引在搜索领域的工作原理。下面给出待搜索的表格数据，其中包含 5 行文本内容，如表 9-7 所示。

表 9-7　待搜索的表格数据

文章编号	文章内容
11	HTTP 的规范全部是由英文单词组成的，理解起来非常容易
12	所有用户都可以为博客系统投稿，必须要给用户设计投稿入口
13	博客文章的内容是非常容易理解的，欢迎用英文在系统中投稿
14	目前，互联网中运行的 HTTP 网站基本上不再是一个孤立的系统
15	在互联网博客中，HTTP 是其关键，而用户是其核心组成

首先，基于上述表格内容，模拟分词器进行分词，利用正向索引按文章组织关键词，如表 9-8 所示。

表 9-8　利用正向索引按文章组织关键词

文章编号	文章内容
11	HTTP，规范，英文，单词，组成，理解，起来，非常容易
12	所有，用户，博客，系统，投稿，要给，用户，设计，投稿，入口
13	博客，文章，内容，非常容易，欢迎，英文，系统，投稿
14	目前，互联网，运行，HTTP，系统，基本上，不再是，孤立，系统
15	互联网，博客，HTTP，关键，用户，核心，组成

事实上，当完成了表 9-8 的分词后，正向索引也就完成了建立。此时，如果要搜索"博客"两个字，系统必须遍历所有的文章，才能找出哪些文章中包含"博客"两个字。就像 SQL 语句的模糊查询一样，文章数量越多，这个过程就越耗时，其搜索时间与文章数量成正比。

但是，如果利用倒排索引来处理，就需要重构表 9-8，不是根据文章搜索中有哪些关键词，而是看要搜索的关键词在哪些文章中。表 9-9 所示为利用倒排索引按关键词组织文章的结果，表中仅列举部分关键词用于阐述原理。

表 9-9　利用倒排索引按关键词组织文章的结果

关键词	所在文章
HTTP	11，14，15
博客	12，13，15
系统	12，13，14
用户	12，15
互联网	14，15

表 9-9 所示的索引方式就是倒排索引，其核心是根据关键词查找其包含在哪些文章中，而不是根据文章找到其中有哪些关键词。完成倒排索引的建立后，如果要搜索"系统"两个字，则全文搜索直接从索引文件中精确查找关键词"系统"并返回搜索结果"12，13，14"。这个过程不需要遍历所有文章，也不存在模糊查询，效率得到了极大的提升。这一搜索过程与文章的数量并不成正比，其只关心关键词能否成功匹配，即使文章成千上万，匹配关键词的过程也依然快速。

倒排索引和全文搜索中还有一个问题需要考虑，由于全文搜索是从索引文件中进行精确匹配的，所以对搜索的关键词本身也需要进行分词处理，否则很有可能找不到任何结果。例如，现在搜索"互联网博客"，如果按照模糊查询的标准，那么文章 15 是包含"互联网博客"这个搜索关键词的。但是在表 9-9 中并不存在关键词"互联网博客"，因此无法找到任何一篇文章，这和模糊查询的结果是完全不一样的。那么全文搜索会怎么处理这一搜索过程呢？其先会对"互联网博客"这个词组进行分词，按照相同的分词词库分词后变成"互联网""博客"两个关键词；再对分词后的搜索关键词进行倒排索引，以进行精确匹配，"互联网"可以匹配到 14、15 两篇文章，而"博客"可以匹配到 12、13、15 三篇文章；最后合并搜索结果，返回 12、13、14、15 四篇文章的搜索结果。

9.3.4　全文搜索代码实现

基于全文搜索的原理，结合 flask-msearch 库，本节将完成针对"蜗牛笔记"博客系统文章中的标题和内容进行全文搜索的代码实现。为了保持代码的独立性，在 controller 包下新建 fullsearch.py 控制器，用于处理全文搜索的代码和接口。

由于 flask-msearch 库需要 Flask 和 SQLAlchemy 的共同支持，所以在创建数据库连接时必须使用 Flask 与 SQLAlchemy 集成的方式建立连接。同时，为 Article 定义模型类，显式指定相应字段，并为文章表首次建立索引。

```python
from flask_sqlalchemy import SQLAlchemy    # 导入SQLAlchemy类
from jieba.analyse import ChineseAnalyzer  # 导入jieba分词给msearch库作为分词器
from flask import Flask, jsonify
from common.utility import model_list
from flask_msearch import Search

# 为了避免出现 No module named 'MySQLdb' 异常，可将PyMySQL安装为MySQLdb
import pymysql
pymysql.install_as_MySQLdb()

# 从main.py中直接导入已经实例化的app对象
from main import app

# 使用集成方式连接数据库
app.config['SQLALCHEMY_DATABASE_URI'] = \
           'mysql://root:123456@localhost:3306/woniunote?charset=utf8'
# 设置SQLAlchemy跟踪数据的更新操作，以便于自动重建索引
app.config['SQLALCHEMY_TRACK_MODIFICATIONS'] = True
# 设置索引文件的保存位置
app.config['MSEARCH_INDEX_NAME'] = './resource/index'
# 设置后端使用whoosh来创建索引
app.config['MSEARCH_BACKEND'] = 'whoosh'
# 设置flask-msearch库可用
app.config['MSEARCH_ENABLE'] = True

# 初始化数据库连接对象，此处使用Flask与SQLAlchemy的集成方式连接数据库
db = SQLAlchemy(app)
```

```python
# 定义数据模型类，并显式指定主键和全文搜索的字段名
class Article(db.Model):
    __tablename__ = 'article'                              # 指定模型类的表名
    __searchable__ = ['headline', 'content']               # 只针对标题和内容进行全文搜索
    __msearch_primary_key__ = 'articleid'                  # 显式指定文章表的主键

    # 指定几个关键列，不需要全部指定，主要取决于搜索结果中需要显示哪些列
    articleid = db.Column(db.Integer, primary_key=True)
    userid = db.Column(db.Integer)
    type = db.Column(db.Integer)
    headline = db.Column(db.Text)
    content = db.Column(db.Text)
    createtime = db.Column(db.DateTime)

    # 建立索引的日志输出，__repr__是Python内置方法，定义了对象的输出内容
    def __repr__(self):
        return f'正在为表：Article: {self.articleid} - {self.headline}> 建立索引'

# 初始化搜索对象，并指定分词器和数据库连接对象，后续不能删除这两行代码
search = Search(db=db, analyzer=ChineseAnalyzer())
search.init_app(app)

# 为文章表创建索引，注意，该代码只运行一次，完成后注释即可，后续表中有数据更新时会自动创建
search.create_index()
```

完成上述定义后，在 main.py 中导入当前 fullsearch 模块，导入代码 "from controller.fullsearch import *"，并启动 main.py 来完成索引的创建。创建过程在终端输出类似如下文本信息，该信息正是在定义模型类中重写的 __repr__ 方法中所定义的输出内容。

```
creating index: 正在为表：Article: 11 - 管理：项目管理十大TION法> 建立索引
creating index: 正在为表：Article: 12 - 漫谈：软件测试，也许你误解了它！> 建立索引
creating index: 正在为表：Article: 21 - 实验：利用JS完成倒计时程序> 建立索引
creating index: 正在为表：Article: 22 - 漫谈：月薪2万，你需要经历什么？> 建立索引
creating index: 正在为表：Article: 40 - 实验：Web前端性能测试分析> 建立索引
```

由 flask-msearch 库创建的索引文件如图 9-9 所示。

图 9-9　由 flask-msearch 库创建的索引文件

完成索引的创建后，便可以对文章标题和内容进行全文搜索了。同时，如果利用 SQLAlchemy 的接口新增一篇文章，那么将会自动对该文章进行索引。为 fullsearch 控制器继续添加搜索和新增两个接口，代码如下。

```
search = Search(db=db, analyzer=ChineseAnalyzer())
search.init_app(app)
# search.create_index()        # 注释掉此行代码，后续不再需要重建全部索引
```

```python
# 定义接口，返回搜索结果
@app.route('/search/<keyword>')
def full_search(keyword):
    # 基于标题和内容查询用户搜索的关键字，并限制返回最多20条数据
    results = Article.query.msearch(keyword,fields=['headline', 'content'], limit=20).all()
    list = model_list(results)
    return jsonify(list)     # 将结果响应给前端
    # 或者利用模板引擎填充前端页面，操作方式并无差别
    # return render_template('search-result.html', results=results)

# 当新增文章时，系统将自动创建新文章的索引
@app.route('/add')
def add_article():
    article = Article(userid=2, headline='测试全文搜索引擎的功能-10000',
                      content='测试全文搜索引擎的功能测试全文搜索引擎的功能')
    db.session.add(article)
    db.session.commit()
    return 'Add-Done'
```

完成了新增和搜索接口后，打开浏览器并在其地址栏中输入"http://127.0.0.1:5000/search/Python 开发"，搜索接口将会返回所有标题和内容中包含"Python"或"开发"的文章。如果调用新增接口，则在新增文章的同时，系统将为其创建新的索引，在控制台上可以看到如下输出内容。

```
creating index: 正在为表：Article: 147 - 测试全文搜索引擎的功能-10000> 建立索引
```

完成了接口的开发后，需要进行前端页面的渲染，这里不再详细讲解。

9.4 接口与性能测试

9.4.1 requests 接口测试库

在系统的开发过程中，测试工作是必不可少的。软件测试作为一个专门的技术类别，对工程师的技术要求和业务要求都是比较高的。本书并非专门探讨软件测试技术，所以只从开发人员的角度，讲解进行接口测试和性能测试的方法，以便读者在实际研发工作中，能够及时地对自己所开发的系统和接口进行相应的测试，并基于 Python 开发测试脚本来进行自动化的测试，从而提高测试效率，及时发现开发过程中系统存在的漏洞。

软件测试主要分为系统测试、接口测试、性能测试等内容，还包括针对这些测试类别的自动化测试脚本的开发和维护，是一门自成体系的技术，但是又与软件开发的很多技术密不可分。接口测试是当今互联网领域的主要测试类别之一，通过自动化测试脚本的执行可以快速了解系统接口能否正常工作，进而有效提升软件产品的质量。

在之前的开发过程中，已经使用了 Fiddler 和 Postman 进行接口调试，这两种工具在接口出现问题时，通过响应数据来定位代码问题是相当方便的；而其针对一些后端接口没有相应的前端页面进行对接时，对接口的调试也相当快捷，是后端开发人员重要的调试工具。当然，无论使用哪种测试工具，都会受限于工具的一些规则约束，其开发效率并不一定非常高。对于开发人员来说，利用 Python 的 requests 库开发接口测试脚本其实是非常简单的事情，可以基于代码来进行接口测试，其灵活性和重用性会非常高。下述代码演示了如何利用 requests 库登录"蜗牛笔记"博客系统并添加评论。

```python
import requests

# 创建一个session对象，用于在不同请求间保持Session状态
session = requests.session()
```

```python
# 登录请求，当requests发送请求时，正文数据使用字典类型构建
data = {'username':'qiang@woniuxy.com', 'password':'123456', 'vcode':'0000'}
resp = session.post(url='http://127.0.0.1:5000/login', data=data)
if resp.text == 'login-pass':
    print("登录成功")
else:
    print("登录失败")

# 添加评论
data = {'articleid': 100, 'content': '感谢作者的无私奉献，这是一条真诚表达谢意的评论；'}
resp = session.post(url='http://127.0.0.1:5000/comment', data=data)
resp.encoding = 'utf-8'       # 为响应的内容设定编码格式
print(resp.text)
```

requests 库除了支持标准的 HTTP 及 Get 和 Post 请求外，也支持 HTTPS、RESTful 接口以及文件的上传和下载等功能。

```python
import requests

# 文件下载：基于互联网中的任意一个可下载的二进制文件，如图片或文档
image_url = 'http://www.woniuxy.com/page/img/banner/newBank.jpg'
resp = requests.get(image_url)
file_name = image_url.split('/')[-1]
# 以二进制方式写入文件，获取响应的content而不是text
with open('D:/' + file_name, mode='wb') as file:
    file.write(resp.content)
print("文件下载完成")

# 文件上传：基于7.4.2节的文件上传接口
upload_url = 'http://127.0.0.1:5000/upload'
# 以二进制方式读取文件内容，同时以newimage.jpg的新文件名进行上传
upload_file = {"upfile": ("newimage.jpg", open("D:/newBank.jpg", "rb"))}
data = {'headline':'文章的标题', 'content':'这是文章的内容'}
resp = requests.post(url=upload_url, data=data, files=upload_file)
print(resp.text)

# 处理HTTPS，添加verify参数表示忽略HTTPS证书
resp = requests.get('https://www.woniuxy.com/', verify=False)
print(resp.text)

# 处理RESTful接口：基于"蜗牛笔记"博客系统中隐藏评论的接口
# requests库还支持PUT、HEAD、PATCH、OPTIONS等请求类型
# 基于前面已经登录的Session对象来发送请求，否则会由于权限不足而无法隐藏评论
resp = session.delete('http://127.0.0.1:5000/comment/32')
print(resp.text)
```

在系统开发过程中务必对自己开发的接口做好测试。同时，对于有编程经验的读者来说，建议使用 Python+requests 库的方式开发接口测试脚本，而不建议使用接口测试工具。因为脚本可以更加灵活地处理接口，维护和修改非常方便，自动化程度也更高。

9.4.2 基于接口的性能测试

理解了接口测试的关键技术后，再基于接口进行性能测试就非常容易实施了。除了使用主流的性能测试工具（如 JMeter 或 LoadRunner）之外，也可以直接使用 Python 的多线程技术快速开发出基于接口的性能测试脚本并实施性能测试。相对于专门的性能测试工具来说，其学习成本要低得多，所以能够

快速地对接口进行性能测试，可实施性很强。

性能测试的本质就是通过模拟用户同时并发访问系统，并监控相应的服务器指标，进而关注系统的响应是否快速，是否存在资源瓶颈或系统异常等。那么如何模拟并发呢？可以使用多线程技术实现。如何并发访问呢？可以基于多线程同时向系统的接口发送请求来实现。如何监控相应指标呢？可以利用操作系统或数据库的监控工具进行处理，在发送请求时，也可以计算出请求从发出到接收完响应所花费的时间，即响应时间。通过统计响应时间的长短，即可判断带宽是否够用。事实上，所有的性能测试工具，无论是 JMeter 还是 LoadRunner 或者是其他工具，其本质和原理都是类似的。下述代码演示了并发 100 个线程登录"蜗牛笔记"博客系统并随机访问文章阅读页面，每个线程循环运行 10 次，共发送 1000 次请求，同时获取每一次请求的响应时间。

```python
import threading, requests, time, random

class Performance:
    def __init__(self):
        self.session = requests.session()

    def login(self):
        data = {'username':'qiang@woniuxy.com', 'password':'123456', 'vcode':'0000'}
        start = time.time()
        resp = self.session.post(url='http://127.0.0.1:5000/login', data=data)
        end = time.time()
        print('登录的响应时间为: %f' % round(end-start, 2))

    def read(self):
        articleid = random.randint(1, 120)
        start = time.time()
        resp = self.session.get(url='http://127.0.0.1:5000/article/%d' % articleid)
        end = time.time()
        print('阅读的响应时间为: %f' % round(end - start, 2))

    def run(self):
        # 每个线程循环运行10次，且每一次请求后暂停1s
        for i in range(10):
            self.login()
            self.read()
            time.sleep(1)     # 如果不暂停，则系统压力会更大

if __name__ == '__main__':
    # 启动100个线程，用于模拟100个并发用户
    for i in range(100):
        p = Performance()
        threading.Thread(target=p.run).start()
```

在上述代码执行的过程中，打开 Windows 的任务管理器，监控 CPU 的使用率情况，可以明显地看出 CPU 使用率增加了，如图 9-10 所示。

同时，由于当前测试的"蜗牛笔记"博客系统属于开发环境，并没有进行任何优化配置，所以在 100 个并发用户的压力下，系统已经崩溃，出现了各种异常，导致系统完全无法访问。例如，以下就是在这个测试场景下从控制台复制的一部分输出信息。

```
pymysql.err.InternalError: Packet sequence number wrong - got 102 expected 10
sqlalchemy.exc.InterfaceError: (pymysql.err.InterfaceError) (0, '')
sqlalchemy.exc.InvalidRequestError: Can't reconnect until invalid transaction is rolled back
RuntimeError: can't start new thread
```

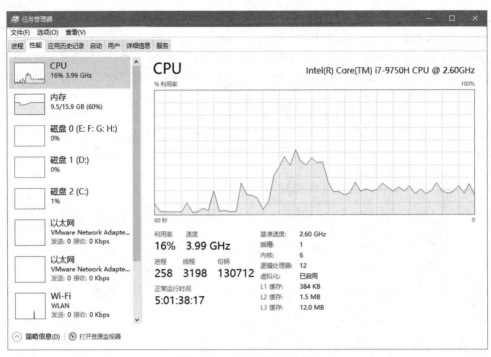

图 9-10　CPU 的使用率情况

因此，Flask 的项目不建议直接运行于开发环境中，正式上线的项目必须运行于服务器环境中，否则系统的性能将完全无法支撑多用户访问。通常，Flask 项目在上线时会部署在 Apache 或 Nginx 服务器环境中。这就涉及运维技术了，本书不再展开讲解。

如果各位读者对软件测试或自动化测试技术感兴趣，也可以关注蜗牛学院出版的其他教材，其中有更多细节和测试技术的讲解及演示。本节内容是让读者对软件测试及其质量有所了解，具备一定的质量意识，在项目上线部署前与团队的测试人员一起把好质量这道关。